IBAES Vol. XVI

Internet-Beiträge zur Ägyptologie und Sudanarchäologie
Studies from the Internet on Egyptology and Sudanarchaeology

Walter F. Reineke

Gedanken und Materialien zur Frühgeschichte der Mathematik in Ägypten

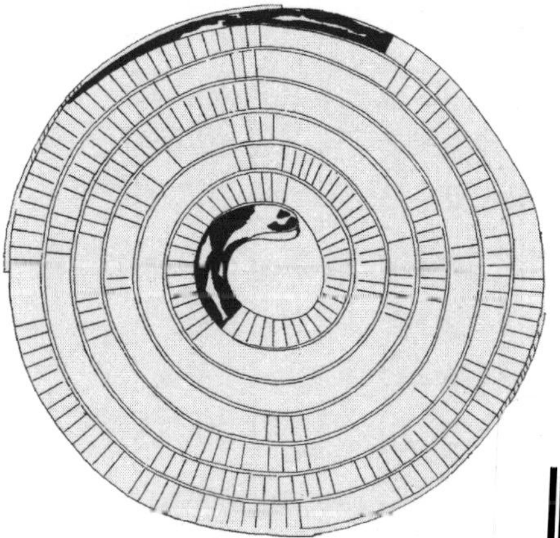

Publiziert unter folgender WWW-Adresse (URL):
http://www2.rz.hu-berlin.de/nilus/net-publications/ibaes16

Berlin / London 2014

Title published by
Golden House Publications
London 2014
GoldenHouse100@aol.com

Der vorliegende Band enthält die Textfassung der im Internet veröffentlichten Arbeit von Walter F. Reineke „Gedanken und Materialien zur Frühgeschichte der Mathematik in Ägypten". Die aus dem Format PDF gedruckte Textfassung entspricht der im Internet unter der Adresse abrufbaren Originalfassung.
Bei Zitierung der Arbeit ist bitte immer die URL der Originalfassung anzugeben (zum Zitieren von Internetpublikationen allgemein siehe das Vorwort von IBAES I):

> Reineke, Walter F., Gedanken und Materialien zur Frühgeschichte der Mathematik in Ägypten, IBAES XVI, Internetfassung: URL: http://www2.rz.hu-berlin.de/nilus/net-publications/ibaes16, Berlin, 2014, Printfassung: GHP, London, 2014

Abbildung auf der Titelseite:
Senet-Spiel; Wandmalerei aus dem Grab des Hesi-Ra in Saqqara (nach: J. E. Quibell, The Tomb of Hesy, Excavations at Saqqara (1911-12), Kairo, 1912, Abb. 2)

Printed in the United Kingdom

ISBN 978-1-906137-34-2

IBAES Vol. XVI

Internet-Beiträge zur Ägyptologie und Sudanarchäologie
Studies from the Internet on Egyptology and Sudanarchaeology
Herausgegeben von Martin Fitzenreiter, Steffen Kirchner und Olaf Kriseleit

Walter F. Reineke

Gedanken und Materialien zur Frühgeschichte der Mathematik in Ägypten

Berlin / London 2014

Inhalt

Vorwort

Gut drei Jahrzehnte sind vergangen, seit ich die letzten Zeilen dieser Habilschrift[1] verfasst habe. Dieser lange Zeitraum, während dessen ich keine nennenswerten, weiterführenden Arbeiten zum Thema „altägyptische Mathematik" – von einigen Aufsätzen abgesehen – publiziert habe, fordert eine Begründung, Entschuldigung möchte ich es nicht nennen.

Seit meiner Schulzeit gehörte die Mathematik zu meinen Lieblingsfächern, ich freute mich auf jede neue Unterrichtsstunde in diesem Fach. Diese Liebe blieb erhalten. So nahm ich nach meiner Anstellung am „Wörterbuch" im Institut für Orientforschung der Berliner Akademie der Wissenschaften die Anregung meines Direktors Hermann Grapow freudig auf, mich mit der ägyptischen Mathematik zu beschäftigen. Als Einübung im Entziffern hieratisch geschriebener Zahlen sollte ich den Papyrus Louvre 3226 nach Brugschs Thesaurus transkribieren; Fotos aus Paris könne er mir verschaffen. Während der Transkriptionsarbeiten wurde mir klar, dass der Einstieg in das Wesen der ägyptischen Mathematik über diesen Papyrus wenig erfolgversprechend ist. Grapow schlug mir daraufhin vor, mit einer Zusammenschau der wichtigsten einschlägigen Texte ein Projekt zu beginnen, das dem „Grundriss der Medizin der alten Ägypter"[2] entspräche und als erstes darüber eine Dissertation zu Papier zu bringen. 1965 promovierte ich dann mit den „Mathematischen Texten der alten Ägypter".[3] Diese Arbeit befasste sich mit dem durch schriftliche Quellen einigermaßen gesicherten Wissen, von dem aber deutlich war, dass es zumindest seit dem Bau der Pyramiden vorhanden gewesen sein musste. Ohne das in den Aufgabensammlungen fixierte rechnerische und mathematische Inventar hätte man diese Großbauten nicht errichten können, die Planung und Logistik für Steinabbau, Transport, Einbau, Lebensmittel- und Wasserversorgung sowie Unterbringung von vielen Tausend am Bau Beschäftigten wäre unmöglich gewesen. Daher galt in der Folgezeit mein Interesse, den Ursprüngen des mathematischen Wissens der alten Ägypter nachzuspüren, also das „Wie" und „Woher" zu untersuchen.

---

1 Nach der Promotionsordnung der DDR war diese Arbeit die Dissertation B, während die normale Promotionsschrift nach dem Studium Dissertation A hieß. Publikationszwang bestand nicht, nur ein gutes Dutzend Belegexemplare mussten abgegeben werden.

2 Hermann Grapow – Hildegard von Deines – Wolfhart Westendorf, Grundriss der Medizin der alten Ägypter, Band I-IX, Berlin 1954 6–62.

3 Die Arbeit sollte als Publikation beim Akademie-Verlag Berlin erscheinen, war auch im Prospekt angekündigt, doch die Abgabe des Manuskriptes war auf einen so späten Zeitpunkt festgesetzt worden, dass eine gründliche Überarbeitung erforderlich gewesen wäre, zu der mir aber dann die Zeit fehlte.

Eingebunden in die Forschungsarbeiten eines Akademie-Institutes und zudem mit der Ausarbeitung des Manuskriptes der „Felsinschriften aus dem sudanesischen Nubien“[4] betraut, blieb für die Mathematik wenig Freiraum. Außerdem war ich ja mit der Beantwortung von Anfragen an das Zettelarchiv des Wörterbuchs und der Teilnahme an den Sudan-Expeditionen ganz gut ausgelastet. Als ich mich im Zusammenhang mit der Akademie-Reform 1969/70 entschloss, nicht mit der Sudanabteilung des Instituts für Orientforschung unter Leitung meines akademischen Lehrers Fritz Hintze an die Humboldt-Universität zu wechseln, sondern zusammen mit Adelheid Burkhardt die Forschungsgruppe Ägyptologie des neu gegründeten Zentralinstituts für Alte Geschichte und Archäologie (ZI AGA) installierte, wurden die Möglichkeiten für mathematikhistorische Studien weiter eingegrenzt. Neben der Arbeit an fachübergreifenden, zusammenfassenden Publikationen des ZI AGA[5] und der Beteiligung an Ausgrabungen in Tell Basta war erstmals die reale Chance gegeben, für das Ägyptische Wörterbuch eine zweite Auflage zu planen. Viele Hürden, oft nur bürokratischer Art, mussten genommen werden, ehe 1985 der „schlafende Riese Altägyptisches Wörterbuch“ in den Forschungsplan der Berliner Akademie aufgenommen werden konnte.[6] Dennoch widmete ich mich weiter den Anfängen der Mathematik, so im Beitrag „Ägypten“ in der „Geschichte des wissenschaftlichen Denkens in der Antike“ und in den Kapiteln „Wissenschaft“ der umfangreichen „Kulturgeschichte des Alten Ägypten“, die den Abschluss der Kulturgeschichtsreihe des ZI AGA bilden sollte. Das Manuskript lag druckfertig ausgezeichnet 1989 vor; durch die Auflösung des Akademie-Verlages ist es aber vereinigungsbedingt nicht mehr erschienen.[7]

4 Fritz Hintze – Walter F. Reineke, Felsinschriften aus dem sudanesischen Nubien, Band I–II, Berlin 1989.

5 „Weltgeschichte bis zur Herausbildung des Feudalismus“, verfasst von einem Autorenkollektiv unter Leitung von Irmgard Sellnow, Berlin 1978 (Kap. III, Ägypten, S. 192–221) und „Geschichte des wissenschaftlichen Denkens im Altertum“, von einem Autorenkollektiv unter Leitung von Fritz Jürß, Berlin 1982 (Ägypten, S. 91–132).

6 Dazu ausführlich: Walter F. Reineke, Das Wörterbuch der ägyptischen Sprache – Zur Geschichte eines großen wissenschaftlichen Unternehmens der Berliner Akademie zwischen 1945 und 1992, in: Stefan Grunert – Ingelore Hafemann, Textcorpus und Wörterbuch – Aspekte zur ägyptischen Lexikographie (= PdÄ 14), Brill, Leiden/Boston/Köln 1999.

7 Diese Kulturgeschichte ist in Perioden-Kapiteln gegliedert. In jedem Kapitel werden alle Erscheinungen der Kultur abgehandelt. Alle Autoren haben alle Beiträge durchgesehen und mit Kommentaren versehen, die dann eingearbeitet wurden, was nach Ansicht der Gutachter Fritz Hintze und Wolfgang Müller der Qualität des Manuskriptes sehr zugute gekommen ist. Das Autorenkollektiv bestand aus: Elke Blumenthal (Literatur), Adelheid Burkhardt (Alltagsleben und Redaktion), Erika Endesfelder (Produktivkräfte, Klassenlage, Teile der Einleitung), Elke Freier (Religion, Bebilderung, Redaktion), Stefan Grunert (Ptolemäerzeit), Ingelore Hafemann (Redaktionelle Mitarbeit), Angela Onasch (Gesellschaftliche Organisationsformen), Walter F. Reineke (Politische Geschichte, Wissenschaft, Teile der Einleitung, Redaktion und Gesamtleitung), Gerhard Rühlmann (Kunst), Christian Tietze (Redaktionelle Mitarbeit). Das Werk lag zur Wendezeit vom Verlag druckfertig ausgezeichnet vor, ging aber durch Auflösung des Akademie-Verlags nicht mehr in Druck. Mehrere Verlage aus den alten Bundesländern interessierten sich für das Manuskript, verlangten aber strikte Textkürzungen und Vergrößerung des Abbildungsteils. Keiner

Da inzwischen 10 Jahre seit der Promotion vergangen waren, wurde es höchste Zeit – auch im Hinblick auf die Weiterarbeit am Wörterbuch – zu habilitieren, bzw. nach den DDR-Regulativen den Titel Dr. sc. (Doctor scientiarum) zu erlangen. Die Genehmigung dazu war bei der Akademie an die Forderung gebunden, mindestens zwei voneinander unabhängige Fachdisziplinen in der Arbeit zu verbinden. Dies war in meinem Falle recht einfach zu lösen, denn ich nannte meine sog. Dissertation B „Gedanken und Materialien zur Frühgeschichte der Mathematik in Ägypten". Zu gern hätte ich eine Arbeit abgegeben, die man „Geschichte der Mathematik im alten Ägypten vor der Pyramidenzeit" hätte nennen können. Das von mir bis dahin durchgearbeitete Material wäre aber für diesen hohen Anspruch bei weitem nicht ausreichend gewesen. Die Promotionsschrift wurde von der Akademie angenommen, Gutachter wurden beauftragt, schließlich konnte das Verfahren gute zwei Jahre nach Abgabe erfolgreich abgeschlossen werden.

Seit dieser Zeit bestimmten organisatorische und anders geartete wissenschaftliche Aufgaben – Weiterführung des Wörterbuchs, Kulturgeschichte und Ausgrabungen in Tell Basta[8] – meine Tätigkeit; der Zeitfonds für die Mathematik blieb gering. Aus diesem Grunde musste ich auch das Angebot des Verlagshauses Brill, einen Mathematik-Band für das Handbuch der Orientalistik zu erarbeiten, schweren Herzens ausschlagen. Dennoch habe ich die Rechenkunst nie aus den Augen verloren, sondern mehrfach für fachübergreifende wissenschaftshistorische Publikationen die entsprechenden Artikel über die ägyptische Mathematik beigesteuert.[9]

Lange nach meiner Berentung im Jahre 2001 rückte die Mathematikgeschichte dann wieder in mein Blickfeld, als mich Daniel Austin aus Calais, mit dem ich seit Anfang der 90er Jahre in Kontakt stand, darum bat, die im Entstehen begriffene französische Ausgabe des mathematischen Papyrus Rhind durchzusehen, was mir viel Freude bereitet, aber auch Mühe gemacht hat. Das umfangreiche Werk, das Daniel Austin zusammen mit Michel Guillemot erarbeitet hat, muss demnächst erscheinen.[10] Die durch diese Zusammenarbeit aufgefrischte Beschäftigung mit der

---

der Autoren, im Zuge der Evaluierungen um den Erhalt ihrer Institutionen ringend, sah sich in der Lage, diesen Forderungen nachzukommen – *tempi passati*.

8 Ergebnisse sind veröffentlicht, verfasst von ägyptischen Kollegen sowie von Walter F. Reineke, Stefan Grunert und Adelheid Burkhardt, in: Mohamed I. Bakr (Ed.), Tell Basta I (Text), Cairo 1992. Der Tafelband II blieb unveröffentlicht, da der Berliner Wissenschaftssenator den Mitarbeitern der Akademie die weitere Kooperation mit der Universität Zagazig untersagt hatte. Die Bildunterschriften für diesen Tafelband (Abb. 1–210, Pläne und Zeichnungen) sind im Band I (S. 155–163) abgedruckt.

9 So Beiträge für das LÄ. Dazu: From empirical knowledge to the beginning of scientific thought, in: A. H. Dani – J.-P. Mohen (Ed.), History of Humanity, Scientific and Cultural Development, Vol. 2, From the Third Millennium to the Seventh Century B. C., Paris 1996, S. 23–26. Außerdem das Kapitel zur ägyptischen Mathematik in einer EU-Enzyklopädie zur Geschichte der Wissenschaften. Erschienen ist m. W. bisher nur die italienische Fassung: Storia della Scienza, Vol. I, La Scienza Antica. Das Kapitel Ägypten (IV) auf S. 91–97.

10 Den genauen Titel kenne ich noch nicht.

Mathematikgeschichte brachte mich schließlich dazu, für die Festgabe zum 65. Geburtstag meines Freundes und Kollegen Stefan Grunert eine Miszelle darüber zu verfassen, wie die Ägypter ohne mathematische Operationen die Näherungslösung für die Kreisberechnungskonstante Pi entdeckt haben könnten.[11] Die Idee war mir schon bei der Erarbeitung meiner Dissertation B gekommen, ist aber damals nicht ausformuliert worden. Damit wäre ich schon wieder beim Ausgangspunkt des Vorworts zum vorliegenden Band der IBAES-Reihe angekommen. Martin Fitzenreiter hatte mich zu Beginn des Jahres 2013 ermutigt, meine Arbeit in dieser Reihe zu veröffentlichen. Ich habe lange überlegt, ob dies nach so vielen Jahren der Brache noch sinnvoll wäre, hatte mich dann doch schließlich entschlossen, es zu wagen. Meine Zweifel um den Sinn der nicht-überarbeiteten Publikation einer so alten Dissertation habe ich überwunden, indem ich mir vergegenwärtigt habe, dass m. W. die untersuchte Materie so ausgefallen und das Feld kaum untersucht worden ist, dass sich die Veröffentlichung lohnt.

Für die erwähnte Ermutigung sei Martin Fitzenreiter nochmals herzlich gedankt. Mein Dank gilt ebenso Mike Reinke, der die mühselige Digitalisierung der stark verblassten Lesedurchschläge bzw. Ormig-Seiten vorbildlich gelöst hat. Schließlich sei Uta Siffert gedankt für die sicher zeit- und nervraubende Redaktion und das gelungene Layout.

Walter F. Reineke
Berlin, November 2013

11 Nochmals zur ägyptischen Näherungslösung für die Kreisberechnungskonstante Pi, in: Frank Feder – Ludwig Morenz – Günther Vittmann (Hrsg.), Von Theben nach Giza, Textmiszellen für Stefan Grunert zum 65. Geburtstag (= Göttinger Miszellen, Beiheft 10), Göttingen 2011, S. 119–122.

1 Einleitung

„Um die Wissenschaft, so wie sie uns heute als gesellschaftliche Institution mit eigener Tradition und eigenen charakteristischen Methoden entgegentritt, wirklich verstehen zu können, ist es notwendig, ihre Wurzeln zu untersuchen." So umriß 1954 J. D. Bernal die immer dringender werdende Notwendigkeit, „die Wissenschaft in der Geschichte" zu erforschen.[1] Die Untersuchung der Wurzeln einer gesellschaftlichen Erscheinung – und um eine solche handelt es sich zweifelsohne bei der Wissenschaft – schließt sowohl die Aufdeckung der Phänomene ein, dessen, was sich entwickelt hat, aber auch die Freilegung der gesellschaftlichen Hintergründe und Triebkräfte, nämlich dessen, wie und warum sich etwas entwickelt hat.[2] Diese unterschiedliche Auffassungsmöglichkeit von „Wurzeln einer Wissenschaft" ist Ausdruck der komplizierten dialektischen Verhältnisse zwischen der Institution Wissenschaft bzw. der Wissenschaft als gesellschaftlicher Erscheinung und der Gesellschaft selbst. Einerseits entsteht die Wissenschaft aus den Zwängen der Gesellschaft, ist eine besondere Form gesellschaftlicher Arbeit[3], die das Instrumentarium mit zu entwickeln hat, dessen die Gesellschaft in ihrer Auseinandersetzung mit der Natur und zur Regelung der gesellschaftlichen Prozesse bedarf.[4] Andererseits unterliegt diese speziell geartete Arbeit – einmal entstanden – einer Eigengesetzlichkeit.[5] Diese versetzt die Wissenschaft in die Lage, sich partiell von den Notwendigkeiten der gesellschaftlichen Praxis, deren Teil sie letztlich ist, zu entfernen und Ergebnisse hervorzubringen, derer die jeweilige Gesellschaft nicht bedarf, die sie noch nicht verwenden kann.[6] Auch vermag dadurch die Wissenschaft Erkenntnisse zu erzielen, die nur von Teilen der jeweiligen Gesellschaft zur Überwindung der bestehenden Herrschaftssysteme genutzt werden können.

Aufgabe der Wissenschaftsgeschichte ist es nun, diese komplizierten Verhältnisse für jede gesellschaftliche Epoche, für jede der modernen Wissenschaftsdisziplinen und für jede konkrete Gesellschaft zu beschreiben, um schließlich durch Zusammenfassung des gesamten Materials tatsächlich ein Bild von der „Wissenschaft in der Geschichte" entwerfen zu können. Ein solches Nachzeichnen eines Entwicklungsweges ist umso schwieriger, „je weiter wir zurückgehen und uns jenen kritischen Perioden nähern, in denen die grundlegenden Entwicklungen und Erfindungen gemacht werden."[7] Dennoch muß versucht werden, in die Frühzeit der menschlichen Geschichte, selbst in Epochen zurückzugehen, die der Schrift entbehrten und die jede Tradierung der gesellschaftlichen Erfahrungen durch mündliche Weitergabe vollzogen. Nur so kann man die ersten Anfänge einer bewußten geistigen

Auseinandersetzung des Menschen mit der natürlichen und gesellschaftlichen Umwelt aufspüren.

In den verschiedenen Teilen der Welt hat man die ersten Formen einer bewußten geistigen Auseinandersetzung zwar zu ganz verschiedenen Zeiten anzusetzen, typologisch entsprach sie aber überall einem Entwicklungsstand der Wissenschaft, auf dem vorwiegend Fakten gesammelt und beschrieben wurden und eine „erste Systematisierung dieser Fakten erfolgt(e).“[8] Dieses Stadium repräsentiert die Wissenschaft der frühen Gesellschaften. Es ist keinesfalls ein präwissenschaftliches Stadium, wie vielfach beschrieben wird[9], ebensowenig, wie man diesen frühen Formen der Wissenschaft den Terminus prälogisch[10] zubilligen darf. Die Träger der entsprechenden Kulturen waren mit einem Gehirn ausgerüstet, das den des heutigen *homo sapiens* völlig glich. Die grundlegenden Denkstrukturen erlaubten abstraktes und logisches Denken; nur der geistige Horizont, die gesellschaftlichen Erfahrungen und Notwendigkeiten, auf denen und für die das Denken sich vollzog, unterschieden sich vom heutigen Niveau[11], was seinerzeit zur Unterteilung des menschlichen Denkens in eine prälogische und eine logische Phase führte.

Eine Zusammenschau der Entwicklung der Wissenschaft im Altertum wurde 1982 durch das ZIAGA unter dem Titel „Geschichte des wissenschaftlichen Denkens in der Antike“ publiziert.[12] Hier wurde versucht, von den ersten Anfängen in schriftloser Zeit den Weg zu beschreiben, den die Gesamtheit der geistigen Auseinandersetzung mit den Erscheinungen in Natur und Gesellschaft bis zur klassischen Antike genommen hat. Die Frühformen wurden dabei recht summarisch behandelt, die Entwicklungen in der frühen, der altorientalischen Klassengesellschaft schon ausführlicher, denn dort ist die Quellenlage bedeutend besser. Recht detailliert konnte schließlich die Wissenschaft in Griechenland und Rom beschrieben werden, zumal ausreichend Informationen aus dieser Zeit vorliegen und die Aufspaltung der einheitlichen Wissenschaft der frühen Phase in Disziplinen vollzogen war, deren Erkenntnisstand und Entwicklungsweg besser und auch einfacher dargelegt werden kann. Ein Ergebnis der Arbeit an diesem Werk war die Erkenntnis, daß – neben weiteren Versuchen, die Wissenschaft in ihrer Gesamtheit und in ihrem Entwicklungsgang zu betrachten – eine dringende Aufgabe darin besteht, die Geschichte einzelner Wissenschaftsdisziplinen in bestimmten Epochen und geographischen Gebieten genauer zu fixieren, als es bislang geschehen ist. Ein besonderes Desiderat ist hier die Betrachtung der Frühphasen dieser Entwicklung.[13]

Die Beschränkung auf eine frühe Entwicklungsetappe einer der heutigen Wissenschaftsdisziplinen als Grundlage für eine Gesamtdarstellung ist nach den Erfahrungen bei der Arbeit an der „Geschichte des wissenschaftlichen Denkens“ nicht nur wichtig, sondern erfüllt auch die Leninsche Forderung, die Geschichte der Wissenschaft möglichst konkret zu betreiben[14], um aus den

Lehren der Geschichte Hinweise auf die moderne Planung ableiten zu können.[15] Die Beschränkung auf eine Wissenschaftsdisziplin hat auch den Vorteil, daß eine gute Kenntnis ihrer Spezifik vorhanden ist, daß man induktiv und deduktiv den realen geschichtlichen Prozeß ihrer Entwicklung nachzuzeichnen versuchen kann. Die Beschreibung der Geschichte einer Wissenschaftsdisziplin ist daher wesentlich problemloser – wenn auch nicht frei von Problemen – als die Darstellung der Geschichte der Wissenschaft, aber nicht minder wichtig, denn die eine bedingt die andere.

Schließlich wird man sich bei einer detaillierten Deskription des Entwicklungsweges einer Disziplin in einer bestimmten vorkapitalistischen Periode auf ein deutlich umrissenes geographisches Gebiet beschränken müssen, denn zumeist nur für ein solches (das eine kulturelle Einheit mit eigener Tradition bilden sollte) gibt es im Einzelnen ausreichend detaillierte Kenntnisse über die gesellschaftlichen Prozesse, die die Entwicklung der Wissenschaft determiniert haben. Die Konzentration auf ein bestimmtes Kulturgebiet ist umso wichtiger, je weiter man mit den Untersuchungen in die Vergangenheit vordringt: denn in den frühesten Perioden der Entwicklung existieren die einzelnen Phänomene der Kultur, also auch die Frühformen der Wissenschaft, relativ autochthon. Die sich ständig weiterentwickelnden Produktivkräfte überwinden die anfängliche Isoliertheit der wichtigsten Kulturzentren immer mehr, der Austausch auch zwischen entfernt liegenden Gebieten verbessert sich stetig.[16] Mit den Gütern der materiellen Kultur werden auch Technologien und Ideen verbreitet, die auf die Entwicklung der Wissenschaft einwirken und entsprechend auch in der Wissenschaftsgeschichte berücksichtigt werden müssen. Schließlich entwickelt sich – wie z. B. in der Periode des Hellenismus – eine Wissenschaft, die den Gesellschaften größerer geographischer Räume eignet.

Will man über eine bestimmte Wissenschaftsdisziplin – und sei es nur über ihre Geschichte – schreiben, so bedarf es einer Vorstellung dessen, was man unter dem Begriff „Wissenschaft“ versteht. Die meisten Autoren wissenschaftshistorischer Werke über vorgriechische Wissenschaft haben sich davor gescheut, diese Problematik überhaupt zu berühren. Sie begnügten sich weitgehend mit der Annahme, daß die Frühformen etablierter Wissenschaftsdisziplinen zur Untersuchung stünden und gingen von modernen Vorstellungen von Wissenschaftsdisziplinen aus.[17]

Für das Anliegen dieser Arbeit mag folgende Beschreibung der Wissenschaft zugrunde gelegt werden: Wissenschaft stellt eine besondere Form gesellschaftlicher Arbeit dar. Ihre Ergebnisse werden in der Auseinandersetzung mit der materiellen und gesellschaftlichen Umwelt erzielt. Beobachten, Sammeln, Analysieren und Systematisieren empirischen Materials, Probieren und Experimentieren – auch unter Benutzung spezieller Geräte und Apparaturen – zeitigen Ergebnisse, die für die

Auseinandersetzung mit der materiellen und gesellschaftlichen Umwelt nutzbar sind und die höchste Verallgemeinerung der Praxis darstellen. Diese Ergebnisse stellen ein System von Kenntnissen dar, die in Begriffen, Aussagen, Theorien, Hypothesen, Gesetzmäßigkeiten und Gesetzen fixiert sind. In ihnen sind die gesammelten Erkenntnisse der Vergangenheit bewahrt; dieses System von Wissen ist objektiv (relativ) wahr. Wissenschaft ist als gesellschaftliche Arbeit gesellschaftsabhängig; einmal als gesellschaftliches Phänomen entstanden, beginnt sie sich zu institutionalisieren, entwickelt eine Eigengesetzlichkeit und spezifische Methoden. Ihre Ergebnisse dienen der Aufrechterhaltung und Entwicklung von Produktion und Reproduktion, der Herrschaftsausübung oder stellen gesellschaftliche Dienstleistungen dar; einige Ergebnisse dienen ausschließlich der Weiterentwicklung der Wissenschaft.[18]

In der wissenschaftshistorischen Literatur wird zumeist die Forschung um der Gesetzeserkenntnis willen als Hauptcharakteristikum der Wissenschaft angesehen, die Sammlung und Systematisierung empirischer Daten aber als mehr technisch-organisatorische Leistung und damit nicht als Wissenschaft charakterisiert.

Angewandt auf die altorientalische Wissenschaft hieße das, die Leistungen dieser Gesellschaftsformation – von Ausnahmen abgesehen –, die von den antiken Schriftstellern überaus häufig als Bedingung für eigene Erfolge bezeichnet wurden[19], weitgehend als präwissenschaftlich abzutun.[20] Ein derartiges Vorgehen ist aus mehreren Gründen nicht gerechtfertigt:

Zum einen zeitigt die gesellschaftliche Praxis eine ständige, zu verschiedenen Zeiten unterschiedlich rasche Weiterentwicklung der Produktivkräfte, wenn nicht durch äußere Einwirkung (Veränderung der ökologischen Bedingungen, Seuchen, Kriege, Ausplünderung u. a. m.) die Entwicklung tiefgreifend gestört oder unterbrochen wird. Zu den Produktivkräften gehört – neben den Menschen und den materiellen Bedingungen zur Produktion und Reproduktion – auch der menschliche Erfahrungsschatz, die Kenntnisse um die Wesensinhalte der materiellen und gesellschaftlichen Umwelt und um die Methoden, derer man bedarf, um sich mit ihr auseinandersetzen zu können. Daraus folgt, daß jede bewußt vollzogene geistige Aktivität, die die Vervollkommnung oder Erweiterung des Instrumentariums zur Auseinandersetzung mit der Umwelt zum Ziel hat[21], wissenschaftliche Arbeit im Sinne obiger Beschreibung ist, unabhängig davon, ob die Formulierung eines Gesetzes oder ob ein Experiment, ein Probieren erfolgt. Das Ergebnis muß den menschlichen Erfahrungsschatz bewahren oder weiterentwickeln helfen, muß für die Gesellschaft in ihrer Auseinandersetzung mit der Natur oder für Teile der Gesellschaft zur Durchsetzung ihrer Interessen relevant sein; die Formulierung von Gesetzen oder Theorien ist nicht unbedingt erforderlich.

Zum zweiten ist daraus zu folgern, daß zu jeder Entwicklungsstufe der Produktivkräfte auch eine entsprechende Etappe in der Wissenschaftsentwicklung gehört, sofern es der Stand der Produktivkräfte überhaupt erlaubt, Wissenschaft im obigen Sinne zu betreiben. Die dafür notwendige Entwicklungshöhe wird zuerst in den frühen Klassengesellschaften des Alten Orients, also auch in Ägypten – und um dieses geographische Gebiet handelt es sich bei der vorliegenden Untersuchung – erreicht, in denen durch ein stabiles Mehrprodukt in der landwirtschaftlichen Produktion genügend Mittel und auch Menschen freigesetzt werden, um zunächst durch Sammlung den vorhandenen Erfahrungsschatz zu bewahren und um – abhängig von der schriftlichen Fixierung – durch gezielte Systematisierung zu geeigneten Daten zu kommen, diese Erfahrungen zu mehren und besser nutzbar zu machen. Dabei ist die gesellschaftliche Praxis zugleich Antrieb und Nutzer. Resultat dieser geistigen Arbeit ist eine Fülle von empirischen Daten, Erkenntnissen, Methoden und Gesetzen, die wir kennen, aber nur in wenigen Fällen datieren können. Viele der durch Zeugnisse der Wirtschaft, Verwaltungspraxis und Baukunst als bewußt genutzt nachweisbaren Gesetze besonders der Naturwissenschaften sind in den entsprechenden, „wissenschaftlichen Texten“ nicht explizit formuliert; nur die Anordnung der Einzeltexte innerhalb der Sammlungen z. B. verrät, daß sie u. a. auch zur Vermittlung der Gesetzeskenntnis dienten.[22] Die noch unmittelbare und praxisbezogene Einbindung der Wissenschaftsentwicklung in die allgemeine Entwicklung der Produktivkräfte und damit der Gesellschaft erklärt auch, warum aus den frühen Epochen der Schriftlichkeit Erkenntnisse, die über das von der Gesellschaft nutzbare Niveau hinausgingen, nicht überliefert sind. Die Gesellschaft bedurfte derartiger Resultate nicht, konnte sie nicht verwenden; sie gehörten dementsprechend zu den nicht-aufzeichnungswürdigen Dingen, zumal z. B. in Ägypten die Aufzeichnungswürdigkeit weitgehend vom gesellschaftlichen Echo, letztlich vom Lob durch den Pharao, abhing.

Zum dritten schließlich liegen aus dem alten Ägypten in Zeugnissen unterschiedlicher Gattung, von eigentlichen wissenschaftlichen Sammlungen bis zu religiösen Texten, Hinweise auf die Anwendung grundlegender Denkgesetze, hauptsächlich solcher der formalen Logik, vor, die für die wissenschaftliche Arbeit charakteristisch sind. Die aus den schriftlichen Überlieferungen oft durch mühevolle Kleinarbeit herausgearbeiteten Erkenntnisse über den Wissensstand der alten Ägypter zeigen, daß sie durchaus ein System von Wissen über Natur und Gesellschaft besaßen und dieses in Begriffen, Aussagen und Theorien zu formulieren wußten. Sie besaßen über das Wesen ihrer Umwelt ein Wissen, das in verallgemeinernder Form niedergelegt und durch den Entwicklungsstand ihrer Produktivkräfte determiniert war.[23]

Das Wissen der alten Ägypter ist uns im wesentlichen aus Texten bekannt, die seit Beginn des 2. Jt. v. u. Z. aufgezeichnet worden sind, die aber kaum eigenständige Schöpfungen dieser Epoche sein dürften, sondern – oft sogar ausdrücklich vermerkt – Abschriften älterer Texte darstellen. Ihre Archetypen dürften vielfach im 3. Jt. v. u. Z. entstanden sein. Diese Texte stellen die Basis für die vielfach kompendialen Untersuchungen bes. der altägyptischen Mathematik, Astronomie und Medizin dar. Durch Aufarbeitung der Texte konnte ein deutliches und allgemein akzeptiertes Bild der altägyptischen Wissenschaft des Mittleren Reiches (Beginn des 2. Jt. v. u. Z.) und späterer Zeiten gezeichnet werden.[24] Zumeist wird bei der Betrachtung der ägyptischen Wissenschaft zwar konzediert, daß die Kenntnisse dieser Periode älter sein müßten, aber nur in Ausnahmen wird versucht, die Herkunft dieser Kenntnisse aufzuzeigen, den Entwicklungsgang zu skizzieren.[25]

So erscheint es heute dringend erforderlich, fußend auf dem gesicherten Wissen um die Kenntnisse der Ägypter im Mittleren Reich, die ältesten greifbaren Indizien für die Entwicklung dieses Wissens aufzuspüren. Gerade in den letzten Jahrzehnten ist außerdem der Forschungsstand über die frühesten Epochen der ägyptischen Geschichte deutlich gewachsen. Dadurch wurde einerseits Material, das länger bekannt, bisher aber nicht unter dem Aspekt der Wissenschaftsgeschichte analysiert worden ist, sicherer deutbar, andererseits brachte die bessere Kenntnis der gesellschaftlichen Entwicklung, ihrer Möglichkeiten und ihrer Notwendigkeiten, einen klareren Blick für das wissenschaftliche Inventar, das man für diese Epochen – auch im Vergleich mit dem aus anderen Kulturen gleicher oder ähnlicher Entwicklungsstufe – erwarten kann. Schließlich ist seit dem Erscheinen der wichtigsten wissenschaftshistorischen Werke über Ägypten viel neues Material zutage gekommen, das ausgewertet werden kann. Deshalb erscheint es lohnend, sich ausführlicher mit den frühen Formen der ägyptischen Wissenschaft zu befassen, zu versuchen, Zeugnisse aus dem ausgehenden 4. Jt. v. u. Z. und aus den ersten beiden Dynastien (3030 – 2665 v. u. Z.) namhaft zu machen. Dabei wurde, fußend auf früheren Arbeiten[26], die Mathematik als die Wissenschaftsdisziplin gewählt, deren Frühgeschichte untersucht werden soll.

Diese Aufgabe ist bislang von Wissenschaftshistorikern und Ägyptologen nicht angegangen worden. Alle bisherigen Arbeiten begnügen sich mit der Darstellung der Verhältnisse im Mittleren Reich, geben bestenfalls an, daß die Wurzeln in früheren Perioden liegen müssen.

Zur Untersuchung dieser Probleme ist weniger der Mathematikhistoriker als der Ägyptologe aufgerufen. Denn bei dieser Arbeit ergibt sich, wie J. D. Bernal schrieb, eine große Schwierigkeit daraus, „daß diese (die Wissenschaft, W. F. R.) zunächst nicht in einer ausgeprägten Form auftritt, sondern aus den allgemeineren Aspekten der Kultur der entsprechenden Zeit herausgeschält werden muß. Ihre verborgenen Quellen muß man in der

Geschichte der menschlichen Fertigkeiten und Institutionen nachspüren."[27] Und die zur Verfügung stehenden Quellen sind tatsächlich verborgen, denn es handelt sich um eine Periode, aus der kaum schriftliche Quellen greifbar sind, z. T. sogar um eine schriftlose Zeit. Dennoch ist es die Epoche, die durch die Formierung der ägyptischen Kultur und den Prozeß der Staatsentstehung im Niltal charakterisiert ist, eine Epoche also, in der wesentliche Entwicklungen auf sozialökonomischem und politischem Gebiet verliefen[28], in der die Vorläufer der wichtigsten staatlichen Institutionen des späteren Pharaonenreiches entstanden sind. Diese waren weitestgehend mit der Einbringung und Umverteilung des für den König von den Dorfgemeinden abgegebenen oder eingezogenen Teils des landwirtschaftlichen Mehrproduktes befaßt.

Die Verwaltungsarbeit forderte und förderte die Weiterentwicklung des Meß- und Rechenwesens ebenso wie die in dieser Zeit einsetzende Beschäftigung größerer Menschenmassen für den Bau der königlichen Grabanlagen, die Errichtung von Wällen um bestimmte Siedlungen sowie das Schütten von Dämmen zwischen größeren Siedlungen und dem Wüstenrand (damals wohl Steppenrand), um auch zur Zeit der Nilüberschwemmung diese Gebiete ohne Schiff erreichen zu können; sie waren als Jagdgebiet, als Quelle für Brenn- und Bauholz und als Ausgangspunkt von Karawanenstraßen ökonomisch wichtig. Auch die Planung der erwähnten Bauwerke bedurfte eines gewissen Inventars mathematischer Kenntnisse. Hier ist wohl die Wurzel der Geometrie zu suchen, die nach antiker Tradition von den Ägyptern erfunden worden sein soll.[29] Wahrscheinlich haben auch die Erfordernisse der Zeitmessung in der entstehenden und sich schließlich auf das gesamte Gebiet nördlich des ersten Kataraktes ausdehnenden politischen Einheit die Weiterentwicklung der Mathematik gefördert. Das führte zu Beginn der 2. Dynastie (um das Jahr 2772 v. u. Z.) zur Einführung eines auf dem Sonnenjahr basierenden Kalenders, der nur Ergebnis langer Beobachtung von Sonne, Sirius und Einsetzen der Nilüberschwemmung gewesen sein kann. Er wurde anstelle eines älteren Mondkalenders für die Staatsverwaltung als bindend erklärt.[30]

Läßt sich auch der Praxisbereich einigermaßen genau eingrenzen, aus dem Material für die Frühgeschichte der Mathematik in Ägypten zu erwarten ist, so erwies es sich dennoch bei der Suche nach entsprechenden Indizien, daß sich diese oft in sehr „verborgenen Quellen" und mitunter mit peripherem Bezug zur eigentlichen ökonomischen Praxis fanden[31], die ja Basis für die gesamte Entwicklung ist. Es machte sich deshalb erforderlich, das erreichbare Material weitgehend vorzulegen – allerdings nicht im Sinne einer Neupublikation –, seine Bedeutung für die Ausarbeitung einer Geschichte der Mathematik zu diskutieren und die Bedingtheit dieses Materials durch den

Entwicklungsstand der Produktivkräfte im Niltal des ausgehenden 4. und frühen 3. Jt. v. u. Z. aufzuzeigen. Deshalb wurde auch der Titel

„Gedanken und Materialien zur Frühgeschichte
der Mathematik in Ägypten"

gewählt, denn sie stellt eine notwendige Vorstufe für die Erarbeitung einer Geschichte der ägyptischen Mathematik vor dem Einsetzen der sog. mathematischen Texte (zu Beginn des 2. Jt. v. u. Z.) dar. Wenn auch im folgenden verschiedentlich Material benutzt werden muß, das aus dem Alten Reich, der Zeit des Pyramidenbaues (2665–2155 v. u. Z.), stammt, so ist die Untersuchung der Mathematikentwicklung in dieser Periode nicht Gegenstand der vorliegenden Studie; dies ist Aufgabe zukünftiger Forschung.[32]

Im ersten Kapitel „Das Zahlensystem" wird versucht, durch eine Analyse der ägyptischen Zahlwörter und ihrer grammatischen Konstruktion sowie durch Vergleich der ägyptischen Numeralia mit denen anderer hamito-semitischer oder auch afroasiatischer Sprachen Festpunkte in der Entwicklung der quantitativen Erfassung der Natur zu gewinnen. Es lassen sich mehrere ältere Zählgrenzen feststellen, nämlich zwei, fünf und zehn. Für das Ägyptische kann nur zehn als unterste Zählgrenze und als Basis für das Zahlensystem gelten. Alle anderen waren in früheren, nicht näher datierbaren Perioden Zählgrenzen.[33] Die Zahlwörter sind aber das einzige, was uns für ein Nachzeichnen des Bildes von der Entwicklung der Zählfertigkeiten als Voraussetzung des Rechnens zur Verfügung steht. Die hier erzielten – wenn auch stark hypothetischen – Ergebnisse sind jedoch durch neuere Ergebnisse der Anthropologie und der Völkerkunde gut gestützt, so daß es gerechtfertigt erscheint, die Entwicklung des Zahlensystems von den ersten Anfängen (vielleicht im späten Paläolithikum) bis zur Herausbildung des kompletten dekadischen Systems der Ägypter von $10^{\circ}...10^{6}$ (mit den entsprechenden Graphemen) an der Wende vom 4. zum 3. Jt. v. u. Z. zu skizzieren.

Um Material für eine Mathematikgeschichte aus den schriftlosen Epochen gewinnen zu können ist es erforderlich, die Hinterlassenschaft der materiellen Kultur, vorzugsweise des 4. Jt. v. u. Z., zu untersuchen und nach der Existenz von Indizien für die Anwendung von Zählen und Rechnen zu forschen. Für diese boten sich die archäologisch gut bezeugten Dekorationen auf Keramikgefäßen und die vielerorts gefundenen Spiele an; beide Gruppen von Sachzeugnissen gehören zu den Grabbeigaben der neolithisch-aeneolithischen Kulturen des Niltals. Eine Überprüfung der Dekormuster auf den Keramikgefäßen ergab, daß in der frühesten Zeit, als sich die Technik der Gefäßherstellung herausbildete, die Muster der wohlbekannten und allerorts bei entsprechenden Kulturen üblichen Flechtarbeiten auf die Gefäße direkt in Ritztechnik übertragen wurden. Dies sind die berühmten geometrischen Muster, deren Formenschatz an die Technik des Flechtens und Webens gebunden ist. Erst später, als man die Herstellungstechnik von Tongefäßen beherrschen gelernt hatte und eine immer feinere Keramik zu produzieren wußte, ging man zu einer dem neuen Material entsprechenden Dekorationstechnik – dem Bemalen – über, ohne die vom Flechtwerk übernommenen Register geometrischer Figuren aufzugeben. Diese stellen also Relikte einer Dekorationssitte für Produkte dar, die uns im Original nicht oder nur selten erhalten sind; bestenfalls können Wandmalereien in Gräbern, die Matten darstellen, eine Vorstellung vom Dekorschatz vermitteln.

Im Kapitel „Mathematisches in der Dekoration von Gefäßen" wird deshalb – fußend auf der Annahme, Flechtwerkmuster seien dargestellt – untersucht, wie man zur Herstellung solcher Muster auf Flechtwerk bei randparallelen Flechten zumindest das Abzählen beherrschen mußte, um geplante (d. h. der jeweiligen Mode entsprechend) Muster zu flechten. War man in der Lage, zu addieren oder durch fortgesetztes Addieren zu multiplizieren, hatte man Vorteile in der Produktion von geflochtenen Matten. Selbst die Auffindung grundlegender Formeln zur Errechnung des Flächeninhalts einfacher geometrischer Figuren – ausgedrückt in Rasterquadraten des Flechtwerkes – läßt sich so wahrscheinlich machen. Mit der Übernahme des Dekorsatzes randparallelen Flechtwerkes in die Ausschmückung spiralwulstgeflochtener Körbe und schließlich gebrannter Keramikgefäße lernte man auch, runde Flächen nach dem Augenmaß zu teilen. Schließlich mag man dabei auch entdeckt haben, daß der Radius eines Kreises gleich der Seite des einbeschriebenen Sechsecks ist, das sechs flächengleiche gleichseitige Dreiecke ergibt.

Auch die Spiele, die aus dem ausgehenden 4. Jt. v. u. Z., zumeist unvollständig, unter den Grabbeigaben erhalten sind, können als Zeugnisse für die Entwicklung des Abzählens, Addierens bzw. Multiplizierens gelten. Ihr Hauptvertreter, das Senet-Brettspiel mit 3 × 10 Feldern, ist zudem aus pharaonischer Zeit gut bezeugt. Es wurde von zwei Spielern gespielt, die unterschiedlich geformte Spielsteine benutzten. Ohne den genauen Spielverlauf zu kennen, wie im Kapitel „Die Spiele" verdeutlicht wird, wurden wesentliche Merkmale durch neueste Forschungen deutlich. Die Anzahl der zu setzenden Steine bzw. die Zahl der Felder, um die ein Stein versetzt werden kann, wurde mit Hilfe von mehreren Wurfstäben, den Vorläufern der Würfel, festgelegt. Dadurch wurde vom Spieler gefordert, die Zahl der Punkte der einzelnen Wurfstäbe zu addieren; bei der Zuordnung der Gesamtpunktzahl zu mehreren Spielsteinen war die Division erforderlich. Derartige Spiele erforderten also eine gut ausgebildete Zähl- und Rechenfertigkeit und förderten diese.

Die größte Triebkraft für die Herausbildung der Mathematik waren jedoch nicht die Erfordernisse der Flecht- und Webtechnik (obwohl auch diese – stärker als die Spiele – Zählen und Rechnen voraussetzten, wollte man die Bedürfnisse der Gesellschaft befriedigen), sondern die Notwendigkeiten, die sich aus der Verwaltung der Abgaben aus den Gemeinden an die Zentralgewalt, die spätere Institution Pharao, ergaben. Eine derartige Abgabenverwaltung erfordert ein eindeutig handhabbares System von Maßen und Masseeinheiten und ist nur möglich, wenn ein Grundinventar von einfachen Rechenalgorithmen vorhanden ist. Mit steigenden Anforderungen werden sowohl das Maßsystem als auch die Rechenfertigkeiten verbessert und verfeinert. Steigende Abgaben aus immer größer werdenden Gebieten brachten in der zweiten Hälfte des 4. Jt. v. u. Z. mit der Ausweitung der politischen Macht, ausgehend vom Zentrum des oberägyptischen Reiches in Hierakonpolis, auch die Möglichkeit, große königliche Grabanlagen zu errichten, zu deren Planung neben einem Maßsystem auch bestimmte Rechenfertigkeiten vorhanden sein mußten. Die Abgabenverwaltung zwang die politische Gewalt des oberägyptischen Reiches schließlich dazu, die Vielzahl der historisch gewachsenen Einzelmaße einzuschränken und eine geringe Anzahl von standardisierten Einheitsmaßen festzulegen, die für das gesamte Einflußgebiet bindend waren. Ein Eichwesen entwickelte sich und garantierte, daß im gesamten Reich nach denselben Standards gemessen wurde.

Es ist daher unbedingt erforderlich, im Rahmen einer Materialaufbereitung für die Frühgeschichte der Mathematik im Alten Ägypten auch die faßbaren Belege für die Existenz eines Maßsystems zu sammeln und zu diskutieren (Kapitel „Metrologisches"). Aus z. T. sehr unterschiedlichen Quellen konnten Hinweise auf die Verwendung von Längen-, Flächen- und Hohlmaßen sowie für Masseeinheiten (Gewichte) gewonnen werden. Sie scheinen durchweg die Archetypen der aus späterer Zeit wohlbekannten Systeme zu sein. Mit mathematisch-statistischen Methoden wurde schließlich überprüft, welche Länge das Grundmaß des ägyptischen Standards, die Elle, besaß. Aus einer Vielzahl von Gebäudeabmessungen ließ sich ein Wert von 525 mm errechnen, der völlig dem der königlichen Elle entspricht. Da originale Ellenstäbe erst aus dem 2. Jt. v. u. Z. erhalten sind, war diese Methode der einzige Weg, die Länge der in der Frühzeit verwendeten Elle zu bestimmen, für die wir nur aus schriftlichen Quellen die Existenz dieser Maßeinheit belegen können. Anders lagen die Verhältnisse bei den Masseeinheiten. Sie sind in großer Zahl vom 4. Jt. v. u. Z. an archäologisch bezeugt und größtenteils hinreichend gut veröffentlicht, so daß auch hier mit Methoden der mathematischen Statistik der Massewert der Standardeinheit ermittelt werden konnte.

In den frühesten schriftlichen Zeugnissen für die Verwendung dieser Maßsysteme treten auch Schriftzeichen für Teile der Maße auf. Sie versetzen uns in die Lage, nicht nur die Entwicklung der Teilungsreihen verschiedener Maße bis in die ältesten Zeiten zurückzuverfolgen, sondern auch die Herausbildung der ägyptischen Bruchrechnung nachzuzeichnen. Es läßt sich deutlich machen, warum es in Ägypten nur zur Entstehung der als typisch angesehenen Stammbrüche kam, die die Vertafelung in der sog. $^2/n$-Tabelle fordern und in der rechnerischen Handhabung umständlich sind (Kapitel „Zur Entstehung der ägyptischen Bruchrechnung").

Mit den Untersuchungen zur Entstehung der ägyptischen Bruchrechnung wird die Darlegung und Diskussion des Materials zur Frühgeschichte der Mathematik in Ägypten im Rahmen dieser Arbeit abgeschlossen. Dabei mußte auf die Betrachtung zweier wichtiger Gebiete verzichtet werden: Astronomie/Kalenderwesen und Proportionen/Proportionskanon. Die Gründe für die Ausklammerung dieser Bereiche sind unterschiedlich. So fehlen aus der Frühzeit Ägyptens für die Astronomie, dieser für die Orientierung von Bauwerken, zur Festlegung von Reiserouten und zur Berechnung des Kalenders[34] so wichtigen Wissenschaftsdisziplin eindeutige Belege für ihre Verbindung mit der Mathematik. Wir wissen lediglich, daß Bauwerke dieser Zeit genau orientiert waren, was nur durch Beobachtung von Himmelskörpern möglich war, und daß 2772 v. u. Z. der ägyptische Kalender mit einem Jahr von 365 Tagen eingeführt worden ist, der die ältere Zeitrechnung nach den Mondphasen ersetzte.[35] Dieser Kalender, die „zweite große Gabe Ägyptens an die europäische Antike und Moderne" (S. Morenz)[36], der „einzig vernünftige Kalender, der in der menschlichen Geschichte je existiert hat" (O. Neugebauer)[37] kann nur anhand langer Beobachtungsreihen entwickelt worden sein. Diese Beobachtungen betrafen den Lauf der Sonne, des Sirius und den Beginn der Nilüberschwemmung. Mit dem heliakischen Aufgang nach ca. 70-tägiger Unsichtbarkeit fiel das Einsetzen der Überschwemmung zusammen. Diesen Tag wählte man als Neujahrstag und ließ mit ihm ein am Lauf der Sonne orientiertes Jahr beginnen. Um diesen Kalender zu installieren, reichten die Beobachtungen von Nilflut, Sonne und Sirius aus; es bedurfte keiner besonderen mathematischen Grundlagen[38], über die die Ägypter der Frühzeit nicht verfügt hätten: Die vier Grundrechenarten waren für die rechnerische Bewältigung des Kalenderwesens ausreichend.

Daher können wir den Zusammenhang zwischen der Astronomie und der Einführung des Kalenders einerseits und der Entwicklung der Mathematik andererseits nur anhand des Ergebnisses, der Einführung des ägyptischen Kalenders im Jahre 2772 v. u. Z., konstatieren. Den Entwicklungsgang vom Mondkalender der neolithischen Niltalbauern bis zum sog. bürgerlichen ägyptischen Jahr vermögen wir z. Zt. anhand von Belegmaterial nicht nachzuzeichnen.

Die Existenz eines Proportionskanons für die Darstellung besonders menschlicher Figuren, wie er aus pharaonischer Zeit wohlbekannt ist[39], wird inzwischen auch für die Wende vom 4. zum 3. Jt. v. u. Z. wahrscheinlich gemacht.[40] Auch die Planung von Gebäuden und Bildwerken unterlag offenbar schon in der Frühzeit festen Regeln: Die Hauptabmessungen wurden nach bestimmten, häufig wiederkehrenden, festen Zahlenverhältnissen gewählt.[41] Hier zeigt sich deutlich die Verwendung der Mathematik auch in der künstlerischen Produktion und der Architektur. Das Material jedoch, das für eine exakte Beschreibung dieses Sachverhalts in allen seinen Details ausgewertet werden muß, ist derart umfangreich, daß seine Analyse im Rahmen dieser Arbeit unterbleiben mußte. Dennoch wird es in Zukunft erforderlich werden, sich auch diesem Komplex zuzuwenden, denn es hat den Anschein, daß hier die früheste bewußte Anwendung der harmonischen Teilung bzw. der Fibonaccischen Zahlen oder auch der pythagoräischen Zahlentripel angesiedelt werden kann.[42]

Die Liste der nicht bearbeiteten, aber dennoch für die Frühgeschichte der Mathematik wichtigen Gebiete ließe sich noch erweitern. Auf jeden Fall hätten die ältesten Belege einer Abrechnung in Tabellenform eine Analyse und eingehendere Besprechung verdient, als es im Kapitel „Metrologisches" geschehen ist. Diese Abrechnungen sind jedoch nur in völlig unzureichenden Abbildungen publiziert[43],so daß ohne neue Fotos und Kollation der Ab- und Umschriften mit den Originalen keine weitergehenden Aussagen gemacht werden können.

Schließlich sollte in einer Einleitung zu einer Vorstudie für eine Mathematikgeschichte vermerkt werden, daß eine Vollständigkeit in der Materialdarlegung nie erreicht werden kann und hier auch nicht erreicht werden sollte. Vielmehr wurde versucht, die für die Mathematikgeschichte wesentlichen Materialien zu besprechen und im Text sowie in den Anmerkungen auf die wichtigsten Belege hinzuweisen.

In den letzten beiden Jahrzehnten hat die archäologische Erforschung der aus den hier betrachteten Perioden stammenden Relikten bedeutenden Auftrieb bekommen. Man wird für manches hier beschriebene Detail neues, besseres Belegmaterial erwarten können. Keinesfalls darf man allerdings erwarten, daß dadurch das Bild von den Anfängen der Mathematik in Ägypten entscheidend verändert würde. Eine Fundierung unseres Wissens um diese Anfänge durch neues Material wäre aber wünschenswert.

Mehr als 100 Jahre sind vergangen, seit die ersten Publikationen über die Mathematik im alten Ägypten erschienen sind. Fast die gesamte wissenschaftliche Literatur basiert seitdem auf den sog. mathematischen Texten des 2. Jt. v. u. Z.; älteres Material wurde nur in Ausnahmefällen verwendet, zumeist nur solches aus der Pyramidenzeit. Der Grund dafür wird einsichtig und deutlich, wenn man bedenkt, daß aus früheren Perioden im wesentlichen nur Indizien, keine eigentlichen Quellen für Mathematisches belegt sind. So muß sich eine Arbeit, die die Frühgeschichte der Mathematik zum Ziel hat, auf dem schmalen Grat materialgestützter, annehmbarer Aussagen, vernünftiger Hypothesen bewegen. Sie darf nicht das vorhandene

Material überinterpretieren, muß das Mögliche an Aussagen aus diesem Material zu gewinnen versuchen. Was aus den Quellen geschlossen wird, muß außerdem allgemeinen Tendenzen der Wissenschaftsentwicklung entsprechen und sich als Ausgangspunkt dessen erweisen, was wir aus späteren Epochen als ägyptische Mathematik kennen. Bringt die Suche nach verwendbarem Material schon eine Fülle von Problemen, ist dessen Analyse ungleich schwieriger; die Hypothesen indes mögen vielleicht sogar gewagt erscheinen. Vielfach wird sich erst bei der Weiterführung der Arbeiten in die Periode des Alten Reiches erweisen, ob sie wirklich tragfähig sind oder ob man sie verwerfen muß. Deshalb stellen die

„Gedanken und Materialien zur Frühgeschichte
der Mathematik im Alten Ägypten“

notwendige Vorstudien zu einer Geschichte der altägyptischen Mathematik dar. Sie seien als Beitrag dazu aufgefaßt, die Mathematikgeschichte dort beginnen zu lassen, wo sie für Ägypten zuerst greifbar wird: Bei den Niltalbauern des Neolithikums, deren Kulturen die Ausprägung der altägyptischen Kultur bestimmt haben.

Anmerkungen

1. J. D. Bernal, Die Wissenschaft in der Geschichte, Berlin [3]1967, S. 33.
2. „Die Wissenschaftsgeschichte hat nicht nur – und möglicherweise nicht einmal in erster Linie – die Frage zu beantworten, was die Wissenschaft in dieser oder jener Periode erreicht hat, sondern vielmehr wie, wodurch und auf welche Weise sie es erreicht hat"; s. S. R. Mikulinskij – N. J. Rodnyj, Wissenschaftsgeschichte und Wissenschaftskunde, in: G. Kröber – H. Steiner (Hrsg.), Wissenschaft, Berlin 1972, S. 72. Das ist es offenbar auch letztlich, was J. D. Bernal (a. a. O., S. 1) mit der Beschreibung der „Beziehungen zwischen der Entwicklung der Wissenschaft und der Entwicklung anderer Aspekte der menschlichen Geschichte" meint.
3. Zur Problematik der Wissenschaft als allgemeine Arbeit, als gesellschaftliche Arbeit (entsprechend K. Marx, Grundrisse der Kritik der politischen Ökonomie, MEW 4, S. 88 ff.) s. H. Laitko, Wissenschaft als allgemeine Arbeit, Berlin 1979, bes. S. 139 ff. und S. 159 ff.; R. Mocek, Gedanken über die Wissenschaft, Berlin 1980, bes. S. 80 ff. Nach Leitko, a. a. O. S. 16 f., besitzt der Wissenschaftsbegriff, mit dem die Wissenschaftswissenschaft arbeitet, eine Schichtenarchitektur, danach ist Wissenschaft Wissen, Tätigkeit und Arbeit gleichermaßen.
4. Die primäre Art der Aneignung ist die praktische Aneignung der Welt durch den Menschen, die zweite, fußend auf der ersten, ist die erkennende, die theoretische. Für diese Art der Aneignung ist die Wissenschaft entscheidend; vgl. R. Mocek, a. a. O. S. 7. Nach K. Marx/F. Engels (Die deutsche Ideologie, MEW 3, S. 28) kommen zuerst Essen, Trinken, Wohnen, Sich-Kleiden, erst danach konnten die Menschen Philosophie, Wissenschaft und Religion betreiben.
5. So sinngemäß G. Klaus, Kybernetik und Erkenntnistheorie, Berlin [2]1966, S. 96. Dies betont F. Engels (Anti-Dühring, MEW 20, S. 36) indem er schreibt: „Aber wie in allen Gebieten des Denkens werden auf einer gewissen Entwicklungsstufe die aus der wirklichen Welt abstrahierten Gesetze von der wirklichen Welt getrennt, ihr als etwas Selbständiges gegenübergestellt, als von außen kommende Gesetze, wonach die Welt sich zu richten hat."
6. Als Beispiel seien nur einige der Ideen und Entwürfe Leonardo da Vincis genannt. S. dazu J. Kuczynski, Studien zu einer Geschichte der Gesellschaftswissenschaften I, Berlin 1975, S. 20 f. Das „Einsteinsche Drama" entsteht, wenn die wissenschaftlichen Erkenntnisse nicht der gültigen Weltanschauung oder dem Entwicklungsstand der Produktivkräfte entsprechen. Auch im pharaonischen Ägypten mag es solche Schicksale gegeben haben; vielleicht war z. B. der berühmte Imhotep, der Wesir und Baumeister des Djoser, ein ägyptischer Leonardo. So sieht es A. J. Arkell (Discovery 1957, S. 392); vgl. auch W. F. Reineke, AOF 9 [1982], S. 16.
7. Bernal, a. a. O., S. 33.
8. G. M. Dobrov (Wissenschaftswissenschaft, Berlin 1970, S. 13) schreibt, daß alle Wissenschaften gesetzmäßige Entwicklungsetappen wie die folgenden durchlaufen: „eine beschreibende, in der hauptsächlich Fakten gesammelt werden und eine erste Systematisierung dieser Fakten erfolgt; eine logisch-analytische, in der das Untersuchungsobjekt von der einen oder anderen methodologischen Position aus qualitativ analysiert wird; dann folgt die höchste Etappe, die Etappe der harmonischen Vereinigung der qualitativen und quantitativen Erkenntnismethoden". Hierzu wäre anzumerken, daß die Sammlung von Fakten und die Systematisierung auch in der zweiten Etappe, die Methoden dieser einschließlich derer der ersten auch in der höchsten Entwicklungsetappe notwendig sind.
9. Präwissenschaftlich oder vorwissenschaftlich deshalb genannt, weil es nicht zur Formulierung von Gesetzen und Beweisen gekommen ist, die – als Indiz für wirkliche Wissenschaftlichkeit angesehen – erst in der klassischen Antike nachweisbar sind. Dennoch hat es auch schon früher bewußtes Sammeln und Systematisieren von Fakten gegeben, wurden erste Verallgemeinerungen gezogen; vgl. dazu: Geschichte des wissenschaftlichen Denkens, Berlin 1982, S. 10 f.; W. F. Reineke, Wissenschaft im alten Ägypten, in: Beiträge zur Wissenschaftsgeschichte – Wissenschaft in der Antike, hrsg. von G. Wendel, Berlin 1986, S. 63 ff. Das alte Ägypten ist vielfach als zur vorwissenschaftlichen Periode gehörig charakterisiert worden; so z. B. A. Erman – H. Ranke, Ägypten und ägyptisches Leben im Altertum, Tübingen 1923, S. 396; G. Steindorf, Blütezeit des Pharaonenreiches, Bielefeld-Leipzig 1926, S. 135 (ebenso in der 3. Auflage – zusammen mit K. C. Seele, When Egypt ruled the East, Chicago [3]1963, S. 127). Von mathematikhistorischer Seite gibt es ähnliche Positionen: D. Hilbert, Über das Unendliche, in: Math. Ann. 95 [1925], S. 161 ff.; H. Hankel, Geschichte der Mathematik, Hildesheim [2]1965, S. 47, 88 f. (ägyptische Mathematik ist vorwissenschaftlich, nur herkömmliche Regeln, Empirie). Wirklich präwissenschaftlich dürften die ersten Versuche des Menschen zur geistigen Auseinandersetzung mit der Umwelt im

Rahmen produktiver Arbeit unter urgesellschaftlichen Verhältnissen gewesen sein, als es eine unzureichende Trennung der Arbeit in geistige und körperliche gab, vgl. auch: Geschichte des wissenschaftlichen Denkens, Berlin 1982, S. 1.

10. So insbes. nach L. Lévy-Bruhl, Die geistige Welt der Primitiven, Düsseldorf–Köln 1959 (= La mentalité primitive, Paris 1922), passim.
11. Vgl. V. R. Kabo, EAZ 23 [1982], S. 386 ff.
12. F. Jürß (Hrsg.), Geschichte des wissenschaftlichen Denkens im Altertum, Berlin 1982.
13. ebenda S. 11 f.
14. V. I. Lenin, Werke 38, S. 137 und 315 f.
15. So G. M. Dobrov, Wissenschaftswissenschaft, Berlin 1970, S. 14.
16. Diese Isoliertheit ist vollends mit der Durchsetzung kapitalistischer Produktionsverhältnisse und der Aufteilung der Welt unter die Hauptmächte des Kapitals überwunden.
17. So hat – um Werke über die altägyptische Wissenschaft zu nennen – die verdienstvolle Arbeit S. Schotts (Voraussetzung und Gegenstand altägyptischer Wissenschaft, in: Jb. der AdW und Literatur, Mainz 1951, S. 277–295) eine Definition des Begriffes „Wissenschaft" vermieden. Gleiches gilt für die Untersuchung J. Parlebas' über die Anordnung der Szenen im Sonnenheiligtum des Ne-user-Re nach einem theoretischen Konzept (Actes du XXIXe Congrès International des Orientalistes, Egyptologie, Paris 1975, S. 87 ff.). Die in jüngster Zeit geäußerte Einschätzung, daß Wissenschaft „die methodische Reflektion über menschliche Praxis in ihrer Gesamtheit" sei und „in den Gesamtzusammenhang von Praxis nicht nur das Objekt der jeweiligen Wissenschaft, sondern auch die Subjekte, die Wissenschaft betreiben" gehören, beschreibt nur einen besonderen, wenn auch wesentlichen Aspekt der Einbindung der Wissenschaft in die gesellschaftliche Praxis (J. Horn, Göttinger Miszellen 9 [1974], S. 51).
18. Dieser Vorschlag orientiert sich an der im Vorwort zur Publikation „Geschichte des wissenschaftlichen Denkens" (s. Anm. 1) und am Stichwort „Wissenschaft" im Philosophischen Wörterbuch (Leipzig ^{12}1976); außerdem wurden konsultiert: V. G. Childe, Der Mensch schafft sich selbst, Dresden 1959; S. F. Mason, Geschichte der Naturwissenschaften in der Entwicklung ihrer Denkweise, Stuttgart 1961; D. J. de Solla Price, Science since Babylon, New Haven–London 1965; G. Sarton, A history of science, Cambridge 1966; ders., Das Studium der Geschichte der Naturwissenschaften, Frankfurt a. M. 1965; J. D. Bernal, Die Wissenschaft in der Geschichte, Berlin 1967; G. de Santillana, The origins of scientific thought, Chicago 1970; G. Behring – R. Macek, Marxistisch-leninistische Produktivkrafttheorie und Wissenschaft, in: Wissenschaft als Produktivkraft, Berlin 1974, 147 ff.; V. V. Bykow, Der konkret-historische Charakter der Verbindung der Wissenschaft mit der Produktion, ebenda S. 78 ff.; J. Kuczynski, Studien zu einer Geschichte der Gesellschaftswissenschaften I, Berlin 1975; H. Leitko, Wissenschaft als allgemeine Arbeit, Berlin 1979. In der „Geschichte des wissenschaftlichen Denkens" (Berlin 1982, S. 10) wird die Wissenschaft von F. Jürß bestimmt „als gesellschaftliche Arbeit, die auf die Sammlung und Ordnung von Material und auf die durch theoretische Verallgemeinerung dieses Materials zu gewinnende Erkenntnis der objektiven Gesetzmäßigkeiten der materiellen und geistigen Wirklichkeit im allgemeinen (Philosophie) und im besonderen (Fachwissenschaften) gerichtet ist."
19. Das umfassend bei S. Morenz, Die Begegnung Europas mit Ägypten, Berlin 1968, S. 21 ff., und 44 ff. Speziell zu Fragen der antiken Mathematik und ihrer Verbindung zu Ägypten s. auch M. Bosmans, in: O. Gillain, La science égyptienne – l'arithmêtique au Moyen Empire, Brüssel 1927, S. V ff.; und O. de Santillana, a. a. O., S. 70 f.
20. Vgl. Anm. 9. Erst mit K. Vogel (Grundlagen der ägyptischen Arithmetik, München 1929, S. 16) wird deutlich, daß schon allein die Anordnung der Aufgaben innerhalb der mathematischen Papyri der Beweis für die theoretische Durchdringung des Stoffes ist, es sich also um Wissenschaft handelte. In ähnlicher Weise wird die spezifische Form der ägyptischen Wissenschaft bei H. Kees (Kulturgeschichte des Alten Orients, 1. Abschnitt: Ägypten, München 1933, S. 292, auch Anm. 2) und bei S. Morenz (a. a. O. S. 85) sowie in rezenteren Publikationen von O. Neugebauer charakterisiert. Die Werke von Breasted, Gillain, Gillings, Grapow, Jonkheere, Leca, Parker, Sigerist, Thorwald u. a., die über die Geschichte der ägyptischen Wissenschaft Wesentliches aussagen, begnügen sich zumeist mit der Feststellung, daß es sich bei den von ihnen untersuchten Phänomenen um Frühformen der heutigen Wissenschaftsdisziplinen handele.
21. Jede Tätigkeit, also auch Arbeit, ist zielgerichtet und bewußt, im Gegensatz zur biologischen Aktivität; ihr Resultat muß in gewissen Grenzen antizipiert, die subjektive Aktivität gegenständlich und methodisch orientiert sein, d. i. im Falle der Wissenschaft z. B. das Sammeln, Systematisieren, das Finden von Gesetzmäßigkeiten u. a.; vgl. H. Leitko, Wissenschaft als allgemeine Arbeit, Berlin 1979, S. 101. Zur gesellschaftlichen Komponente

der wissenschaftlichen Tätigkeit vgl. K. Marx, Ökonomisch-philosophische Manuskripte, in: MEW Ergänzungsband 1. Teil, Berlin 1973, S. 538; s. auch MEW 25, S. 114.

22. Vgl. Anm. 20.
23. Zum Begriff, den die Ägypter selbst vom Wesen des Wissens und der Wissenschaft hatten, s. W. F. Reineke, AoF 9 [1982], S. 17 ff.
24. Wesentliche auswertende Arbeiten über diese Epoche der Wissenschaftsentwicklung für Mathematik und Medizin stammen aus der Feder von: E. T. Post, O. Neugebauer, K. Vogel, V. V. Struve, O. Gillain, R. J. Gillings u. a. (Mathematik) sowie E. Sigerist, F. Jonkheere, H. v. Deines – H. Grapow – W. Westendorf, P. Ghaliungui, A.-P. Leca u. a. (Medizin). Bis auf Sigerist basieren alle auf den entsprechenden sog. wissenschaftlichen Texten.
25. Daß die Wissenschaft einer Epoche nur auf den Erkenntnissen der vorhergehenden Zeit basieren kann, ist die Konsequenz der Bemerkung von F. Engels (MEW 1, S. 521 – Umrisse zu einer Kritik der Nationalökonomie) „Die Wissenschaft schreitet fort im Verhältnis zur Masse der Erkenntnis, die ihr von der vorhergehenden Generation hinterlassen wurde." Dennoch wird in den wissenschafts-historischen Werken wenig gerade darüber ausgesagt. Unter den umfassenden Geschichten der Wissenschaftsdisziplinen, die diesen Sachverhalt verdeutlichen, sind zu nennen: D. H. Smith, History of mathematics I, New York 1958; D. J. Struik, Abriß der Geschichte der Mathematik, Berlin ^{5}1972 und E. Sigerist, History of medicine I, New York 1951.
26. W. F. Reineke, Die mathematischen Texte der Alten Ägypter, Phil. Diss. Berlin 1965.
27. J. D. Bernal, Die Wissenschaft in der Geschichte, Berlin 1967, S. 33; diese Zusammenhänge von Kulturentwicklung und Wissenschaftsentwicklung, zwischen Notwendigkeiten, Forderungen der Produktionssphäre und geistiger Bewältigung sind auch bei F. Engels (Aus der Geschichte der Wissenschaften, MEW 20, S. 456) aufgezeigt.
28. Diese Epoche hat wohl auch wesentliche Impulse für die Entwicklung der Wissenschaft gebracht. Ohne daß wir Namen von Personen kennen, die diese Entwicklung in Ägypten vorangebracht haben, wird man annehmen dürfen, daß diese Periode – aufgrund geringer schriftlicher Hinterlassenschaft bis heute noch weitgehend dunkel – die „Riesen" hervorgebracht hat, derer die Zeit bedurfte (entsprechend F. Engels, MEW 20, S. 265).
29. Die antike Überlieferung (Herodot II. 109; Diodor I. 69; Procius, Comm. in Eucl. II c 5; Porphyrius, De vita Pythagor. 6; Jamblicus, De Pythagor. vita c 29 n 158; Strabon XVIII. 3 u. a.) läßt die Ägypter die Geometrie „erfunden" haben, weil für sie die Notwendigkeit bestand, nach dem Rückgang der Nilüberschwemmung jährlich von neuem das Land zu vermessen. Diese Überlieferung ist aber orientiert an Eigentumsverhältnissen, die frühestens im 2. Jt. v. u. Z. existierten, als private Grundeigentümer und an den Boden gebundene Produzenten, die Bauern, das Bild der ägyptischen Landwirtschaft bestimmten. Für die Zeit, als man für die Zwecke von königlichen Grab- oder auch Tempelbauten grundlegende Entdeckungen auf dem Gebiet der Geometrie machte, gab es keinerlei privates Grundeigentum am Boden, existierte keine Abgabepflicht an den Staat entsprechend dem Bodenanteil. Deshalb ist auch die *interpretatio graeca* nur bedingt akzeptabel: Grundkenntnisse in der Geometrie haben die Ägypter sicher entdeckt, nicht aber anhand der Feldvermessungen; vgl. Kapitel Metrologisches/Flächenmaße.
30. S. LÄ s. v. Kalender, Geschichte des wissenschaftlichen Denkens, Berlin 1982, S. 112 f. Vgl. auch F. Engels, MEW 20, S. 36 und 456.
31. Die ökonomische Praxis ist eindeutig Basis für die Entwicklung der Mathematik, die zum Gegenstand hat „die Raumformen und die Quantitätsverhältnisse der wirklichen Welt" (F. Engels, Anti-Dühring, MEW 20, S. 36). Daß aber Indizien für die Frühgeschichte der Mathematik auch in den Ornamenten auf gebrannten Tongefäßen und in Brettspielen entdeckt werden können, erscheint auf den ersten Blick unwahrscheinlich.
32. Das betrifft besonders die Entwicklung der Mathematik im Alten Reich (2665–2155 v. u. Z.). Diese Epoche ist durch eine straff zentralisierte Herrschaftsform, weitgehenden Einzug des gesamten landwirtschaftlichen Mehrprodukts und Umverteilung durch den Staatsspeicher sowie die gewaltigen Pyramidenbauten gekennzeichnet. Während des Alten Reiches haben sich die wesentlichen Züge der ägyptischen Mathematik bedeutend gefestigt; im dialektischen Wechselverhältnis mit der Praxis sind wichtige neue Erkenntnisse (Pyramiden-, Speicherberechnung, Lösung von komplizierten Verteilungsaufgaben u. a.) gemacht worden. Ähnlich wie für die Frühzeit lassen sich die einzelnen Entwicklungsschritte auch nur aus – allerdings besser dokumentierten – Sekundärquellen ermitteln, denn bisher fehlen auch aus dem AR wissenschaftliche Texte.
33. Das bedeutet, daß die Menschen durchaus nicht mit Hilfe der 10 Finger zählen gelernt haben (so F. Engels, MEW 20, S. 36), sondern daß zuerst wesentlich geringere Mengen, Einheit, Zweiheit, Fünfheit und dann erst Zehnheit, Zählgrenze waren.

34. Auf diesen Zusammenhang weist F. Engels (MEW 20, S. 456) besonders hin.
35. Vgl. Geschichte des wissenschaftlichen Denkens, Berlin 1982, S. 112 f.
36. S. Morenz, Die Begegnung Europas mit Ägypten, Berlin 1968, S. 28.
37. O. Neugebauer, The exact sciences in antiquity, New York [2]1962, S. 81.
38. Morenz, a. a. O., S. 86.
39. Die erste umfassende Bearbeitung des Proportionskanons (bes. des menschlichen Körpers) stammt von R. Lepsius, LDT I, S. 235. Über die Proportionen der menschlichen Figuren in der ägyptischen Kunst existiert eine umfangreiche Literatur. Monographisch ist das Problem von Iversen, Canon, bearbeitet. Wesentliche Beiträge sind: E. Ch. Kielland, The human figure, Oslo 1947; dieselbe, Geometry in Egyptian art, London 1955; H. W. Müller, Der Kanon in der ägyptischen Kunst, in; Der „vermessene" Mensch, München 1973, S. 9 ff.; P. Munro, Untersuchungen zur altägyptischen Bildmetrik, in: Städel Jahrbuch, NF 3 [1971], S. 7 ff.; G. A. Reisner, Mycerinus, Cambridge/Mass. 1931, S. 118 f. Weitgehend wird dabei der Fuß der Figur als Grundmaß (nicht Einheit) des Proportionskanons genannt, ein Mißverständnis, dem schon R. Lepsius (Die Längenmaße der Alten, Berlin 1884, S. 103) entgegentrat; noch H. Schäfer (Von ägyptischer Kunst, Leipzig 1930, S. 220 ff.) gibt als Einheit den Fuß an und vermerkt, daß sonst nur Armteile (für den Kanon oft auch die Faust) Maße geworden seien. Den Kopf hält H. Senk (Afo 9 [1934], S. 301 ff. und 13 [1938], S. 135 ff.) als Grundeinheit des Kanons.
40. K.-H. Meyer, SAK 1 [1974], S. 247 ff. und 3 [1975], S. 187 ff. Auch E. Chr. Kielland (Geometry in Egyptian art, London 1955, S. 97 ff.) beschäftigt sich mit Denkmälern aus der Frühzeit und versucht, das Kompositionsschema mit Hilfe des Kanons und geometrischer Konstruktionen zu erfassen.
41. So bes. E. Chr. Kielland im angegebenen Werk. A. Badawy (Ancient Egyptian Architectural Design: A Study oft he harmonic system, California 1965) und G. A. Reisner (The Development of the Egyptian Tomb down to the Accession of Cheops, Cambridge 1936) geben für Gebäude viele der Hauptabmessungen in deutlichen, klaren Zahlenverhältnissen zueinander an. F. Daumas (Le mammisi des temples Egyptiens, Paris 1958, S. 294) betont ebenfalls die mathematischen Grundlagen der ägyptischen Architektur.
42. A. Badawy, a. a. O.; J.-Ph. Lauer (BIFAO 77 [1977], S. 56–78; und in: Acts ist ICE, Berlin 1979, S. 423 f.) verficht die Anwendung der pythagoräischen Zahlen im Bauwesen. Für die Verwendung des goldenen Schnitts in der ägyptischen Architektur finden sich mancherlei Beispiele bei: M. C. Chyka, Le nombre d'or I, Paris 1959; C. Choisy, Histoire de l'architecture I, Paris 1943; E. Moessel, Die Proportion in Antike und Mittelalter, München 1926. Mathematische Methoden sind offenbar für die ägyptischen Bauleute ein wesentliches Moment bei der Erarbeitung der Entwürfe gewesen; aus den bisher vorliegenden Veröffentlichungen läßt sich aber kein eindeutiges Bild von der Art dieser Methoden gewinnen. Hier wird noch erhebliche Forschungsarbeit geleistet werden müssen, ehe unser Wissen um diese Probleme fundiert sein wird.
43. Vgl. Kap. „Metrologisches", Anm. 174.

2 Der Beginn der ägyptischen Kultur – von der Ausbreitung des Ackerbaus im gesamten Niltal bis zur Herausbildung des ägyptischen Staates (5./4. Jt. v. u. Z. – 2665 v. u. Z.)[1]

Die Besiedlung Ägyptens läßt sich bis ins Paläolithikum (vor 60–50 000 Jahren) zurückverfolgen. Die Fundstätten liegen an den heute hochgelegenen Terrassen der das Niltal säumenden Berge, am Rande der großen Wadis und der Seen in der libyschen Wüste, des Fayum und in den heutigen Oasen. Wo sich jetzt vegetationslose Wüsten befinden gab es – im Wechsel von Glazial- und Pluvialzeiten – Wälder oder Steppen mit schütterem Baumwuchs, Savannen. Die Wadis waren Täler von z. T. wasserreichen Flüssen. Die Menschen, die in dieser Landschaft lebten, standen gesellschaftlich auf der Stufe der Sammler und Jäger. Die Kulturen der Altsteinzeit unterscheiden sich nicht von den entsprechenden in anderen Teilen der Welt. Erst im Mesolithikum (vor 12–8000 Jahren) lassen sich lokale Besonderheiten und engere kulturelle Verbindungen zu Nordafrika und Vorderasien feststellen. Während dieser Zeit wurde das Klima zunehmend trockener; die Grenze zwischen aridem und subtropischem Wechselklima verlagerte sich immer mehr nach Norden. Die Umweltbedingungen waren jedoch während dieser Zeit noch so günstig, daß eine regelmäßige Nutzung der im oberägyptischen Niltal und im Nordsudan offenbar wild wachsenden Gras- und Getreidesamen möglich war, wie es Funde von Mahlsteinen und Sichelklingen auf spätpaläolithischen und mesolithischen Rastplätzen wahrscheinlich machen. Die Nutzung von wildwachsenden Getreidesorten bildete offenbar den Ausgangspunkt für die bodenständige Entwicklung des Ackerbaus in Ägypten, der am Ende des 5. Jt. v. u. Z. sicher nachweisbar ist.[2] Die Träger der neolithischen Kulturen dieser Zeit bauten nach Ausweis der zahlreich gefundenen Speichergefäße mit Getreideresten Gerste und Weizen an. Entsprechend den klimatischen Bedingungen ist ein kombinierter Regenfeld- und Bewässerungsanbau mit Nutzung der jährlich wiederkehrenden Nilüberschwemmung anzunehmen, der bis ins 3. Jt. v. u. Z. die Hauptform der Landwirtschaft im Niltal bildete.[3]

Die frühen Stadien der neolithischen Niltalkulturen sind schlecht und nur sporadisch bezeugt; erst für das 4. Jt. v. u. Z. wird die Quellenlage dank systematischer Grabungstätigkeit günstiger. Für diese Zeit lassen sich für das Niltal und die Deltaränder verschiedene Siedlungen und Zentren der politischen Entwicklung feststellen, deren jüngste – der Wende vom 4. zum 3. Jt. v. u. Z. – die der frühdynastischen Zeit sind. Aus dem eigentlichen Delta, das nach Ausweis späterer Tradition in dieser Periode besiedelt gewesen sein soll, fehlen infolge ungünstiger geologischer Bedingungen jegliche Funde.[4] In Unterägypten fand man im Fayum, in der Nähe des heutigen Kairo und am Westdeltarand ausgedehnte und über lange Zeiträume genutzte Siedlungen, die von Ackerbauern bewohnt waren (Fayum-Kultur, Maadi, Helwan, Omari , Merimde Beni Salame). Die jüngsten Schichten sind in die Zeit des ausgehenden 4. Jt. v. u. Z. zu datieren. In Oberägypten läßt sich schon ein Jahrhundert früher eine neolithische Siedlung in Deir Tasa nachweisen. Dicht benachbart liegt Badari, Fundstätte einer etwas jüngeren Kultur, die sich offenbar über größere Gebiete des Niltals verbreitete.

Um 3700 v. u. Z. löst die sog. Negade I-Kultur, deren Hauptfundplätze wesentlich weiter südlich liegen, die von Badari ab. Ein äußerer Grund für diesen Wechsel, der hauptsächlich anhand der Keramikfunde erkennbar ist, läßt sich archäologisch nicht nachweisen. Keinesfalls sind die Träger der Negade I-Kultur neu ins Niltal eingewanderte Jägernomaden gewesen.[5]

Bruchlos und als Ergebnis einer kontinuierlichen Weiterentwicklung geht diese Kultur in das Negade II über.[6] Seine Fundplätze sind von der Gegend des heutigen Kairo bis nach Unternubien feststellbar. Wahrscheinlich haben sich die Träger der Negade II-Kultur, ausgehend von einem Zentrum im Gebiet des großen Nilknies bei Qena und Quft (Ausgangspunkt der Karawanenstraßen nach der Oase Chargeh und zum Roten Meer), langsam nach Norden und Süden ausgebreitet. Das mag einerseits mit der Gründung immer neuer Siedlungen zusammenhängen, kann andererseits aber auch Ergebnis militärischer Expansion gewesen sein. Deutlich ist, daß dort, wo das Negade II mit anderen Kulturen in Berührung kam, diese in relativ kurzer Zeit verschwanden, so z. B. im Fayum, wo das Ende der dortigen neolithischen Kultur zeitgleich mit den negadezeitlichen Friedhöfen am Fayumeingang zu sein scheint. Auch in der materiellen Hinterlassenschaft der Siedlung von Maadi bei Kairo, die gegen Ende des 4. Jt. v. u. Z. anzusetzen ist, fanden sich eindeutige Charakteristika des Negade II.

Um die Wende vom 4. zum 3. Jt. v. u. Z. war das gesamte Niltal südlich des heutigen Kairo von den Trägern einer relativ homogenen Bauernkultur besiedelt. Die Zusammenfassung dieses Siedlungsgebietes zu einer politischen Einheit wurde zum Ausgangspunkt für die „Vereinigung der beiden Länder“, die sog. Reichseinigung. Traditionsgemäß wird sie als einmaliger Akt und Beginn der dynastischen Epoche angesehen.[7]

Gesellschaftstragende politische Einheit der Ackerbau treibenden Niltalkulturen war die selbstgenügsam wirtschaftende Dorfgemeinde, die Eigentümer des genutzten Bodens war und die mit benachbarten Siedlungen einen primitiven Tauschhandel abwickelte. Nach dem Zeugnis späterer Tradition gab es in diesen Gemeinden Ältestenräte und Häuptlinge, die im wesentlichen kultische Funktionen ausübten und kriegerische Unternehmungen leiteten.

Spätestens seit Mitte des 4. Jt. v. u. Z. warf die ägyptische Landwirtschaft ein stabiles Mehrprodukt ab, dessen Verwaltung dem Oberhaupt der Gemeinde (Häuptling) und seinen nächsten Verwandten oblag. Dies führte wahrscheinlich nicht zur Herausbildung privaten Grundeigentums bei einzelnen Gemeindemitgliedern, war aber Grundlage für die nun einsetzende soziale Differenzierung.

Als Mittler zwischen den Menschen und den überirdischen Wesen besaßen die Häuptlinge nach den damals herrschenden religiösen Vorstellungen eine besondere Bedeutung für den Bestand der Gemeinden und konnten dadurch einen Teil des Mehrprodukts für sich beanspruchen, der ihnen aber wohl freiwillig übergeben wurde. Ähnliche Ansprüche leiteten sie aus dem Befehl bei militärischen Unternehmungen ab, die sie zur Abwehr der sicher schon damals ständig zum Plündern ins Niltal ziehenden Nomaden ausführten.[8] Möglicherweise überwachten sie auch die Errichtung von Befestigungsanlagen u. ä. für die Gemeinden notwendigen Bauten und erhielten so die Verfügungsgewalt über Arbeitsleistungen der Dorfbewohner.

Wie sich die weitere Entwicklung im einzelnen vollzogen hat, ist den Quellen zweifelsfrei nicht zu entnehmen. Sowohl ein durch militärische Operationen erzwungener Zusammenschluß mehrerer Gemeinden (Expansion einzelner Zentren) als auch die freiwillige Vereinigung zur Abwehr plündernder Nomaden könnten zur Herausbildung größerer politischer Einheiten geführt haben. Am Ende der Entwicklung bildeten sich Oberhäuptlingstümer (Stammesverbände, Urgaue?) heraus.[9] Die unterlagen schließlich derselben Entwicklung wie die Gemeinden. Sie expandierten und drängten zur Bildung noch größerer politischer Einheiten, deren Oberhaupt und die ihn umgebenden Ratgeber und Gefolgsleute über ein erhebliches Mehrprodukt verfügen konnten. Schließlich lassen sich am Ende des 4. Jt. v. u. Z. im Gebiet von Hierakonpolis und Ombos (Kom el Ahmar und Kom Ombo) Autoritäten feststellen, die überregionale Bedeutung besaßen und den Titel eines Horus (=Königs) führten. Ihnen unterstand das gesamte oberägyptische Niltal. Sie wurden wie Götter verehrt, was offenbar ihrer Funktion im kultischen Bereich und aus der Befehlsgewalt bei militärischen Operationen entsprang. Der oberste Repräsentant der Gesellschaft galt als Garant für ihre Existenz. Auch den toten Herrschern wurde göttliche Verehrung zuteil. Großartige Grabanlagen aus Nilschlammziegeln, einem irdischen Palast nachgestaltet, künden vom Einfluß, den die frühen Könige besaßen. Für den Bau und die Unterhaltung dieser Anlagen, einschließlich des Kultes für die toten Könige, wendete die Gesellschaft einen bedeutenden Teil des erwirtschafteten Mehrproduktes auf; ein sicher ebenso großer Teil diente der Hofhaltung des

Herrschers. Die ersten belegbaren Institutionen des frühzeitlichen Reiches dienten ausschließlich der Verwaltung der königlichen Einkünfte.

Während der letzten Jahrhunderte des 4. Jt. v. u. Z. wuchs die Machtkonzentration in den Händen der nunmehr in Abydos residierenden oberägyptischen Könige derart, daß sie begannen, ihr Einflußgebiet auch auf Unterägypten auszudehnen. Diese Expansion trug nicht den Charakter punktueller Raubzüge oder Befriedungsaktionen, wie sie in Nubien und gegen Libyen nachweisbar sind, sondern war ökonomisch determiniert. Zum einen war den oberägyptischen Horus-Königen daran gelegen, die Durchzugswege zu wichtigen Rohstoffgebieten zu sichern, zum anderen erhielten sie dabei Zugang zum Mehrprodukt immer größerer Gebiete. Die Durchzugswege führten über die Hauptarme des Nils zum Mittelmeer, über das der Import des für die Wirtschaft notwendigen Holzes aus dem Libanon abgewickelt wurde, bzw. am Ostdeltarand über das Wadi Tumilat zu den Kupfervorkommen des Sinai. Die ersten militärischen Aktionen richteten sich gegen das Gebiet um Memphis, das unter Narmer oder Horus Aha endgültig dem oberägyptischen Reich einverleibt wurde. Das so entstandene Einheitsreich im Niltal südlich der Deltaspitze war für die ägyptische Tradition von so entscheidender Bedeutung, daß es als die „Vereinigung der beiden Länder" rituell von jedem König bei den Krönungsfeierlichkeiten neu gegründet werden mußte.[10] Den „Vereinigungs"-(Eroberungs-)Prozeß, der unter den ersten Herrschern der 1. Dynastie abgeschlossen war, schrieb dieselbe Tradition einem Pharao Menes[11] zu, der am wahrscheinlichsten mit Horus Aha zu identifizieren ist, denn Dokumente aus dem frühen 3. Jt. v. u. Z. kennen keinen Horus Menes.

Das Einheitsreich besaß – seinen beiden Teilen entsprechend – zwei Zentren, die oberägyptische Hauptstadt Abydos und die unterägyptische, Memphis, mit ihren Begräbnisstätten in Saqqara und Helwan; dagegen galt Hierakonpolis als heilige Stadt. Der König zog in regelmäßigen Abständen, anfangs alle zwei Jahre, später jährlich, durch sein Reich, verrichtete kultische Handlungen und sprach Recht. Seinen Unterhalt empfing er aus den Abgaben der Gemeinden. Mit der Erfassung dieser Naturallieferungen waren besondere Institutionen (Domäne, Schatzhaus, Ernährungsamt) betraut, deren Beamte aus der unmittelbaren Umgebung des Herrschers stammten, zumeist Familienmitglieder waren. Da der oberste Repräsentant dieses Reiches traditionsgemäß auch die Verfügungsgewalt über einen Teil der gesellschaftlichen Arbeitskräfte besaß, konnte er Leute aus den Gemeinden ausheben, als Krieger bei Eroberungszügen oder Befriedungsaktionen, aber auch als Arbeiter, z. B. zum Bau von Befestigungsanlagen oder seines Grabmals. Hinweise auf Kriegszüge gegen Nubier und Libyer finden sich aus dieser Zeit ebenso wie inschriftliche Zeugnisse der Herrscher auf dem Sinai oder an der Straße von Edfu zum Roten Meer. Während der 1. Dynastie muß auch die Sicherung der Handelswege an den Deltarändern erfolgt sein, die durch das Hoheitsgebiet der Deltafürsten führten. Diese Fürsten dürften, ohne daß wir dafür bislang archäologische Beweise anführen können, nach dem Ausweis späterer, schriftlicher Dokumente in Sais und in der Doppelstadt Buto (Pe und Dep) residiert haben. Ohne diese Gebiete militärisch einzunehmen – dazu hätte es auch größerer Menschenaufgebote bedurft, als sie die ersten Pharaonen zur Verfügung hatten – kamen so die Deltaränder unter die Oberhoheit dieser Könige. Eine aktive Politik zur Einflußnahme auf die Deltafürstentümer scheint es dennoch gegeben zu haben. Zwei Könige des Einheitsreiches heirateten Frauen, deren Namen mit der in Sais beheimateten Göttin Neith gebildet waren. Sie ebneten damit durch politische Heiraten den Weg zur Annexion des gesamten Deltas, die zum Ende der 2. Dynastie wohl im wesentlichen beendet war, wenn auch die Nutzung (Kolonisierung) des Landes erst später erfolgt ist. Militärische Aktionen sind bei der Einnahme des Deltas nicht auszuschließen; eindeutige Zeugnisse für derartige Feldzüge fehlen aber völlig.

Die allmähliche Ausdehnung des Herrschaftsbereiches der oberägyptischen Horus-Könige auf das Gebiet von Memphis, dann auf die Deltaränder und Teile des Deltas förderte die Institutionalisierung der Königsmacht und die Herausbildung einer eng mit dem Herrscher verbundenen Schicht, die ihren Lebensunterhalt aus den dem König gelieferten Naturalabgaben bestritt. Diese Keimzelle einer herrschenden Klasse in einer vorstaatlichen Periode barg schon die latente Gefahr einer Auseinandersetzung um den höchsten Anteil an diesen Abgaben. Wenn auch die offizielle Überlieferung nichts über innere Kämpfe berichtet, gibt es einige Hinweise auf derartige Ereignisse. So scheint Semerchet Prätendent einer Gegenpartei gewesen zu sein, denn er verfolgte das Andenken seines Vorgängers Adjib und dessen Mutter Merit-Neith, ein Schicksal, das ihm selbst von seinem Nachfolger Qaa bereitet wurde. So ging die 1. Dynastie in Thronwirren zu Ende, die Ausdruck von Kämpfen am Hofe des Herrschers waren. Der genaue Hergang der Ereignisse am Ende der 1. Dynastie und beim Übergang zur 2. Dynastie bleibt uns verborgen, ebenso die Begebenheiten, die während dieser Dynastie die Geschichte bestimmten. Sicher ist, daß die Könige nur noch in Memphis residierten; in Abydos fehlen Hinweise auf Hofhaltung und Bestattung. Zwistigkeiten innerhalb der Königsfamilie, in denen sich wahrscheinlich auch Auseinandersetzung um die Priorität bestimmter Götterkulte und Gegensätze zwischen den beiden Landesteilen entluden, bestimmen das Ende auch dieses Herrscherhauses. Anscheinend brachen unter Peribsen Kämpfe zwischen Ober- und Unterägypten, in erster Linie wohl dem Delta aus, die durch Chasechemui beendet wurden. Er stellte die Einheit des Landes wieder her und unterwarf offenbar die Deltagebiete endgültig. Der König schuf damit das eigentliche ägyptische Reich, in dem der Prozeß der Formierung von antagonistischen Klassen und des Staates in seine entscheidende Phase trat. Unter Djoser, Sohn einer Tochter des Chasechemui, dem Begründer der 3. Dynastie und damit des Alten Reiches, war diese Entwicklung weitgehend abgeschlossen.

Anmerkungen

1. Dieser historischen Einleitung liegt eine Ausarbeitung zugrunde, die als Teilroh-Manuskript 1981 für das Projekt „Kulturgeschichte des Alten Ägypten" vom Verf. erarbeitet worden ist. Die vorliegende Fassung ist mit einigen Mitgliedern des Autorenkollektivs durchgesprochen und entsprechend verändert worden; für die Zwecke der hier vorgelegten Dissertation wurde sie leicht gekürzt.
2. Die Nutzung gesammelter Gras- und Getreidesamen läßt sich bei spätpaläolithischen Gruppen im oberen Niltal für die Zeit zwischen 10000 und 8000 v. u. Z. nachweisen; s. F. Wendorf – R. Said – R. Schild, in: Science 169 [1970], S. 1161 ff. und dieselben in: Archaeologica Polona 12 [1970], S. 19 ff; Bodenbau ist sicher erst im späten 5. Jt. v. u. Z. belegt, s. E. Endesfelder, Beobachtungen zur Entstehung des ägyptischen Staates, Phil. Diss. B, Berlin 1980, Bd. III, S. 43–50.
3. Die für das klassische und arabische Ägypten typische Bassinbewässerung, die bis zum Bau des ersten Staudammes von Assuan zu Beginn unseres Jahrhunderts die Hauptform des Bewässerungsbodenbaus war, entwickelte sich um die Wende vom 3. zum 2. Jt. v. u. Z. als Reaktion auf die immer stärker zurückgehenden Saisonregenfälle, s. W. Schenkel, Die Bewässerungsrevolution im Alten Ägypten, Mainz 1978; E. Endesfelder in: ZÄS 106 [1979], S. 37 ff.
4. Die entsprechenden Schichten im Zentraldelta befinden sich erheblich unter dem heutigen Niveau; selbst am Deltarand (Zagazig) liegen die Schichten des beginnenden 2. Jt. nahezu 3 m unter der Erdoberfläche; s. dazu K. W. Butzer, LÄ s. v. Delta, der eine Aufschwemmung von ca. 20 cm pro Jahrhundert angibt. Für eine Besiedlung des Zentraldeltas sprechen die Aufzählung prädynastischer unterägyptischer Herrscher auf dem Palermostein und die Nennung der Seelen von Buto in den Pyramidentexten.
5. Dies müßte man voraussetzen, wenn die an F. Oppenheimer (Der Staat, Stuttgart [1]1909) orientierte und weitgehend in der Literatur angenommene These einer Überlagerung unterägyptischer Bauern durch oberägyptische Nomaden als staatsbildende Kraft in Ägypten akzeptiert wird; s. dagegen E. Endesfelder, a. a. O. Bd. I, S. 18–20 und Bd. IV, S. 104–109.
6. Die Einwanderung einer fremden Herrenrasse aus Vorderasien, die während Negade II den eigentlich ausschlaggebenden Faktor für die rasche Entwicklung in Ägypten gewesen sei („eastern invadors" seit H. A. Winkler, Rock drawings of Southern Egypt, Bd. I, London 1938; oder „dynastic race" nach D. E. Derry, JEA [1956] S. 80 ff. wird von vielen Autoren tradiert.
7. Diese Auffassung ist an der auch griechisch überlieferten ägyptischen Geschichtstradition orientiert, für die der Beginn der 1. Dynastie mit der Reichseinigung zusammenfällt. In der älteren deutschen ägyptologischen Literatur ist dieser Akt die Zäsur zwischen „geschichtlicher Zeit" und „Vorgeschichte"; im englischen und französischen Sprachgebrauch ist auch heute noch „prehistory" bzw. „prehistorie" die übliche Bezeichnung für die prädynastische Zeit.
8. Zur Problematik des ständigen Strebens der Nomaden, sich durch Raubzüge in das Wohngebiet der Ackerbauern in den Besitz der lebensnotwendigen Zerealien zu bringen oder ihre Weidefläche zu erweitern, s. Das Verhältnis von Bodenbauern und Viehzüchtern in historischer Sicht, Berlin 1968 (=VJO 69) bes. S. 13 ff.
9. Solche Oberhäuptlingstümer mögen die Vorläufer der späteren Gaue gewesen sein; sie besaßen spezifische ökonomische und kultische Charakteristika, die sie von anderen Gauen unterschieden und die ökologisch bzw. historisch bedingt sind. Die Wirkung dieser Charakteristika war so nachhaltig, daß sich in Zeiten politischer Schwäche der Zentralgewalt die Gaue immer wieder verselbständigten.
10. Die „Vereinigung der beiden Länder" als Prozeß, in dessen Ergebnis ein politisch geeintes Reich entstand, ist nicht gleichbedeutend mit der Entstehung des ägyptischen Staates; s. W. Helck, Wirtschaftsgeschichte des Alten Ägypten, Leiden–Köln 1975, S. 31 ff. (HO 1 Abt. 1. Bd., 5. Abschn.) und E. Endesfelder, in: EAZ 22 [1981] 233 ff.
11. Menes (Mnj) ist höchstwahrscheinlich der Geburts-(Privat-)Name eines Sohnes von Horus Narmer, der sich auf einem Prinzensiegel aus Abydos findet. Nach seiner Inthronisierung legte er sich den Horus-Namen Aha zu, der dann allein auf allen Denkmälern auftauchte. Menes wäre demnach eine Erinnerung an den Namen, unter dem Horus Aha die Thronfolge nach dem Tode seines Vaters antrat; s. dazu zuletzt D. Wildung, Die Rolle ägyptischer Könige im Bewußtsein ihrer Nachwelt I, Berlin 1969, S. 4 f.

3 Das Zahlensystem

Grundlage der Mathematik als der Wissenschaft von den quantitativen Verhältnissen und räumlichen Beziehungen in der objektiven Realität ist das Vorhandensein von Ausdrucksmöglichkeiten für Mengen und Größen, ist die Existenz eines eindeutigen Zahlensystems. Dieses muß in Ägypten, wie in Indizien[1], die sich an archäologischen Zeugnissen gewinnen ließen, zeigen, spätestens in der 2. Hälfte des 4. Jt. v. u. Z. soweit ausgebildet gewesen sein, daß einfache Rechenoperationen – wohl Addition, Subtraktion und dyadische Teilung bzw. Vervielfältigung – durchgeführt werden konnten und die Fläche einfacher geometrischer Figuren berechenbar war.[2] Direkte Zeugnisse für die Benutzung von Zahlen sind allerdings erst aus der Zeit der Wende vom 4. zum 3. Jt. v. u. Z. überliefert, als zusammen mit den Anfängen der Hieroglyphenschrift auch die ältesten Zahlzeichen auftreten. Sie repräsentieren ein voll ausgebildetes Zahlensystem mit dekadischer Bündelung und Zahlzeichen für jede Zehnerpotenz von $10^0 \ldots 10^6$ [2a], die additiv nebeneinander geschrieben wurden. Ein Stellenwertsystem war unbekannt. Alle aus der ältesten Zeit belegten Zahlzeichen blieben durch die dreitausendjährige Geschichte des Pharaonenstaates in Gebrauch; die anfangs noch zu beobachtende Vielfalt der graphischen Varianten der Ziffern und die Vielfalt ihrer Kombination (z. B. mehrere gleiche Zeichen auf einer Grundlinie, aus dem selben Landstück sprießende Lotusblüten)[2b] machte frühzeitig, in den ersten Jahrhunderten des 3. Jt. v. u. Z., kanonisierten Formen und Kombinationsprinzipien Platz. Die Zahlwörter wurden – abgesehen von den Einern, die man durch I bezeichnete – nach dem in der ägyptischen Hieroglyphenschrift üblichen Prinzip für die Schreibung nicht abbildbarer Begriffe durch Zeichen für Gegenstände wiedergegeben, die denselben Konsonantenbestand wie die entsprechenden Zahlwörter aufweisen.[3] Diese Zeichen sind[3a]:

10^0	𓏺	einfacher Strich
10^1	𓎆	Viehfessel
10^2	𓍢	Seil
10^3	𓆼	Lotusblüte[3b]
10^4	𓂭	Finger
10^5	𓆐	Kaulquappe
10^6	𓁨	Luftgott

Eine symbolhafte Zeichenwahl, etwa die Repräsentation hoher Zahlen durch in der ägyptischen Landschaft häufige Erscheinungen, wie sie oft zitiert wird[4], ist nicht anzunehmen. Lediglich die Wiedergabe der Million durch das Abbild des Luftgottes *Ḥḥ* dürfte symbolischen Ursprungs sein: Das Ende des bezeichneten Zahlensysteme schien ebenso unendlich groß wie der unendliche Luftraum, den man als Gott *Ḥḥ* verehrte[5], den man folgerichtig als Zahlzeichen wählte.

Mit der Herausbildung des uns überlieferten dekadischen Zahlensystems war der Endpunkt einer langen, uns weitgehend verborgenen Entwicklung erreicht. Sie begann mit der Auflösung allgemeiner Mächtigkeitseindrücke von Mengen in Einzeldinge; diese Mengen konnten entsprechend ihrer Mächtigkeit verschieden benannt werden (in Art unserer Ausdrücke wenige, einige, mehrere, viele u. ä.). Diese Bezeichnungen für die Mächtigkeit von Mengen waren möglicherweise unterschiedlich entsprechend der Art der Dinge, deren Quantität ausgedrückt werden sollte (z. B. für Menschen galten andere Quantitätsbegriffe als für Tiere, für Sand andere als für Flüssigkeiten u. ä.).[6] Dieser Abstraktionsschritt ist entscheidend für die Entstehung von Zahlwörtern, ist die Grundlage für die Abzählbarkeit von Mengen und die exakte Angabe von Quantitäten, ist aber noch nicht ausreichend für die Entwicklung einfacher mathematischer Operationen. Man darf annehmen, daß diese Stadien der kognitiven Bewältigung quantitativer Verhältnisse in der objektiven Realität sehr früh anzusetzen und kennzeichnend für Gesellschaften von Sammlern und Jägern sind wie Vergleiche und rezenten Kulturen auf entsprechendem sozialökonomischen Entwicklungsniveau zeigen.[7] Wahrscheinlich sind zur selben Zeit auch die ersten Ansätze für eine wesentliche Anforderung an die Handhabbarkeit der Zahlausdrücke gemacht worden, die Abstraktion von der Qualität der Einzeldinge, die Bündelung der Zahlausdrücke und die damit verbundene Entstehung von Zahlsystemen.[8] War einmal die Abstraktion der zählbaren Einzeldinge aus der Gesamtmenge vollzogen, bestand die Möglichkeit, für jede Menge von Einzeldingen einen eigenen Ausdruck zu wählen, unterschiedlich auch noch nach der Qualität der gezählten Einzeldinge (Sonderzählreihen, sog. Zählklassen). Das jedoch wäre, wie Klix[9] schreibt, „das Chaos...gewesen. Unendlich viele Zahlzeichen können in endlicher Zeit nicht gebildet und nicht erlernt werden."

Zur Bewältigung dieser Probleme, für die über 20000 Jahre benötigt worden sein sollen[10], war wohl zuerst die Abstraktion des Zahlenausdrucks von der Qualität der gezählten Dinge erfolgt. Diese Abstraktion führte zur Aufgabe der Sonderzahlreihen, deren Relikte sich jedoch vielerorts für ökonomisch relevante Dinge bis heute erhalten, mitunter aber in Art von Mengen-(Maß-)angaben auch neu gebildet haben.[11] Der nächste, aber sicher bedeutendere Schritt war die Bündelung der Zahlbegriffe. Auf der primitivsten Stufe der Entwicklung des fortschreitenden Zählens – noch vor der Abstraktion vom Gezählten – standen einfache Doppelung oder Verdreifachung der Einzeldinge (Zweiheit, Dreiheit) als Zählgrenze[12]; die Benennung höherer Anzahlen erfolgte durch Kombination der Ausdrücke für eins, zwei bzw. drei. Schon bald war bei derartiger additiver Aneinanderreihung der Zahlausdrücke die Grenze des Handhabbaren erreicht; Mengen, die größer waren, mußten einfach als „viel" bezeichnet werden oder wurden durch Vergleich mit Anschaulichem, allgemein Bekanntem, benannt.[13] Die Benutzung von Zählhilfen konnte – ohne Bindung an eigene Benennungen der höheren Zahlen – die Zählbarkeit von größeren Mengen in Grenzen ermöglichen, vermochte aber nicht, die Herausbildung von Zahlsystemen zu bewirken. Die in der Praxis so wichtigen Zählhilfen führten bei der Entwicklung des Zählens in eine Sackgasse. Sie halfen zwar dem Benutzer, abstrahiert von der Qualität des Gezählten, durch mechanische Zuordnung von z. B. Kerbe und Stück die Quantität zu erfassen, kamen aber einem Zählen ohne entsprechende Zahlbegriffe gleich, konnten demzufolge auch weit vor der Bewältigung einfachsten Zählens auftreten, wie der mit Kerben versehene Wolfsknochen von Vestonice (ca. 30 000 Jahre alt) zeigt.[13a] Sie konnten sogar durch einfaches Hinzufügen bzw. Abziehen von Zählhilfseinheiten (Steinchen, Stöcke, Muscheln) zu einer Art unbenanntem Rechnen benutzt werden, einer Vorstufe der primitiven Rechenkunst, die an die Existenz von benennbaren Zahlen gebunden ist.

Die Aufgabe des primitiven Zählens (eins, zwei, drei, viel) – und damit auch die Herausbildung von Zahlwörtern für höhere Zahlen – war nur durch Bündelung möglich. Man zählte (die Einer) bis zu einer unteren Zählgrenze, einem Knoten, der besonders benannt wurde. Die Zahlen oberhalb dieses Knotens wurden durch Kombination der Ausdrücke für die Einer mit dem für die nächsthöhere Einheit gebildet. Auf diese Weise entstanden Zahlensysteme, die nach oben immer erweiterungsfähig waren, deren obere Grenze aber den jeweiligen gesellschaftlichen Bedürfnissen entsprach.[14] Als Knoten für die Bündelung dienten in den weitaus meisten Fällen Zahlen, die durch die physische Beschaffenheit der Menschen gegeben waren. Da allgemein die Benutzung der Finger und Zehen als Zählhilfe – neben Stäbchen, Steinen, Nüssen, Muscheln und ähnlichen, leicht beschaffbaren und gut zu transportierenden Gegenständen – belegt ist und wohl auch von Anfang an üblich war, finden sich Bündelungen bei 5, 10 und 20, sogenannte Fünfer-, Zehner- und Zwanziger-Systeme.[15] Bekannt sind auch Zwölfer- und Sechziger-Systeme, die mit natürlichen (dekadischen) Zahlensystemen kombiniert sind und vielleicht ihren Ursprung in der Benutzung dinglicher Zählhilfen aus dem Maßsystem haben.[16] Entscheidend ist, daß durch die Bündelung Zahlsysteme gewonnen wurden, die mit einem Minimum an

Sememen, die miteinander kombiniert werden, alle in der Praxis vorkommenden Zahlen benennen konnten. Dadurch blieb der geistige Aufwand bei der Angabe von Zahlen gering; die Zahlwörter dieser Systeme waren leicht handhabbar und eindeutig. Es wurde die Aufgabe bewältigt, einen „Komplex zu schaffen, der von Raum und Zeit unabhängig ist und die Vergleichung aller Komplexe (Mengen) vermittelt."[16a]

Die hier kurz skizzierte Entwicklung war abgeschlossen, als am Ende des 4. Jt. v. u. Z. die ersten Zahlzeichen in den Denkmälern aus der Reichseinigungszeit auftraten. Sie hatte sicherlich auch schon in den älteren neolithischen Bauernkulturen des Niltals das Stadium der Bündelung und Herausbildung des Zahlensystems erreicht. Die sprunghafte Evolution der Produktivkräfte, die mit der Herausbildung des Ackerbaues und der damit verbundenen Erzeugung eines stabilen Mehrproduktes einsetzte, die die soziale Differenzierung und die Bildung größerer politischer Einheiten hervorrief, hat wohl auch die Anforderungen an das Zahlensystem vergrößert.[17] Angaben für die Unterhaltung der Exponenten in den Dorfgemeinden, vermehrter Austausch von Produkten und die Organisierung von Kriegszügen erforderten ein höheres Maß an Zählen, Berechnen, Messen und Wägen.[18] Ergebnis wird die Ausdehnung des Zahlensystems über die Tausendergrenze gewesen sein, vielleicht auch der Übergang von einem ursprünglichen quinären zu einem dekadischen System.

Um diese Annahme zu überprüfen, ist eine Betrachtung der ägyptischen Zahlwörter erforderlich. Mit dem Auftreten der ersten Hieroglyphen an der Wende vom 4. zum 3. Jt. v. u. Z. erscheinen auch Zahlzeichen für die Zahlen von $10^0...10^6$. Die Lautung der diesen Zahlzeichen zugrundeliegenden Zahlwörter ist allerdings erst aus wesentlich späteren Quellen zu erschließen, da die Ägypter fast ausschließlich die Zahlen nur mit den Zahlzeichen schrieben, die in Art von Ideogrammen zu lesen waren. Vielfach kennen wir die Lesung der Zahlen nur durch komplementierte, d. h. mit Einkonsonanten-(Buchstaben-)Zeichen geschriebene Zahlabstrakta (Vierheit, Neunheit u. a.)[19] oder durch Wortspiele, bei denen Zahlen und gleich bzw. ähnlich lautende Wörter zueinander in literarisch besonders geformten Texten in Beziehung gesetzt wurden.[20] Dennoch ist der Lautwert der ägyptischen Zahlwörter weitgehend gesichert. Auch im Koptischen, der letzten, mit griechischen Buchstaben geschriebenen Sprachstufe des Ägyptischen lassen sich für den größten Teil der Zahlen die entsprechenden Ausdrücke ermitteln, so daß für viele Zahlwörter die koptische Form als Kontrolle des Lautwertes dienen kann, den sie in den vorangehenden Entwicklungsstufen der Sprache besessen haben müssen.[21] Obwohl für die älteste Zeit (Ende des 4., Anfang des 3. Jt. v. u. Z.) keine direkten Quellen für die Lesung der Zahlworte existieren, sollte man deshalb annehmen, daß die Zahlwörter sich nicht von denen unterschieden haben, die man für das Altägyptische, die Sprache des

3. Jt. v. u. Z., gewinnen konnte. Die Zahlwörter für die Einer[22] lauten (mask. Formen):[23]

1	*wꜥjw*
2	*snwj*[24]
3	*ḫmtw*
4	*jfdw*
5	*djw*
6	*jsw*[25]
7	*sfḫw*
8	*ḫmnw*
9	*pšḏw*

Die Zahlwörter für 1 und 2 stehen wie ein Adjektiv nach den Gezählten, nach dessen Genus sie sich richten und das entsprechend im Singular bzw. im Dual erscheint. Die für 3 bis 9 stehen vor dem Gezählten, das im Plural folgt; die Zahlwörter zeigen aber auch bei diesen die Genusform des Gezählten, also wie im Frühneuhochdeutschen „vier Männer" bzw. „viere Frauen". Zu diesen Zahlwörtern gibt es Zahlabstrakta, die der femininen Form des Zahlwortes entsprechen, jedoch teilweise eine von diesen abweichende Betonung haben.[26] Sie werden in der Zählreihe nach den Zehnern verwendet, z. B. 14 Götter „Zehn und eine Vierheit der Götter".

Die Zehner zeigen von 50 an regelmäßige Bildungen, wie in den semitischen Sprachen Pluralformen der entsprechenden Einer[27]. Die Zehnerzahlen unter 50 sind eigene Ausdrücke, unabhängige Bildungen.

10	*mḏw*
20	*ḏbꜥ.tj*[28]
30	*mꜥbꜣ*
40	*ḥmw*
50	*djjw*
60	*jssjw*
70	*sfḫjw*
80	*ḫmnjw*
90	*psḏjw*

Auch diesen Zahlen folgt das Gezählte im Plural; sind sie mit Einern verbunden, werden die oben erwähnten Zahlabstrakta verwendet. Da fast ausschließlich zur Schreibung der Zahlen Zahlzeichen verwendet werden, besteht keine Klarheit darüber, ob bei der Verbindung einer Zehnerzahl mit 1 oder 2 das Gezählte im Singular bzw. Dual steht. Das Zahlwort für 10, *mḏw*, besaß offenbar auch eine feminine Form *mḏ.t*, so daß es sich wie die Einer auch im Genus nach dem Gezählten richten konnte[30], 20 muß ursprünglich ein. fem. Dual gewesen sein, während die Zahlworte für 30 und 40 mask. sind; von 50 an stellen die Zehner maskuline Plurale dar; sie richten sich nicht im Genus nach dem Gezählten.

Für die höheren Zehnerpotenzen werden jeweils eigene Zahlwörter verwendet, deren höchste als Ausdrücke für eine ungeheure Vielzahl[31] offenkundig in der Praxis so selten vorkommen, daß sie sogar in späteren Epochen der ägyptischen Geschichte, als die ökonomischen Potenzen des Staates zweifelsohne die der Frühzeit überstiegen, außer Gebrauch kamen. Die Zahlwörter sind:

100	*št*	(urspr. *šnt*)[32a]
1 000	*ḫꜣ*	
10 000	*ḏbꜥ*	
100 000	*ḥfn* / *ḥfl*	
1 000 000	*ḥḥ*	

Sie sind, bis auf das fem. *š(n)t* – 100, alle maskulin. Sprachlich werden sie wie eine eigenständige, gezählte Menge konstruiert, also *š(n)t* – 100, *š(n)tj* (Dual) – 200, *ḫmtt š(n)wt* (Plural) – 300. Das Gezählte wird im Plural, verschiedentlich auch im Singular[33] an die Zahl angeschlossen, von 1000 an vielfach, wie Zahlenangaben in den Opferformeln zeigen, durch ein partitives m mit dem Gezählten verbunden, *ḫꜣ.k m jḥ* „deine Tausend von Rind“ für „deine Tausend Rinder“. Diese Konstruktion, bei den höchsten Zahlen üblich, dürfte der Ausgangspunkt für die spätere (neuägyptische) Konstruktion gewesen sein, bei der die Zahlen von 10 an aufwärts das Gezählte (im Singular) durch genitivisches n anschließen.[34] Die Verbindung der einzelnen Zehnerpotenzen miteinander erfolgte wohl rein additiv und asyndetisch; es gibt allerdings für die Aussprache derartiger Zahlen in den Texten keine Belege, da immer nur die sog. Listenschreibungen mit Zahlzeichen[35] vorliegen, die keinen Hinweis auf die lautliche Gestalt der kombinierten Zahlwörter für höhere Zahlen enthalten.[36]

Das altägyptische Zahlensystem hat eine Reihe von Relikten bewahrt, die auf bestimmte Entwicklungsstadien und Tendenzen bei der Herausbildung von Zählfähigkeit und Mengenbezeichnung deuten. Diese sind sowohl am Aufbau des Zahlensystems als auch an der Gestalt der Zahlwörter und ihrer grammatischen Konstruktion ablesbar. Auch die Gemeinsamkeiten und Unterschiede der ägyptischen Zahlwörter zu denen der verwandten Sprachen aus der hamito-semitischen Sprachfamilie[37] erlauben mitunter – unter Vorbehalten – Rückschlüsse auf die Entwicklung des Zahlensystems und auf die relative zeitliche Ansetzung bestimmter Stadien.

Die älteste Stufe in der Entwicklung von Mengenbenennungen, in der die Quantitäten als Einzahl, Zweizahl und Vielzahl begriffen wurden[38], spiegelt sich in der Konstruktion der Zahlworte für 1 und 2. Diese Mengen wurden noch als bestimmte Eigenschaften der Stoffe aufgefaßt.[39] Folgerichtig stimmen diese Zahlwörter in ihrer grammatischen Verbindung mit dem Gezählten völlig mit der der Adjektive, der Benennung anderer Eigenschaften, überein. Neben dieser Benennungsmöglichkeit für die Mengen 1 und 2 besaß das Ägyptische noch die Fähigkeit, durch eine besondere grammatische Form die Eigenschaften der Mengen 1 und 2 auszudrücken, durch Singular und Dual. Dieser war wahrscheinlich eine Sonderform[40] der nächsthöheren Stufe auf der Zahlenskale. Der Vielheit (Dreiheit) entsprach der Plural.[41] So scheint sich in der besonderen Konstruktion der Zahlwörter für 1 und 2 und im System der drei Numeri die älteste, primitivste Entwicklungsstufe bei der Herausbildung des Zahlensystems bewahrt zu haben.

Von Interesse ist in diesem Zusammenhang, daß das ägyptische Zahlwort für 2, äg. *snwj/sntj*, den semitischen und berberischen Ausdrücken – mit entsprechenden Lautveränderungen – gleicht;[42] die kuschitischen und tschadischen Sprachen besitzen Zahlwörter für 2 mit völlig anderen Wortstämmen.[43] Das ägyptische Zahlwort für 3, *ḫmtw/ḫmt.t*, ist völlig auf den ägyptischen Sprachraum beschränkt, weder die berberischen noch die kuschitischen oder tschadischen Sprachen kennen ein Zahlwort 3 dieser Wurzel. Im Semitischen ist das Zahlwort für 5 dem ägyptischen für 3 ähnlich (sem. *ḫams*/äg. *ḫmtw*).[44] Die Zahl 4 (äg. *ỉfdw/ỉfd. t*) zeigt in allen Zweigen der hamito-semitischen Sprachfamilie verwandte Ausdrücke[45], hingegen ist ein Zahlwort für 5, wie äg. *djw/djt*, wieder nur in der ägyptischen Sprache anzutreffen. Sowohl die semitischen als auch die kuschitischen und tschadischen Sprachen bilden ihr Zahlwort 5 von anderen Wurzeln.[46] Sethe wies nach, daß dieses ägyptische Zahlwort von einem sowohl in der ägyptischen als auch in den semitischen Sprachen gebräuchlichen Stamm mit der Bedeutung „Hand“ abgeleitet ist.[47] Es bewahrt somit eine alte, in den meisten Sprachen des nordost- und nordafrikanischen Raumes belegte Zählgrenze (Bündelung)[48], die jedoch am Ende des 4. Jt. v. u. Z., als die Zahlzeichen zusammen mit der Hieroglyphenschrift entstanden, längst aufgegeben war. Zu dieser Zeit hatte sich das dekadische Zahlensystem im Niltal durchgesetzt.

Die Benennung der alten Zählgrenze 5 erfolgt in den verschiedenen Zweigen der genannten Sprachfamilie zumeist durch Ausdrücke für „Hand“; es sind jedoch sehr verschiedene Wortstämme, die so zum Zahlwort wurden. Das liegt vielleicht darin begründet, daß während der Entwicklung der Zählfertigkeit mehrere Ausdrücke (Wurzeln) für „Hand“ zur Auswahl standen, von denen in den einzelnen Zweigen der hamito-semitischen Sprachfamilie unterschiedliche den Charakter von Zahlwörtern erhielten.[49] Keinesfalls darf man annehmen, daß die Trennung der verschiedenen Zweige der Sprachfamilie mit der endgültigen Etablierung des Fünfersystems (falls ein solches je ausgebildet überall vorhanden war) oder gar vor dieser stattfand, denn auch bei den

Einerzahlen von 6–9 lassen sich auffällige Gemeinsamkeiten innerhalb der hamito-semitischen Sprachfamilie feststellen, so z. B. für 6[50] sowie für 7 und 8 bei den semitischen, berberischen und ägyptischen Sprachen.[51]

Für die klar fixierte Zählgrenze 10 der meisten Zahlensysteme dieser Sprachfamilie liegen nur für das Berberische und das Ägyptische etymologisch eng verwandte Wörter vor[52], während alle anderen Sprachen eigene Ausdrücke verwenden; im Arabischen ist sogar ʿašar(un), ein alter Begriff für Vielheit (äg. *ʿšȝ*), zum Wort für 10 geworden.[53] Das würde bedeuten, daß über die Entwicklung des Zahlensystems bis zur 5 als Zählgrenze hinaus weite Bereiche der hamito-semitischen Sprachfamilie noch soweit Kontakt miteinander hatten, ihre Trennung noch nicht soweit vollzogen war, daß die Zählwörter 6 bis 9 nicht unabhängig voneinander entstanden sind, bzw. daß die einander verwandten Sprachen mit den weniger entwickelten Zahlensystemen von den anderen, weiter fortgeschrittenen, die entsprechenden Ausdrücke entlehnt haben. Dabei sind die größten Unterschiede, d. h. auch die früheste Loslösung – eine Urverwandtschaft für das Hamito-semitische vorausgesetzt – zwischen Semitisch – Berberisch – Ägyptisch einerseits und Kuschitisch sowie Tschadisch andererseits festzustellen, den beiden Zweigen, die auch die größten Unterschiede untereinander aufweisen.[54]

Deutliche Divergenzen gibt es auch in allen Zweigen der Sprachfamilie bei den Zehnerzahlen und den Ausdrücken für die höheren Zehnerpotenzen – hier sind auch Vigesimalsysteme, Kombinationen von quinären und vigesimalen Systemen, aber auch rein dekadische belegt.[55] Diese Unterschiede lassen vermuten, daß die Entwicklung der Zahlensysteme innerhalb der hamito-semitischen Sprachfamilie von der Herausbildung der Zehn als vielfach belegter Zählgrenze unabhängig voneinander zu einem Zeitpunkt eingesetzt hat, als die Trennung aller Einzelzweige voneinander vollzogen war. Von da an muß auch die Entwicklungsgeschwindigkeit entsprechend der gesellschaftlichen Notwendigkeiten sehr unterschiedlich gewesen sein. Manche Sprachen bzw. Sprachzweige besaßen infolge ihrer sich über lange Zeiträume kaum verändernden bzw. stagnierenden sozialökonomischen Verhältnisse ihrer Träger keinen Zwang, ihre Zahlensysteme zumeist über die Zahl 100 hinaus auszudehnen und haben die Zahlwörter für höhere Zahlen erst in jüngerer Zeit z. B. von den Arabern übernommen. Nur im Bereich der sich herausbildenden frühen altorientalischen Klassengesellschaften sowohl in Vorderasien als auch in Ägypten bestanden durch den vollständigen Übergang zum Bodenbau, die Erzeugung eines stabilen Mehrprodukts, die damit verbundene Zersetzung urgemeinschaftlicher Verhältnisse und die Herausbildung von Klassen und Staaten gesellschaftliche Zwänge zur Weiterentwicklung des Zahlensystems. Besonders die Erhebung von Abgaben und ihre Umverteilung sowie primitive

Formen des Handels erforderten im Zusammenhang mit Messen und Wägen auch Zählen und Rechnen, waren ein solcher gesellschaftlicher Zwang.[56] Dadurch entstanden wohl schon im 5., sicher aber im 4. Jt. v. u. Z. im Ägyptischen, später in Anlehnung an das Sumerische auch in einigen semitischen Sprachen die Ausdrücke für die Zehnerpotenzen bis zu 10^6 bzw. entsprechend hohe Zahlausdrücke im Sexagesimalsystem. Die Herausbildung des ägyptischen dekadischen Zahlensystems, das ein ehemaliges quinäres völlig überlagert und verdrängt hat, wäre so auch früher anzusetzen, als das der semitischen Sprachen, wofür auch die Bildung des Zahlwortes für 10 mit einem Ausdruck der Vielheit, etymologisch mit äg. *ꜥšꜣ* – viel verwandt, spricht.[57]

Die Weiterführung der Zählreihe über 10 hinaus muß entsprechend der Bildung der Zehnerzahlen schrittweise erfolgt sein und einen längeren Zeitraum beansprucht haben; keinesfalls dürfte sofort von 10^1 bis 10^2 gezählt bzw. die Zahlen benannt worden sein. Der erste Schritt scheint die Benennung der Zahl 20 gewesen zu sein, wodurch eine neue Zählgrenze erreicht wurde, die in anderen Sprachen vielfach bis heute beibehalten worden ist. Die Zählgrenze 20 ist – ebenso wie 5 und 10 – durch die Zahl der menschlichen Finger und Zehen naturgegeben. Im Ägyptischen benannte man sie mit dem Dual eines von Sethe erschlossenen alten Ausdrucks für 10, *ḏbꜥ* – die Finger(reihe), also *ḏbꜥtj*.[58] Zu diesem alten Wort für die 10 passen gut etymologisch verwandte Zahlausdrücke für 10 in kuschitischen Sprachen[59], die ebenfalls „Finger(reihe)“ bedeuten. Die Wahl des Duals der Fingerreihe, d. h. der einfachen Duplierung der Zählgrenze 10, entspricht der Vorliebe der Ägypter, durch Verdopplung einen Zähl- bzw. Rechenprozeß weiterzuführen, wie es auch in pharaonischer Zeit üblich war. Es ist hier dieselbe Erscheinung festzustellen, wie sie weiter oben für den Beginn des Zählens, den Schritt vom Einzelding zum Paar, beschrieben worden ist. Obwohl die Zählgrenze 20 – wie auch die der 5 – im ägyptischen Zahlensystem nicht beibehalten worden ist, scheint sie für einige Zeit bestanden zu haben[60], denn die Zahlwörter für 30 und 40, *mꜥbꜣ* und *ḥm*, sind eigene Bildungen, unabhängig von den Ausdrücken für 3 und 4, so daß man annehmen sollte, es handelt sich um Reste von Sonderzählreihen für bestimmte Dinge mit Maßcharakter[61], die als Benennung für Vielfache der Zahl 10 oberhalb der geläufigen Zählgrenze 20 dienten. Für die Zahl 40 entfiel aus sprachlichen Gründen die übliche Form der Duplierung, die man mit dem Dual bezeichnete. Etymologisch sind weder *mꜥbꜣ* noch *ḥm* befriedigend geklärt.[62] Erst von 50 an kennt die ägyptische Sprache regelmäßige Pluralformen der Einerzahlen. Offenbar war die weitere Ausformung des Zahlensystems von 50 bis 100 relativ rasch erfolgt, jedoch zeitlich so weit vom vorausgegangenen Schritt mit 20 als Zählgrenze und Sonderzahlausdrücken für 30 und 40 entfernt, daß diese als fest etablierte

Zahlwörter im Bestand der Sprache blieben und nicht durch regelmäßige Bildungen ersetzt wurden. Die verwandten Sprachen zeigen diese durchweg.[63]

Wahrscheinlich ist die Entwicklung des Zahlensystems bis 100 in Ägypten im Laufe des 5./4. Jt. v. u. Z. erfolgt, im 4. Jt. dann die Herausbildung des vollständigen Systems bis zu 10^6, wie es uns auf den Denkmälern des ausgehenden 3. Jt. v. u. Z. überliefert ist. Für diese zeitliche Ansetzung spricht die völlige Eigenständigkeit der Zahlausdrücke für die Zehnerpotenzen von 100 an; an etymologisch Verwandtem ließe sich nur *ḥfn/ḥfl* für 10 000 anführen, das im Semitischen und Tschadischen als ein allgemeiner Vielheitsausdruck belegt ist.[64] Für die späte Entwicklung der höheren Zahlen spräche auch, daß grammatisch alle Zehnerpotenzen von 100 an wie eigenständige Nomina als Gezähltes konstruiert werden, als *ḫmtt š(n)wt* „drei Hunderte" *jfdw hꜣw* „vier Tausender".

Archäologische Untersuchungen haben ergeben, daß von der Mitte des 6. bis zur Mitte des 5. Jt. v. u. Z. die Landbrücke zwischen Ägypten und Vorderasien weitgehend unbesiedelt und ein Kontakt zwischen den sich rasch entwickelnden Kulturen beider Regionen zu dieser Zeit unmöglich war.[65] Das würde ebenfalls die unabhängige Entwicklung des ägyptischen Zahlensystems über die alte gemeinsame Zählgrenze von 10 hinaus stützen und deren Herausbildung in Zeiten vor dem 5. Jt. v. u. Z. verlegen.

Zählgebärden begleiten bei vielen afrikanischen, asiatischen und indianischen Völkern den Zählvorgang, sind oftmals wichtiger als die Aussprache der betreffenden Zahlwörter[66] und können, insbesondere bei schriftlosen Kulturen, zu einem wesentlichen Hilfsmittel der Kommunikation, vornehmlich bei der Abwicklung primitiver Handelsgeschäfte werden.[67] Vielfach wurden im Laufe der Zeit ganze Systeme von Zählgebärden entwickelt, als deren vollständigstes das römische System von 1 bis 10 000 gilt, das nach den Aufzeichnungen des englischen Benediktinermönches Beda[68] (673–735) auch in Europa gebräuchlich war. Hier werden die Finger beider Hände benutzt, um die Zahlen darzustellen, sog. Fingerzahlen. Völker auf niedrigerer kultureller Entwicklungsstufe und mit entsprechend geringer ausgeformten Zahlensystemen haben im allgemeinen die Fingergebärden selten über 10 hinausgeführt.[69] So besitzen z. B. die Masai in Kenya ein System, bei dem für 1 der rechte Zeigefinger erhoben ist, für 2 Zeige- und Mittelfinger, für 3 Daumen, Zeige- und Mittelfinger einander mit den Kuppen berühren, bei 4 Zeige- und Mittelfinger, bei 5 wird der Daumen zwischen Zeige- und Mittelfinger gesteckt usw. Die überlieferten Fingerzählgebärden umfassen den Bereich von 1 bis 60.[70] Die Finger, die anfänglich als Zählhilfe benutzt wurden, wobei man vielleicht mit der einen freien Hand die Finger der anderen entsprechend dem Zählvorgang griff und beiseite schob oder einknickte, formten schließlich Zahlzeichen, die wie eine Schrift innerhalb einer fest umrissenen Gesellschaft „gelesen" werden konnten. Unwillkürlich sollen diese kanonischen Fingerzählzeichen bei Zählen geformt werden.[71]

Auch in Ägypten gab es offenbar Fingerzahlen, die Vorläufer der bis heute erhaltenen sein sollen. Ein derartiges System bedeutet ein Relikt aus einer sehr frühen Zeit der Entwicklung von Zählfähigkeiten, die weit vor der Entwicklung der Schrift liegt. Leider ist aus primären Quellen keine eindeutige Aussage über den Charakter der Fingerzahlen, ihre Form und die Ausdehnung des Systems zu machen. Im Totenbuch (Spruch für das „Herbeibringen der Fähre")[72] erklärt der Fährmann dem Toten, der übergesetzt werden will, es dürfe niemand übergesetzt werden, der seine Finger nicht zählen kann. Der Tote begründet seine Zählkenntnis mit einem Fingerzählreim, bei dem die Zahl jeweils in einem Wortspiel mit einem gleich oder ähnlich lautenden Wort in einem Vers genannt wird.[73] Dieses Fingerzählen ist auch schon in den Pyramidentexten belegt, nur daß hier der Fingerzählreim nicht genannt ist, sondern nur „dieser Pepi ist im Begriff, seine Finger zu zählen" vorkommt.[74] Die Zählfolge ist mit beiden Händen auszuführen, vom Daumen der ersten Hand zum kleinen Finger, vom kleinen Finger der zweiten Hand zum Daumen.[75] Bei diesen Fingerzählreimen könnte es sich durchaus um eine, im religiösen Textgut aufbewahrte allgemein geübte Sitte handeln, mit Hilfe der Finger zu zählen, obwohl sich hierüber keine eindeutigen Aussagen machen lassen.

Anklänge an die ägyptischen Fingerzählgebärden sollen nach Ansicht von H. Hickmann in den Fingerzeichen zur Angabe der Tonhöhen überliefert sein, der Cheironomie. Eine genaue Durchsicht aller Dokumente ergab, daß es verschiedene Serien choreographischer, rhythmischer und melodischer Handzeigen im alten Ägypten gegeben hat, bei denen die Rhythmen und Tonhöhenunterschiede jeweils durch Fingerzeichen bzw. verschiedenartige Anwinkelung des Armes angezeigt wurden.[76] Cheironomische Zählzeichen sind wahrscheinlich auf einem Relief aus dem Grabe des *Wr-ỉrj-n-Ptḥ* aus der Nekropole von Saqqara (Dyn. VI., heute im British Museum)[77] überliefert, die mit der noch heute in Ägypten geübten Art des Fingerzählens übereinstimmen: Kleiner Finger gegen den Daumen (der rechten Hand) für 1, Ringfinger, Mittel- bzw. Zeigefinger gegen den Daumen für 2 bis 4.[78] Zählzeichen sind möglicherweise auch bei Darstellungen anzutreffen, in denen Beamte abgebildet sind, die das Kornmessen beaufsichtigen. In verschiedenen Fällen sind der Daumen und der kleine Finger, Zeigefinger oder Mittelfinger des Beamten ausgestreckt, auch die geballte Faust ist belegt.[79] Ohne daß sich aus dem vorhandenen Material die komplette Reihe der im alten Ägypten üblichen Fingerzählzeichen erstellen läßt, kann man annehmen, daß auch in pharaonischer Zeit Gesten beim Zählen verwendet wurden. Vielfach werden allerdings in der mathematikhistorischen Literatur als Belege für Zählgesten bei den alten Ägyptern jedoch nicht die oben erwähnten angegeben, sondern die Zeichen in den Aufschriften auf den Ellenstäben.[80] Diese aber sind nicht weiter als die Angabe der Fingerbreitenzahlen, sind keine Darstellungen von Zählgesten. Die entsprechenden Zeichen sind[81]: ,  und  für 1, 2 und 3 Fingerbreiten;  eine Handbreite;  eine Hand, d. s. 5 Fingerbreiten;  eine Faust, d. s. 6 Fingerbreiten;[82]  zwei Handbreiten, d. s. 8 Fingerbreiten. Eine besondere Markierung für 7 Fingerbreiten wird nicht angebracht; vielmehr steht im Feld für die 7. Fingerbreite die eine der beiden Handbreiten der 8-Fingerbreiten-Markierung, wie ja auch bei der großen und kleinen Spanne die Zeichen und  im Fingerbreitenfeld vor der benannten Markierung stehen.[83] Die Wiedergabe von Fingerzählgesten auf den altägyptischen Ellenstäben ist demzufolge auszuschließen; die auf den anderen Denkmälern wahrscheinlich angedeuteten Fingerzahlen und die noch heute in Ägypten verwendeten zeigen zudem völlig andere Gesten.

Anmerkungen

1. Vgl. dazu bes. die Abschnitte „Mathematische Elemente in der Gefäßdekoration", „Metrologisches" und „Spiele".
2. S. Abschnitt „Mathematische Elemente in der Gefäßdekoration". Besonders die Einteilung eines Rechtecks in Quadrate bei der Verzierung von Gefäßen oder Flechtwerk dürfte, kombiniert mit entsprechenden Maßeinheiten, der Berechnung des Inhaltes eines Rechtecks zugrunde gelegen habe, aus dem dann einfach auch der des Dreiecks abgeleitet werden konnte.
   a. Ein Zeichen für 10^7, Ω, wie E. Löffler, Ziffern und Ziffernsysteme, Leipzig ^{3}1928, S. 18, angibt, ist nicht nachweisbar.
   b. Sethe, Zahlen und Zahlworte, S. 4 ff.
3. S. Schott, Hieroglyphen, Untersuchungen zum Ursprung der Schrift, Wiesbaden 1951, S. 76 ff.; „Die Hieroglyphenschrift folgt den von der Sprache geknüpften Beziehungen, wählt unter den ... Wörtern gleicher Wurzel ein zum Bilde geeignetes aus." (S. 76) Dasselbe Prinzip liegt der spielenden Schreibung der Zahl 5 durch ✱ in späten Texten zugrunde.
   a. Die ältesten Belege für das voll ausgebildete System der Zahlzeichen sind: Siegesdenkmal des Narmer aus Hierakonpolis, auf dem 142 200 Ziegen, 400 000 Rinder und 120 000 Gefangene genannt werden (Quibell, Hierakonpolis I, Taf. 26 B) sowie die Statuenbasis des Chasechemui, die 47 208 Gefangene verzeichnet (ebenda Taf. 40). Dazu kommen noch Zahlenangaben auf den Annalen-Täfelchen der Frühzeit und auf den archaischen Stelen, vgl. Vandier, Manuel II, S. 733 ff. Verschiedene Alabastergefäße der 1. Dynastie sind mit Zahlen beschrieben, z. B. W. B. Emery, Great tombs of the First Dynasty I, Cairo 1949, S. 112. In den Gefäßaufschriften auf Frühzeitgefäßen aus den Magazinen der Djoser-Anlage s. unter „Metrologisches". Die Öletiketten der Grabbeigaben aus der 1. Dynastie sind bei Kaplony, IÄF I, S. 291 gesammelt; sie zeigen einen deutlichen Übergang zur hieratischen Schrift, vgl. auch – die Gefäßaufschriften aus der Djoser-Anlage und die aus dem Grab des *Mr-ꜥḥꜣ* (W. B. Emery – Z. Y. Saad, Hor-Aḥa, Kairo 1939, S. 74–76; Taf. 14, 20–24) und andere vergleichbare Funde, die größtenteils keine Zahlenangaben enthalten. Schließlich gehört in diesen Kontext noch ein Gefäßbruchstück aus der 1. Dynastie, auf dessen Boden eine Abrechnung über Opfergaben (?) zu einem Fest (?) in frühhieratischer Schrift geschrieben ist; Petrie, Royal tombs I, S. 43, Taf. XIX. 11.
   b. Die Lotusblüte ist das Zahlzeichen für 1000; es ist keine Papyrusdolde. Deshalb ist auch die Darstellung auf der Narmer-Palette, auf der der König (Horus) als Sieger über den Harpunengau (6 Papyrusdolden) auftritt, nicht als Zahlzeichen zu interpretieren; vgl. H. Ranke, Studia Orientalis 1925, S. 167 ff. und L. Keimer, Aegyptus 7 [1926], S. 169 ff.
4. So z. B. H. Wussing, Mathematik in der Antike, Leipzig 1962, S. 19; darauf fußend auch Klix, Erwachendes Denken, S. 205; Vogel, Vorgriechische Mathematik I, S. 29; Vynogradov, Istorija, S. 15 u. a., häufig mit dem Hinweis, die Zahl 1000 (Lotusblüte) sei wegen der Häufigkeit dieser Pflanzen als Zahlbegriff für eine große Menge verständlich, die Kaulquappe (100 000) ebenfalls als eine der biblischen Plagen, die Ägypten heimgesucht hätten. Vgl. auch Anm. 64.
5. Sethe, Zahlen und Zahlworte, S. 11 f.; die Million scheint eine fiktive Zahl, ein Ausdruck für eine ungeheure Menge, gewesen zu sein, die früh außer Gebrauch gekommen ist.
6. Klix, Erwachendes Denken, S. 193 ff.; sog. „konkretes Zählen", vgl. L. Levy-Bruhl, Das Denken der Naturvölker, Wien-Leipzig ^{2}1926, S. 155. Zahlwortreihen mit verschiedenen Ausdrücken nach der Art des Gezählten sind ein wesentlicher Schritt auf dem Wege zum abstrakten Zahlbegriff; Fettweis, Rechnen, S. 54 f.; vgl. auch Neugebauer, Vorlesungen I, S. 83 f. Zu den Sonderzahlen für bestimmte Sachen s. Menninger, Zahlwort, S. 41 ff.; E. Heider, ZfE 27 [1927], S. 280 und 287; Vogel, Vorgriechische Mathematik I, S. 14. D. s. die sog. Ensemble-Zahlen von L. Levy-Bruhl, Die Seele der Primitiven, Wien-Leipzig 1930, S. 155-156.
7. Klix, Erwachendes Denken, S. 191. Die Bewältigung der quantitativen Unterscheidung von Mengen durch Abzählen war weitgehend verbunden mit der Anwendung von Zählgesten oder der Verwendung von Hilfsmengen, Zählhilfen (Steinen, Kernen, Stäbchen u. ä.), Fettweis, Rechnen, S. 10 ff.; Neugebauer, Vorlesungen I, S. 84; Smith, History I, S. 6; letzterer knüpft daran auch die Entstehung der Maße. D. J. Struik, Abriß der Geschichte der Mathematik, Berlin ^{3}1965, S. 4, hingegen hält die Benutzung von Kerbhölzern o. ä. älter als die Zählgesten (Fingerzählung). Die Ausprägung von technischen Hilfen zur Wiedergabe von Zahlen

(Vorstufen von Zahlzeichen, vgl. Menninger, Zahlschrift, S. 26 ff. für Europa, ohne Hinweis auf neolithische Kulturen, s. auch Klix, Erwachendes Denken, S. 190 f. und Abb. 48) und die Herausbildung des Zählens selbst gehen aber offenbar zeitgleich vor sich, so daß sich die Priorität von Fingerzählen einerseits und Kerbhölzern u. ä. Zählhilfen andererseits schwerlich beweisen läßt. Schmidl, Zahl und Zählen, S. 167, bemerkt sogar, daß beim Zählen die entsprechenden Gebärden (zumeist der Fingerzahlen) oft wichtiger seien als die lautliche Zählung, daß jedenfalls an Körperteilen haftende Zahlbegriffe ursprünglich seien. Hierzu s. auch D. D. Conant, The number concept, New York–London 1923, S. 47 ff.

8. Klix, Erwachendes Denken, S. 198 ff.; Menninger, Zahlwort, S. 52 f.; Fettweis, Rechnen, S. 20 ff.; Allgemeines auch bei R. Thurnwald, Reallexikon der Vorgeschichte XIV, s. v. Zählen. Thurnwald weist darauf hin, daß große Mengen durchaus zählbar sind, ohne dafür Zahlbegriffe zu besitzen, daß man dementsprechend zwischen Zahlen (Mächtigkeitseindrücken) und Zahlbegriffen scheiden sollte. Große Mengen sind aber m. E. ohne Zahlbegriffe erst dann zählbar, wenn ein Grundgerüst von Zahlausdrücken vorhanden ist; so kann man auf der Grundlage eines bis 100 entwickelten dekadischen Zahlensystems sehr weit zählen, wenn die abgezählten Hunderter ihrerseits gezählt werden, z. B. 78 Hunderter und 84 für 7884. Auf derartige Zählmethoden weist Fettweis, Rechnen, mehrfach hin, u. a. auch auf Zählen durch mehrere Personen, von denen jede nur die Werte einer Zehnerpotenz zu behalten habe.
9. Klix, Erwachendes Denken, S. 191.
10. Ebenda.
11. Sonderzahlreihen für bestimmte Qualitäten sind z. B. Lot Hefe, Mandel Eier, Schock Nägel; russ. sorok < altnord. serk(r) – „Fell“ (da Felle zu Bündeln zu 40 Stück gehandelt wurden,) ist ein Relikt solcher Sonderzahlen im Zahlsystem, denn andere slawische Sprachen besitzen eine regelmäßige Zehnerbildung aus der Wurzel für „vier“.
12. Fettweis, Rechnen, S. 20 f.; Smith, History I, S. 6. L. Levy-Bruhl, Die Seele der Primitiven, Wien–Leipzig 1930, S. 155, nennt 2 und 3, selten höhere Zahlen, als Grenze der Zählfertigkeit, als weiteren Schritt dann Doppelung von 2 oder 3, d. h. Zählen zu Paaren, ebenda, S. 167, so auch Vogel (Vorgriechische Mathematik I), S. 14, der in Anlehnung an Levy-Bruhl (Die Seele der Primitiven, Wien–Leipzig 1930, S. 155–156) Zweiheit und Dreiheit (von bestimmten Dingen) nicht als Zählen mit Abstraktion vom Gezählten betrachtet. Der Vergleich mit der Dreifachsetzung oder den Pluralstrichen der ägyptischen Hieroglyphenschrift (u. a. Neugebauer, Vorlesungen I, S. 85; Menninger, Zahlwort, S. 28) als Rest einer alten Zählgrenze ist sicher unrichtig. Als die Schrift entwickelt wurde, war längst eine hohe Zählfertigkeit erreicht – die Dreizahl war die geringste Zahl (und damit die ökonomischste Schreibweise), die im ägyptischen den Plural fordert (Zweizahl = Dual, eine andere, formal von Singular und Plural geschiedene Form). In 2 als Zählgrenze s. die zahlreichen Beispiele bei L. L. Conant, The number concept, New York–London 1923, S. 106 ff.
13. Hierzu wurden und werden auch die schon erwähnten Zählhilfen (Steinchen, Muscheln, Stäbchen u. ä.) benutzt. Der Vergleich mit Bekanntem konnte sogar eine Fläche sein, z. B.: Es sind so viele Tiere, wie auf einem bestimmten, bekannten Platz stehen können, s. Menninger, Zahlwort, S. 21 nach M. Dobritzhoffer, An account of the Abipones II, London 1822, S. 171 f.
    a. Vgl. auch G. Sarton, Isis 28 [1938], S. 462 f.; K. Vogel, FuF 7 [1939], S. 95; Klix, Erwachendes Denken, S. 190, Abb. 48.
14. Schmidl (Zahl und Zählen) S. 182, verweist darauf, daß bei den Bantu zumeist 100 die oberste Zählgrenze ist, darüber hinaus gibt es Fremdwörter; Handel und Geld – also Produktion für den Austausch – hätten in Afrika zur Herausbildung größerer Zählreihen (ebenda S. 202) und zur Übernahme von Fremdwörtern geführt.
15. Dazu Klix, Erwachendes Denken, S. 197; Sethe, Zahlen und Zahlworte, S. 21 ff.; Fettweis, Rechnen, S. 25 ff.; vgl. auch H. Wieleitner, Der Begriff der Zahl, Leipzig–Berlin [2]1918, S. 1; D. J. Struik, Abriß der Geschichte der Mathematik, Berlin [3]1965, S. 4.
16. Menninger, Zahlwort, S. 173 ff.
    a. M. Simon, Die Methodik der elementaren Mathematik, Leipzig–Berlin 1906, S. 9
17. Vgl. Anm. 14; Zahlensysteme mit genuinen Zahlen über 1000 haben zuerst die frühen Staaten des Alten Orients infolge der gesellschaftlichen Notwendigkeit ausgebildet.
18. Im Kongo, z. B., wo im 14. und 15. Jh. eine frühe Staatsbildung erfolgte, wurde entsprechend den Erfordernissen das Zahlensystem auch stärker als bei anderen Bantu-Völkern erweitert, kiaji (=Palmnußbüschel) für 10 000 und elundu (=Ameisenhaufen) für 100 000, vgl. Schmidl, Zahl und Zählen, S. 182.
19. Zur Lesung der Zahlwörter und den damit verbundenen Quellenproblemen vgl. Sethe, Zahlen und Zahlwörter, S. 11 ff., G. Jequier, Le système numérique en Ègyptien, in: Recueil d'études

égyptologiques dédiées à la mémoire de Jean-François Champollion, Paris 1922, S. 467–482. Edel AÄG I S. 166 ff.

20. Das bekannteste Beispiel ist der Papyrus Leiden I 350, bei dem die Kapiteleinteilung (Zahlwort) korrespondiert mit einem gleichlautenden anderen Ausdruck; A. H. Gardiner, ZÄS 42 [1905], S. 12–42, Zusammenstellung der Kapitelzahlen und der Ausdrücke des Wortspiels S. 42.
21. Die weitgehend gesicherten Betonungs- und Silbengesetze des Ägyptischen und die Gesetze der Lautveränderung erlauben es vielfach, aus koptischen Formen die ursprünglichen der älteren Sprachstufen (Altägyptisch, Mittelägyptisch, Neuägyptisch/Demotisch) zu erschließen, wie es für die Zahlwörter in den Werken von Anm. 19 zusammenfassend geschehen ist.
22. Die Ägypter selber unterschieden zwischen den Zehnerpotenzen, die sie als eigene Stufen (Bündelungen) auf der Zahlenskala verstanden: 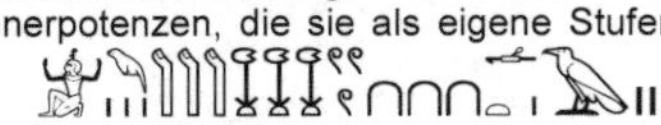 „Millionen, Hunderttausender, Zehntausender, Tausender, Hunderter, Zehner und Einer" in: Hieratische Papyrus Berlin III, Leipzig 1911, Taf. 4 Str. A. 1. (Elephantine-Archiv, 6. Dyn.). Für die Entwicklung des Zählens und des Zahlensystems sind die Einer (und Zehner) als ältestes Inventar bes. wichtig, bewahren sie doch am deutlichsten ehemalige, im ausgebildeten System überwundene Zählgrenzen (Bündelungsknoten).
23. Gezählt wurde wahrscheinlich in den einfachen mask. Formen, so daß diese auch hier angegeben werden; auch in den mit dem ägyptischen verwandten hamito-semitischen Sprachen wird – soweit feststellbar – in der Zählreihe die mask. Form oder die mask. Beziehungswörtern entsprechende verwendet; vielfach, so z. B. im kuschitischen und tschadohamitischen Bereich, gibt es nur eine (mask. Formen entsprechende) Zählreihe, das Berberische, das die Genusunterscheidung bei den Zahlwörtern kennt, zählt und rechnet in den mask. Formen. In den Einern vgl. Tabelle bei Sethe, Zahlen und Zahlworte, S. 18.
24. Eigentliche Duale, *snwj* „die beiden (mask.)" und *sntj* „die beiden (fem.)".
25. Die ältere Form lautete sicherlich *srsw* (< **sḏsw*)/ *sjsw*, woraus dann durch Metathese *is(s)w* wurde; vgl. G. Jequier, Rec. Trav 34 [1912], S. 121 f.; Sethe, Zahlen und Zahlworte, S. 19 und Edel AÄGI, S. 169; W. F. Albright, AJSL 34 [1918], S. 91.
26. Edel AÄG I, S. 176.
27. Vgl. Sethe, Zahlen und Zahlworte, S. 30.
28. Eigentlich „die beiden Finger(reihen)" nach Sethe, Zahlen und Zahlworte, S. 23.
29. Immerhin wäre eine derartige Konstruktion möglich, d. h. „21 Männer" könnte lauten **ḏbꜥ.tj s wꜥjw* „20 und ein Mann (Sing.)" bzw. „22 Männer" **ḏbꜥ.tj swj snwj* „20 und zwei Männer (Dual)", wie ja die Konstruktion mit den Zahlabstrakta der übrigen Einer auch eine spezielle, von der Konstruktion der Einer und vollen Zehner mit dem Gezählten abweichende darstellt. Die hier angemerkten grammatischen Besonderheiten bei der Verbindung zwischen Zahl und Gezählten sind für die Ermittlung von Entwicklungsschritten des Zahlensystems bedeutsam, da sich in den grammatischen Verhältnissen ältere Stadien der Zählgrenzen erhalten haben könnten. Für die Untersuchung derartiger Relikte sind selbstverständlich die grammatischen Verhältnisse der ältesten Sprachstufe von besonderem Wert, weshalb hier auch nur diese dargestellt sind. Die weitere Entwicklung der grammatischen Besonderheiten bei der Verbindung von Zahl und Gezähltem, z. B. der spätere genitivische Anschluß u. ä. (aus dem Anschluß mit m entstanden?), bleiben unberücksichtigt.
30. Vgl. Edel AÄG I S. 171.
31. Nach Sethe, Zahlen und Zahlworte, S. 11, sind die Zahlen von 1000 an Ausdrücke für eine große Zahl, für „unzählbar, unendlich groß" und werden auch noch häufig in ihrer „unbestimmten Grundbedeutung" gebraucht, wie z. B. in den Opferformeln „1000 an...".
32. Das war spätestens in der Ramessidenzeit der Fall, als für „100 000" „10 n 10 000" (Pap. Harris 7, 2) geschrieben wurde; vgl. Sethe, a. a. O. S. 14. Diese Erscheinung allerdings mit dem „Rückfall in kleinere Verhältnisse" zusammenzubringen, erscheint fraglich (so J. E. Hofmann, Geschichte der Mathematik, Berlin 1953, S. 16). Vielmehr gewinnt man den Eindruck, als hätten die Ägypter mehr aus Gründen der Vollständigkeit ihr Zahlensystem bis zu 10^6 ausgedehnt, ohne unmittelbare ökonomische Zwänge zur häufigen Verwendung derart hoher Zahlen zu haben.
    a. W. Spiegelberg, ZÄS 36 (1898), S. 135 f.; Gardiner, Eg. Gr. § 258; vgl. auch die spielende Schreibung  und  für „den von Krokodilopolis" (*šndtj* mit Lesehilfe *šn*,  oder ), Kaplony, JÄF I, S. 383.
33. Vgl. die Tabellen bei Edel, AÄG I, S. 174 ff.

34. Sethe, Zahlen und Zahlworte, S. 47; dieses ist auch im Koptischen die normale Konstruktion der Zahlen. Inwieweit für die ältere Zeit bei der sog. Listenschreibung (Gezähltes+Zahlzeichen) bei höheren Zahlen ebenfalls schon m zwischen Zahl und Gezähltem zu lesen ist, läßt sich nicht ermitteln. Edel nennt in seiner Grammatik diese Möglichkeit jedenfalls nicht.
35. Der Ausdruck „Listenschreibung" für die im ägyptischen übliche Schreibweise von Gezähltem und nachgestellter Zahl, nur mit den Zahlzeichen geschrieben, ist m. E. günstiger als der vielfach verwendete Begriff „Ziffernschreibung" (z. B. Sethe, Edel u. a. m.), da man Zahlen in ägyptischen Texten praktisch nur mit Zahlzeichen geschrieben hat, kaum lautlich. Die Zahlzeichen (sie sind keine eigentlichen Ziffern) folgen dabei dem Gezählten und bringen dadurch nicht die tatsächlich gesprochene Form der Verbindung von Zahlwort und Gezähltem zum Ausdruck. Vielleicht hat allerdings mancher Verwaltungsschreiber die Listen tatsächlich in der Kanzleisprache so ausgesprochen, wie sie geschrieben waren, also anders als die gesprochene Sprache.
36. Die im Koptischen im Wortlaut überlieferte Zahl 9879 (ⲫⲓⲥ ⲛ̄ϣⲟ ⲁⲩⲱ ϣⲙⲟⲩⲛ ⲛ̄ϣⲉ ⲁⲩⲱ ϣⲩⲉ ⲙⲛ̄ ⲫⲓⲑ W. C. Till, Koptische Grammatik, Leipzig 1955, S. 82) könnte so altägyptisch gelautet haben **ḫmnwt šwt sfḫjw psḏt* – dem hätte das Gezählte im Plural zu folgen. Spuren eines Anschlusses der einzelnen Zehnerpotenzen durch ein verbindendes Element („und") sind in den ältesten Belegen nicht zu finden.
37. Vielfach auch erythräische oder afro-asiatische Sprachen genannt, wie A. Tucker und M. A. Bryan bzw. J. Greenberg vorgeschlagen haben, vgl. O. Köhler, Geschichte und Probleme der Gliederung der Sprachen Afrikas, in: H. Baumann (Hrsg.), Die Völker Afrikas und ihre traditionellen Kulturen I, Wiesbaden 1975, S. 280 f. (=Studien zur Kulturkunde 34); M. A. Korostovcev, Vvedenije v egypetskuja filologiju, Moskva 1963, S. 5 ff.; J. Vergote, in: Current trends in linguistics VI, Den Haag–Paris 1970, S. 531 ff. und C. T. Hodge, ebenda S. 237 ff. Dort auch, bes. aber bei Köhler, die generellen Überlegungen zu einer gemeinsamen Wurzel (zur genetischen Verwandtschaft) der hamito-semitischen Sprachen und zum Urhamitischen gegenüber einem Ursemitischen. Vgl. zu dieser Problematik auch M. Cohen, Langues chamito-semitiques, in: Les langues la monde, Paris [2]1952, S. 81 ff., bes. S. 88–98 (Zahlwörter als Beispiel für den gemeinen Wortschatz der einzelnen Sprachen bzw. Sprachzweige s. S. 135, 151, 158 und 167); W. F. Albright, AJSL 34 [1918], S. 90 ff. (ägyptisch-semitisch) und bes. F. Hintze, ZfPh 5 [1951], S. 65–87 (=Bemerkungen zu M. Cohen, Essai comparatif sur le vocabulaire et la phonétique du chamito-semitique, Paris 1947). Zur Schwierigkeit bzw. auch Fragwürdigkeit der hamito-semitischen Wortvergleichung und zum gegenwärtigen Unvermögen, „Urformen" bzw. sichere phonetische Entsprechungen für alle Sprachen der gen. Sprachgruppen aufzustellen und zu nutzen, ebenda S. 67 ff. Diese Fragen sind auch heute noch weitgehend ungelöst; den in diesem Kapitel vorgenommenen Vergleichen der ägyptischen Zahlwörter mit denen der verwandten Sprachen haftet demzufolge ein gewisses Maß an Zufälligkeit bzw. Fehlerhaftigkeit an, bedingt auch durch die Benutzung der Zahlwörter aus Einzelsprachen mit z. T. erheblicher zeitlicher Distanz. Die umfangreichen Listen ägyptisch-semitischer (und z. T. auch berberischer sowie kuschitischer) Wortvergleiche bei F. Calice, Grundlagen der ägyptisch-semitischen Wortvergleichungen, Wien 1936, umfaßt keine Zahlwörter; gleiches gilt – mit Ausnahme der 6 – für die Listen von A. Ember, ZÄS 49 [1911], S. 87 ff.; ZÄS 50 [1912], S. 86 ff. und ZÄS 51 [1914], S. 110 ff. Umfangreiche Listen mit Zahlwörtern aus der hamito-semitischen Sprachfamilie (mit Ausnahme des Ägyptischen) sind von T. Kluge, Die Zahlenbegriffe der Dravida, der Hamiten, der Semiten und der Kaukasier, Berlin 1941, publiziert. Diese Listen sind jedoch nur Kompilationen aus Werten, die entweder weiter unten als Originalquellen genannt wurden oder durch neuere ersetzt werden konnten.
38. Mengenzahlen, „ensemble-nombres" von L. Levy-Bruhl, Die Seele der Primitiven, Wien–Leipzig 1930, S. 155 f. Auch J. D. Sapir, Language, New York 1921, S. 111 ff., zog bei der Diskussion über die Entwicklung von Singular und Plural solche Mengenzahlen/Mengeneigenschaften in Erwägung, die vor der Herausbildung von abstrakten Zahlbegriffen entstanden waren. Die Konstruktion dieser Zahlwörter gleicht weitgehend der der Adjektive; das gilt sowohl für das Ägyptische (vgl. Edel, AÄG S. 167 f.; W. Schenkel, Orientalia 35 [1966], S. 423) aber auch für die Sprachen des semitischen Zweiges der Sprachfamilie; s. dazu H. Reckendorf, ZDMG 65 [1911], S. 554 (zum Unterschied von 1 und 2 zu den übrigen Zahlen) und V. Brugnatelli, Questioni di morfologia e sintassi dei numerali cardinali semitici, Florenz 1982. Brugnatelli betrachtet alle Zahlwörter der semitischen Sprachen und des Ägyptischen, Berberischen und Kuschitischen. Bei den semitischen Sprachen wird danach nahezu durchweg 1 und 2 mit Genus- und Numeruskongruenz zum Beziehungswort konstruiert. Nach C. Brockelmann (Grundriß der vergleichenden Grammatik

der semitischen Sprachen II, Berlin 1913, S. 273 ff.) sind 1 und 2 in allen semitischen Sprachen Adjektive.

39. Vgl. Vogel, Vorgriechische Mathematik I, S. 14, und Fettweis, Rechnen, S. 20 ff., wo er auf die Häufigkeit der Gruppierung zu Paaren auf dem Wege zur abstrakten Zahlvorstellung hinweist. S. auch Anm. 6, und Menninger, Zahlwort, S. 26 f.
40. Der Dual ist eine Sonderform des Plurals, wohl aus diesem sekundär entwickelt, z. B. äg. *-w* für Plural und *-wj* für Dual (Edel, AÄG S. 115 und 123). In den semitischen Sprachen ist als Dualendung -ā (mit gelegentlichen Erweiterungen) üblich, eine Form, die auch als Pluralendung vorkommt; s. C. Brockelmann, Grundriß der vergleichenden Grammatik der semitischen Sprachen I, Berlin 1908, S. 457. Auf die Ableitung des Duals aus den Pluralformen wies mich Prof. Dr. F. Hintze hin, dem ich dafür danken möchte. Er hält die Opposition Singular–Plural bei den Benennungen von Mengeneigenschaften für die ursprüngliche und hält den Dual für eine abgeleitete Sonderform.
41. Die grammatische Form Plural als sprachlicher Ausdruck für die Überschreitung der alten Zählgrenze 2, nicht die Pluralstriche bzw. Dreifachschreibung der Hieroglyphenschrift, vgl. Anm. 12.
42. Sethe, Zahlen und Zahlworte, S. 19: arab. iṯnani, hebr. šenayim, babyl. šenu, assyr. šinn; vgl. auch G. Jequier, in: Champollion-Festschrift, Paris 1922, S. 471 f. Die Radikale des Wortstamms in den Berbersprachen sind ebenfalls s + n, z. B. sin im Schilhischen, vgl. H. Stumme, Handbuch des Schilhischen von Tazerwalt, Leipzig 1899, S. 101. Die von A. Klingenheben, ZES 17 [1926], S. 40 ff. zusammengestellten Beispiele aus anderen Berbersprachen entsprechen völlig diesem Bild; s. auch Ju N. Zavadovskij, Drevnij Vostok 2 [1980], S. 143; ders., Les noms de nombre berbères à la lumière des études comparées chamito-sémitiques, in: Actes du 1er Congr. Intern. de Linguistique sémitique et chamito-sémitique (Paris 1969); Den Haag–Paris 1974, S. 102 ff.; die Tabelle bei E. Zyhlarz, ZÄS 67 [1931], S. 134; ders. ZES 23 [1932], S. 106; F. Lexa, Philologica 1 [1921–22], S. 176 und Djakonov, Jazyki, S. 47.
43. Die kuschitischen Sprachen zeigen für das Zahlwort 2 eine Wurzel l + m / m + l bzw. l + / b oder – vereinzelt – völlig andere Radikale (gitta im Šinaša, qutto im Kofiččo), vgl. H. Plazikowsky-Brauner, MIO 8 [1963], 468 ff. Die entsprechende Zahl lautet im Hansa biyu, G. Weydling, Einführung ins Hansa, Leipzig 1942, S. 25. Die Kotoko-Sprachen haben entweder k/ǧ + s/š (gasi, keše, kisang) oder ansi, H. Sölken, Seetzens Áffadéh, Berlin 1967, S. 165; das Grundwort lautet wahrscheinlich si, ebenda S. 173. Zur Berechtigung der Eingliederung des Hansa in die Hamito-semitischen Sprachen 5. J. Lucas. ZES 28 [1937], S. 286 ff.
44. Zur Bedeutung der Wurzel ḫ + m + s / ḫ + m + t als Vielheitsausdruck und die Konsequenzen für die Trennung des ägyptischen vom semitischen Zweig der hamito-semitischen Sprachen vgl. Sethe, Zahlen und Zahlworte, S. 23 (mit Hinweis auf A. Ember); eine semitische Entsprechung dazu bei W. F. Albright, AJSL 34 [1918], S. 91.
45. Vgl. Sethe, Zahlen und Zahlworte, S. 21 f. (Arab. 'arba', babyl. arba, assyr. irba); G. Jequier, in: Champollion-Festschrift, Paris 1922, S. 373; Djakonov, Jazyki, S. 47; L. Reinisch, Das Zahlwort vier und neun in den hamitisch-semitischen Sprachen, Wien 1890, S. 7 ff. und H. Plazikowsky-Branner, MIO 8 [1963], S. 468 ff.
46. Die kuschitischen Sprachen haben nach Plazikowsky-Branner (ebenda) die Stämme as / a(n)kwa / šan / onto / uččo / ussa; semitisch lautet die Zahl 5 hams, Hansa biyar und Kotoko ensi / sansi / sesi u. ä. (nach Weydling und Sölken, vgl. Anm. 43).
47. Sethe, Zahlen und Zahlworte, S. 22 f. Sethe hat hierauf in seiner Arbeit über das Wort für Hand, ZÄS 50 [1912], S. 91 ff. nicht hingewiesen.
48. Vgl. Schmidl. Zahl und Zählen, S. 183 und A. Klingenheben, ZES 17 [1926], S. 48.
49. So neben dem Ägyptischen im Kuschitischen u. a. uṣṣa, uč(čo), šan, as, ähnlich im Tschadischen (ensi, sansi, sesi, šeši, ebenfalls aus einem Wort für „Hand"); vgl. Anm. 46.
50. Arab. sitta, hebr. šiš, assyr. sissi; vgl. G. Jequier, in: Champollion-Festschrift, Paris 1922, S. 474 f.; Sethe, Zahlen und Zahlworte, S. 19 f.; Djakonov, Jazyki, S. 47 und A. Ember, ZÄS 50 [1912], S. 86.
51. Djakonov, Jazyki, S. 47 und G. Jequier, in: Champollion-Festschrift, Paris 1922, S. 475 ff.; zur Zahl 7 als regelmäßige, den semitischen Sprachen entsprechende Bildung s. auch F. Lexa, Arch. Or. 10 [1938], S. 223. Die Belege aus den kuschitischen und tschadischen Sprachen sind unterschiedlich. Es sind dort auch verschiedene Zahlensysteme bekannt, bei denen die Zahlen von 6–9 auf additive Weise aus 5 + 1 (...4) gebildet werden; H. Plazikowsky-Brauner, MIO 8 [1963], S. 470 f.; H. Sölken, Seetzens Áffadéh, Berlin 1967, S. 175 (für die Zahl 6); L. Reinisch, Das Zahlwort vier und neun ..., Wien 1890, S. 4 ff.; F. Prätorius, ZDMG 24 [1870], S. 415, wo für Galla und Bedja das quinäre Zahlensystem erörtert wird und in letzterer Sprache die Zahlen 8 und 9 mit 3 (+5) und 4 (+5) in Zusammenhang gebracht werden. Im

Berberischen sind auch sekundäre quinäre Systeme bekannt, s. A. Klingenheben, ZES 17 [1926], S. 49. Zur Verbreitung solcher Systeme s. auch A. F. Pott, Die quinäre und vigesimale Zählmethode der Völker aller Weltheile, Halle 1847.

52. Äg. *mḏt*, berb. mrau/mesau, vgl. E. Zyhlarz, ZÄS 67 [1932], S. 134 (Tabelle der Zahlen ägyptisch–berberisch–kuschitisch 1...10); s. auch Ju. N. Zavadovskij (Anm. 42).
53. Sethe, Zahlen und Zahlworte, S. 23 f.; E. Zyhlarz, ZÄS 67 [1931], S. 134; F. Calice, Grundlagen der ägyptisch-semitischen Wortvergleichung, Wien 1936, Nr. 142.
54. O. Köhler, in: H. Baumann, Die Völker Afrikas I, Wiesbaden 1975, S. 281 ff., spricht von einem „hohen Trennungsalter" der Unterfamilien der hamito-semitischen Sprachen, wobei die dichter besiedelten und landschaftlich stärker aufgegliederten afrikanischen Kontaktzonen (kuschitisches und tschadohamitisches Sprachgebiet) eine raschere Sprachdifferenzierung hervorgerufen hätten, was sich in starken Unterschieden innerhalb dieser Gruppe zeige. Die semitischen und berberischen Sprachen hingegen weisen eine hohe Konkordanz auf. In diese Gruppe ist auch das Ägyptische einzuordnen. E. Zyhlarz, ZÄS 70 [1934], S. 122, hält die libysche (berberische) Komponente für das tragende Element des späteren Ägyptischen und tritt für eine Homogenese von Berberisch und Ägyptisch ein (ders., ZfE 23 [1932], S. 108 ff.). W. T. Albright schließlich hält Ägyptisch für völlig semitisch (Rec. Trav. 40 [1923], S. 64 ff. und AJSL 34 [1918], S. 90 ff.), schlug später aber vor, die Sprache für ebensogut hamitisch wie semitisch zu fassen (AfO 12 [1937–39], S. 73), was einer eigenen Gruppe innerhalb dieser Sprachfamilie gleichkommt. Die enge Verwandtschaft des Ägyptischen zu Semitisch einerseits und Berberisch andererseits kann als gesichert gelten.
55. Vgl. dazu die Arbeiten von Plazikowsky-Brauner, Schmidl und Klingenheben. Dazu führt auch M. A. Korostovcev, BIFAO 45 [1947], S. 86, an, daß das ägyptische Wort für Finger, *ḏbꜥ* verwandt sei mit einer Reihe von Ausdrücken für Zehnerpotenzen in verwandten Sprachen. Im Ägyptischen ist es nach Sethe, Von Zahlen und Zahlworten, S. 23 f., im Wort für 20 **ḏbꜥ.tj* „die beiden Fingerreihen/Zehner" erhalten; *ḏbꜥ* war deshalb wohl in früherer Zeit ein Wort auch für 10. Gleichermaßen ist es Ausdruck für 10 000, vielleicht „die Zehn (unter den Tausendern)". In den Kuschitensprachen ist ein verwandter Wortstamm für 10 gebräuchlich; vgl. auch E. Zyhlarz, ZÄS 67 [1931], S. 134 ff. Im Hansa schließlich entsprächen dem *ḏbꜥ* ein dubn „Tausend". Letztere Gleichung ist aber kaum aufrecht zu erhalten, da an die Wurzel *ḏbꜥ* die Bedeutung „Finger" gebunden ist, nicht etwa „oberste Zählgrenze".
56. Nahezu durchgängig in der Literatur als Stimulus für die Entwicklung von Zählen und Rechnen genannt, ohne zwischen den verschiedenen Formen des Handels zu differenzieren; zumeist wird die Existenz von Ware-Geld-Beziehungen vorausgesetzt. Tauschhandel ist auch auf sehr niedriger Entwicklungsstufe der Produktivkräfte mit schwach ausgeprägtem Zählvermögen (Zahlensystem) möglich, z. B. durch Verwendung von Hilfsmengen.
57. Vgl. dazu E. Zyhlarz, ZÄS 67 [1931], S. 138.
58. Sethe, Zahlen und Zahlworte, S. 23 f.; Zyhlarz, a. a O.
59. Zyhlarz, a. a. O.; H. Plazikowsky-Brauner, MIO 8 [1963],S. 469 f.
60. Die koptisch belegte Bildung der Zahl 80 aus 4 × 20 ist jedoch kein Relikt aus dieser Zeit, sondern eine sekundäre Neuschöpfung; vgl. Sethe, Zahlen und Zahlworte, S. 26.
61. Vgl. Anm. 11.
62. Sethe, Zahlen und Zahlworte, S. 29 f. Bei 30 an einen alten Ausdruck für „Monat" zu denken, wie im Berberischen das Gebel Nefusa (Brahim ben Sliman Chemmakki – A. de Calassanti-Motylinski, Le Gebel Nefousa I, Paris 1898, S. 31) erscheint aus zeitlichen und sachlichen Gründen unmöglich (ursprüngliche Mondzeitrechnung). Den Gedanken an eine Verbindung von maba mit dem Sonnenmonat äußert auch W. T. Albright, AJSL 34 [1918], S. 92, der es mit hebr. mᶜbw „Umzug, Passage" zusammenbringt; vgl. auch A. Ember, ZÄS 51 [1914], S. 121. Die Herkunft des Wortes ist wahrscheinlich mit dem Fischspeer *mꜥbꜣ* zu verbinden, der seit der 5. Dynastie als spielende Schreibung für die Zahl 30 auftritt; s. G. Jequier, Tombeaux de particuliers contemporains de Pepi II, Kairo 1929, S. 84 (Grab des *Mḥj*); A. M. Moussa–H. Altenmüller, Das Grab des Njauchchnum und Chumuhotep, Mainz 1977, S. 94; im Hieratischen auch bei T. G. H. James, The Ḥeḳanakhte papers, New York 1962, S. 117. Sollte maba ein Bündel von 30 solcher Speere gewesen sein oder war der Speer nur gleichlautend?
63. Bei vielen Berbersprachen herrschen allerdings auch Vigesimalsysteme vor, die heute durch die arabischen Zahlen weitgehend verdrängt worden sind oder verdrängt werden; s. A. Klingenheben, ZfE 17 [1926], S. 48; H. Grimme, ZfE 17 [1927], S. 230 ff.; Schmidl, Zahl und Zählen, S. 197.
64. Arab. ḥaflun „Menge"; vgl. Sethe, Zahlen und Zahlworte, S. 14; Haussa haifuwa „Menge". Liegt etwa beim ägyptischen Zahlwort *ḥfn/ḥfl* (100 000) eine alte obere Zählgrenze vor, die ganz allgemein ursprünglich „Menge, Vielheit" bedeutete und nach der auch die unendlich

vielen Kaulquappen („die Massenhaften") benannte waren, die die Hieroglyphe für dieses Zahlwort stellen?

65. G. Smolla, Vorgeschichte Afrikas, in: H. Baumann (Hrsg.), Die Völker Afrikas und ihre traditionellen Kulturen I, Wiesbaden 1975, S. 35.
66. Schmidl, Zahl und Zählen, S. 167; zu den Zählgebärden rechnet sie das Hochhalten z. B. der Finger und das Zeigen auf bestimmte, mit einem Zahlbegriff verknüpfte Körperteile. Deutliche Zählung sei oft nur „Übersetzung" aus der Gebärdensprache; vgl. auch Smith, History, S. 196 ff.
67. Menninger, Zahlschrift, S. 16.
68. Menninger, Zahlschrift, S. 4 ff., nach J. A. Giles (Hrsg.), Venerabilis Bedae opera quae supersunt omnia, London 1843. Dasselbe System erscheint auch in der „Summa" des Luca Paccioli (1494) und bei J. Leupold, Theatrum arithmetico-geometricum (1740); s. F. A. Willers, Zahlzeichen und Rechnen im Wandel der Zeit, Berlin-Leipzig 1949, S. 68.
69. Menninger, Zahlschrift, S. 3.
70. M. Merker, Die Masai, Berlin 1910, S. 154 f., Fig. 13.
71. Fettweis, Rechnen, S. 29 ff.; Menninger, Zahlschrift, 8. 16.
72. TB, Kap. 99, s. Grapow, Urk. V, 145 ff., bes. 178–179.
73. K. Sethe, ZÄS 54 [1918], S. 26; der Text des Reimes S. 19 f. und Urk. V 178.11–179.2.
74. B. Gunn, ZÄS 57 [1922], S. 72.
75. K. Sethe, ZÄS 54 [1918], S. 35 und 37.
76. H. Hickmann, Ägypten – Musikgeschichte in Bildern II. 1, Berlin 1961, S. 86 und 92.
77. Hickmann, a. a. O. Abb. 56.
78. Hickmann, a. a. O. S. 92; ders., ZÄS 83 [1952], S. 106. Vgl. auch M. A. Korostovcev, BIE 28 [1947], S. 1 ff. über den Ausdruck von Gebärden in der Hieroglyphenschrift, und ders., BIFAO 45 [1947], S. 84. Daß im islamischen Orient Fingerzählsysteme allgemein üblich sind, geht aus den Sammlungen arabischer Texte zum Fingerzählen hervor, s. J. Ruska (Islam 10 [1920], S. 87 ff.); und E. Rödiger, in: Jahresbericht der DMG 1845, Leipzig 1846, S. 111 ff. Die Zählgebärden für die Einer werden mit der rechten Hand geformt (S. 106 ff.): Bei 1: die Hand ist geöffnet, der kleine Finger zu seiner Wurzel gebeugt, der Ringfinger auf ihm; 2: kleiner und Ringfinger zur Wurzel gebeugt; 3: beide und der Mittelfinger zur Wurzel gebeugt; 4: ebenso, aber der kleine Finger gestreckt; 5: auch der Ringfinger ist gestreckt; 6: auch der Mittelfinger ist gestreckt; 7: der kleine Finger ist auf die Handfläche aufgelegt und wird vom Daumen bedeckt; 8: ebenso, einschließlich des Ringfingers; 9: auch der Mittelfinger wird auf die Handfläche aufgelegt und vom Daumen gehalten; 10: Daumen und Zeigefinger formen einen Ring. Griechen und Römer benutzten dasselbe System (vgl. Anm. 16), nur, daß die Einer und Zehner mit der linken Hand gebildet werden.
79. H. Müller, MDIK 7 [1937], S. 66 f. Er hat die entsprechenden Darstellungen aus dem AR gesammelt und beruft sich S. 67, Anm. 3, auf eine mündliche Mitteilung von A. Badawy über die Benutzung ähnlicher Zählgebärden im modernen Ägypten.
80. Menninger, Zahlschrift, S. 23.
81. Nach R. Lepsius, Die altägyptische Elle und ihre Einteilung, Berlin 1865, Taf. I–V; die ausgezeichneten Aufnahmen der Turiner Ellenstäbe bei D. Senigalliesi (Rivista RIV 11 [Mai 1961], S. 34 ff.) und die Einteilungstabelle (ebenda S. 38–39) zeigen eindeutig das angegebene Verfahren zur Angabe der Fingerbreiten.
82. Eine Faust mit etwa spitz gewinkeltem Daumen entspricht gut dem Maß von 6 Fingerbreiten, weniger gut dem von E. Iversen, Canon, S. 21 angenommenen Maß von 5 $^{1}/_{3}$ Fingerbreiten.
83. Gut erkennbar bei Senegalliesi, Rivista RIV 11 [Mai 1961], S. 37 Abb. 25 (=Elle Turin 6347, Beschreibung des Stückes von E. Scamuzzi, Rivista RIV 11 [Mai 1961], S. 20 f.).

4 Mathematisches in der Dekoration von Gefäßen

Die frühesten Belege für die Erfassung von Mengen und die regelmäßige Teilung von Flächen, von mathematischen Elementen, kann man auch für das alte Ägypten nur an Zeugnissen der materiellen Hinterlassenschaft der Menschen aufspüren. Überall dort, wo – zumeist zur Dekoration – Flächen mit verschiedenartigen Mustern ausgefüllt wurden, übten sich die Niltalbewohner in der mehr oder weniger regelmäßigen Aufteilung der Flächen, erhalten zumeist nur in Gefäßdekorationen. Hier wird man das Gebiet anzunehmen haben, wo die ersten Erfahrungen erworben wurden, die später, im 4. Jt. v. u. Z., die Ägypter in die Lage versetzten, Flächen nicht nur regelmäßig, mathematisch genau aufzuteilen, sondern dann auch unter Verwendung des zu dieser Zeit ausgebildeten Maßsystems zu berechnen und zu konstruieren.

Die Herstellung von Werkzeugen, Waffen und Gegenständen des täglichen Bedarfs mit einfachen, geometrisch exakt bestimmbaren Formen, die für noch frühere Zeiten (5. Jt. v. u. Z.) als die Dekorationen belegbar sind, dürften im Lauf der Zeit das Gefühl für die Regelmäßigkeit dieser durch den Verwendungszweck bestimmten Formen geprägt haben, ohne jedoch direkt die Anordnung dieser Formen in Raum bzw. Fläche zu fordern, wie es die Kombination von Dekorationselementen gleichen geometrischen Typs auf einer Fläche verlangt. Zu den Gegenständen, die die skizzierten regelmäßigen Formen aufweisen, sind die in großer Zahl belegten dreieckigen Pfeilspitzen[2], runde Körbe und geflochtene Teller[3], später Gefäße[5] sowie rechteckige Paletten zum Anrühren der Schminke.[6] Rechteckiges Gewebe, Flechtwerk (Matten)[7] und Grundrisse[8] sind ebenfalls hier zu nennen. Sie sind Beweise dafür, daß die Menschen schon frühzeitig durch die Praxis gelernt haben, welche geometrischen Formen bei einem Mindestaufwand an Arbeit ein hohes Maß an Stabilität (runde Gefäße, Hütten) oder an Funktionstüchtigkeit (dreieckige Pfeilspitzen) ermöglichten. Bei diesen Formen stand die Eignung für einen bestimmten Verwendungszweck im Vordergrund, die regelmäßige, mathematisch einfach zu definierende Gestalt – Dreieck, Rechteck, Kreis – wurde erfaßt und bei der Produktion oder Konstruktion immer neu geschaffen. Man lernte, durch Kontrolle der Form, wohl weniger durch Messung, diese einfachen geometrischen Figuren zu bilden, wobei die Natur vielfach die Vorbilder geliefert haben mag.

Anders liegt die Situation bei den geometrischen Figuren, die sich in großer Zahl auf neolithischer Keramik in weiten Teilen der Welt gefunden haben und auch noch heute dort, wo derartige Tongefäße heute noch für den täglichen Bedarf hergestellt werden, zum Dekorschatz gehören. Sie sind Ausdruck des Willens der Menschen, ihren Hausrat ästhetisch ansprechend zu gestalten, eines Wunsches, der sich immer dann in die Tat umsetzen läßt, wenn die für die Beschaffung der lebensnotwendigen Nahrungsmittel und Materialien erforderliche Zeit die verfügbare nicht voll ausfüllt, d. h., wenn ein gewisser Zeitraum Muße verbleibt.

Die älteste ägyptische Keramik mit geometrischen Mustern stammt aus Tasa.[9] Es sind dies die Vasen aus schwarzgebranntem Material mit weiß eingelegter Ritzdekoration. Diese besteht aus einfachen, doppelten oder dreifachen Registern aus nahezu gleichseitigen Dreiecken, die außen am Gefäß, parallel zum Rand, angebracht sind. Diese Dreiecksbänder wechseln mit Registern von Wasser- bzw. Zickzacklinien oder von winkelförmigen Verzierungen.

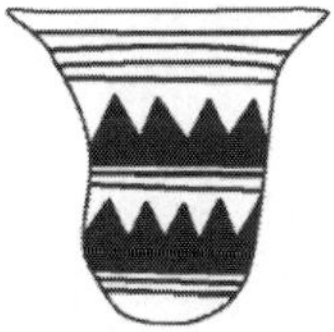

Tasa-Gefäß (Typ)

Verschiedentlich sind die Gefäße auch durch vertikale Reihen von Winkeln oder einfachen Punkten verziert, diese beginnen an einer parallel zum Rand verlaufenden Linie, dort wo der nahezu zylindrische Teil der Vasen in den ausgestülpten Rand übergeht.[10] Auch Innenverzierung ist belegt, so Gruppen aus je vier Dreiecken und Doppel-Zickzacklinien.[11]

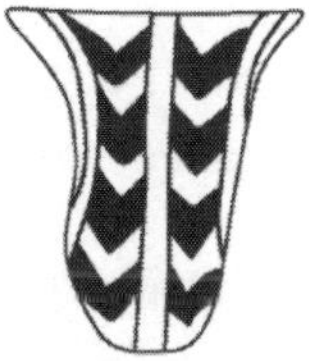

Tasa-Gefäß (Typ)

Gemeinsam ist allen Dekorationen, daß bei der Anbringung das runde Äußere des Gefäßes bzw. seine Innenseite in regelmäßige Abschnitte zu teilen war. Dies gelang den Verfertigern dieser Keramik auch weitgehend; die Form und die Größe der Dreiecke bzw. der Winkel zeigen deshalb keine starken Abweichungen. Die Träger der Tasa-Kultur hatten offenbar durch die Mustergebung beim Flechten ihrer Körbe und Felder soviel Erfahrungen gesammelt, daß sie dic Technik der Teilung von Registerbändern bzw. von kreisförmigen Flächen gut nach Augenmaß beherrschten. Während beim

Flechtwerk die Aufteilung der entsprechenden Flächen durch die Technik (regelmäßiger Wechsel verschiedenfarbiger Flechtstreifen bei randparallelem Flechten) hervorgerufen wurde, die Regelmäßigkeit der Teilung dem Herstellungsverfahren immanent war, erforderte die Übertragung auf die Gefäße Arbeiten nach Augenmaß oder primitive Meßverfahren. Die verwendeten Dekors sind so auch noch sehr eng an diejenigen angelehnt, die beim Flechten durch die Verwendung verschiedenfarbiger Flechtstreifen entstehen. In Ägypten waren nämlich die ältesten Keramikgefäße noch unverziert und zeigen bestenfalls unterschiedliche Brandmerkmale (Schmauchung u. ä.). Frühzeitig wird jedoch der Formenschatz der Flechttechnik auf die neu entwickelten Keramikgefäße übertragen. Sie werden im Aussehen dem gewohnten geflochtenen Gefäß angeglichen. Die Technik der Keramikverzierung nimmt dann im Laufe der Zeit eine Eigenentwicklung, gewinnt materialspezifische Merkmale und schafft eigene, vom Flechtwerk unabhängige, der Malerei verwandte Dekorformen. Die althergebrachten Flechtmuster, Bänder geometrischer Figuren u. ä., bleiben dabei erhalten und werden in die neu entstehende Verzierungsart einbezogen, so z. B. als Trennungs- bzw. Begrenzungsregister über, unter und zwischen gemalten Figuren der Negade-II-Gefäße. Die einfachen Bänder, Register, mit Wellen- oder Zickzacklinien repräsentieren das primitivste Zierrat des Flechtens bei randparallelem Flechtwerk und bei der Zwirnbindung der Matten; die Winkellinien und Dreiecke deuten auf sog. Kreuzgeflecht. Beides, einschließlich der vertikalen Streifen, ist auch relativ einfach bei der Spiralwulsttechnik mit einer Nadel oder Ahle auf Körben oder Tellern anzubringen. Die verschiedenen Flechttechniken, aber auch ihre Weiterentwicklung, die Weberei, sind in den ägyptischen Kulturen des 5. Jt. (Fayum, Omari, Merimde Beni-Salame und Tasa) nachgewiesen.[12]

Geometrische Muster tragen auch die rot polierten Gefäße der Badari-Kultur Oberägyptens, die den Übergang vom 5. zum 4. Jt. v. u. Z. markiert. Die Dekorationen bestehen aus Registern von Dreiecken, kleinen Quadraten (förmlich auf die Tongefäße übertragenes Flechtwerk), Bändern aus horizontalen (Zickzack-)Linien und vertikalen Streifen im Wechsel zwischen bemalten und unbemalten. Vertikale Streifen aus Dreiecken kommen ebenfalls vor. Im Unterschied zur Keramik der älteren Tasa-Kultur sind die Ornamente nicht geritzt und ausgelegt, sondern mit weißer oder weißlich-gelber Farbe aufgemalt.[13] Auch auf den jetzt neu aufkommenden gebohrten und polierten Steingefäßen treten geritzte Zickzacklinien als Zierrat auf.[14]

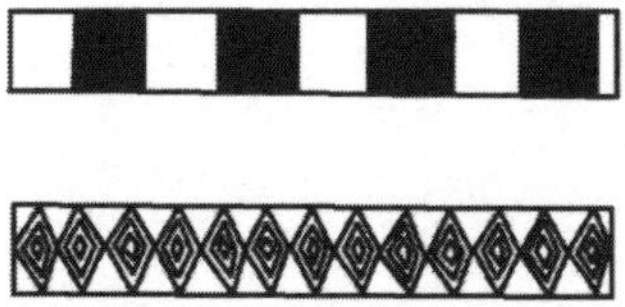

Register auf Badari-Gefäßen (Typ).

Die Muster der Badari-Keramik stellten keine höheren Ansprüche an die Verfertiger als die Tasa-Ornamente. Auch in Badari kam es lediglich darauf an, Kreisflächen oder Bänder (Zylinderabrollungen, Register) regelmäßig aufzuteilen und mit den gewünschten geometrischen Figuren zu versehen. Erstmalig treten Quadrate neben Dreiecken auf, eine Dekorform, die beim Flechtwerk als eine der einfachsten beim randparallelen Flechten entsteht. Deutlich wird bei dieser Art von Mustern der Zusammenhang zwischen Quadrat, Dreieck und Parallelogramm.

Weder aus dem Inventar der Tasa-Kultur noch aus dem Badari-Material lassen sich Rückschlüsse auf die erfahrungsmäßige Beherrschung der exakten, regelmäßigen Teilung kreisförmiger Flächen (Teilung in 2...7 gleiche Teile) ableiten. Durch geringfügige Unterschiede in der Größe (zumeist Breite) der geometrischen Ornamente, die sich zudem oft in größerer Zahl an einem Register finden, ließen sich Fehler in der nach Augenmaß erfolgten Teilung der Register mühelos ausgleichen.[15]

Figurenverteilung nach dem Augenmaß (schematisch).

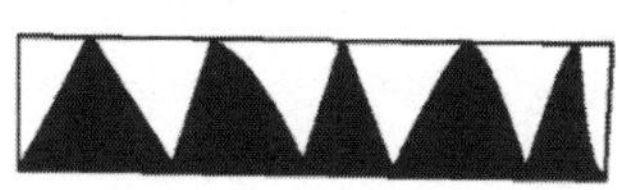

Die Erzeugnisse der Töpferkunst aus den Negade-Kulturen zeigen ein weitaus höheres Niveau der Flächenbeherrschung. Die traditionellen Dekorationsprinzipien durch Register von Dreiecken, Winkeln oder Zickzacklinien, kombiniert bzw. im Wechsel mit Bändern aus horizontalen Linien und Wellenlinien treten weiterhin auf, auch auf den Gefäßen der Gerzeh-Kultur, bei denen figürlicher Schmuck, Schiffsdarstellungen und Szenen aus dem täglichen Leben dominieren.[16]

Negadegefäß mit verschiedenen dekorierten Registern (Typ).

In diesen Registern lassen sich auch dieselben Ungenauigkeiten in der Ausführung einzelner Elemente feststellen, wie sie für die älteren Epochen beschrieben worden sind. Dennoch gewinnen im Laufe des 4. Jt. v. u. Z. die Muster an Ebenmaß, wie z. B. bei Gerzeh-Gefäßen, die vollständig mit einem Quadratnetzmuster bedeckt sind.[17] Auch Steingefäße, Schminkpaletten und einige der geschnitzten Stoßzähne, die wohl als Amulett oder auch zu Schmuckzwecken getragen wurden, weisen geometrische Muster auf, die in ihrer Art und Anordnung mit denen der beschriebenen Gefäße vergleichbar sind.

Von besonderem Interesse für die Entwicklung der mathematischen Kenntnisse sind die Dekors der Innenseiten flacher Schalen sowohl der roten Gefäße mit weißen Linien aus der ersten Negadekultur[19] als auch der schwarzen mit weißen Ritzungen[20], die für beide Kulturen belegt sind. Hier treten Teilungen der Kreisfläche auf, die durch ihre Genauigkeit bestechen. Neben den verhältnismäßig häufigen Sternenmustern mit 5, 6 oder 8 seltener mehr Zacken, die vielfach relativ roh und wohl aus freier Hand gefertigt sind[21],

Viertteilung (Typ)

Achtteilung (Typ)

kommen hier erstmals Dekors vor, die deutlich geplant und konstruiert sind. So sind Teilungen der Kreisfläche in vier Teile des Musters, das der geringsten konstruktiven Voraussetzungen bedurfte. Die Kreisfläche wurde halbiert und die Hälften nochmals in zwei gleiche Teile geteilt. Die Schnittpunkte der Teilungslinien mit der Kreislinie (=Gefäßrand) nahm man als Ausgangspunkt für die Anbringung der Verzierungslinien. Die Vierteilung wurde auch dazu benutzt, regelmäßige Achtel des Kreises zu gewinnen; auch hier wurden die Schnittpunkte der Teilungslinien mit dem Gefäßrand

Festpunkte für die Dekoration.[22] Dieselben Teilungsprinzipien lassen sich auch an der gelbroten Keramik mit dunkelroter Bemalung feststellen, die zumeist figürlichen Schmuck trägt. Hier bilden z. B. Tierfiguren, die zwischen den gedachten Teilungsstrichen angebracht sind, den Anhaltspunkt für nach mathematischen Gesichtspunkten geplante Verzierung.[23]

Eine für die Entwicklung der Mathematik ebenso bedeutsame Entdeckung wie die von den Ägyptern über 4 Jahrtausende gepflegte dyadische Teilungsreihe, wie sie sich in der soeben genannten Kreisteilung manifestierte, war die regelmäßige Drei- und Sechsteilung des Kreises. Da entsprechend den aus dem 4. Jt. v. u. Z. überkommenen Zeugnissen eine direkte Entlehnung dieses Teilungsprinzips aus der strahligen Flechttechnik nicht vermutet werden kann, muß man annehmen, daß durch Erfahrungen im Laufe von Jahrhunderten die Fertigkeit zur regelmäßigen Dreiteilung nach Augenmaß gefunden wurde. Die überlieferten Beispiele für diese Dreiteilung der Kreisfläche erscheinen z. T. recht exakt[24], auch bei den späten Exemplaren, bei denen Tierfiguren (Krokodilsköpfe) und nicht geometrische Ornamente die Radien der Dreiteilung des Kreises markieren. In gleicher Weise scheint man auch die Sechsteilung des Kreises bewältigt zu haben.[25] Nichts deutet daraufhin, daß man das mathematische Gesetz schon erkannt hatte, nach dem der Radius eines Kreises der Seite eines einbeschriebenen regelmäßigen Sechsecks gleich ist. Doch die Belege für die empirisch vollzogene Teilung des Kreises in sechs Teile lassen vermuten, daß die Ägypter des 4. Jts. eine solche Sicherheit bei der Sechsteilung des Kreises gewonnen hatten, daß sie der Erkenntnis dieses Gesetzes sehr nahe waren. Bewußt war ihnen dieser mathematische Zusammenhang wahrscheinlich in der 1. Dynastie. Im Grab Nr. 3111 (*sȝbw*) der Ausgrabungen von Emery in Saqqara fand sich eine große Schale aus Schist mit bislang nicht geklärtem Verwendungszweck.[26] Sie besitzt in der Mitte eine Bohrung (für einen Ständer?) und ist regelmäßig in sechs Teile geteilt, wobei bei stehengelassenem wulstförmigen Rand jedes zweite Sechstel wie nach innen umgeschlagen aus dem Stein herausgearbeitet wurde.

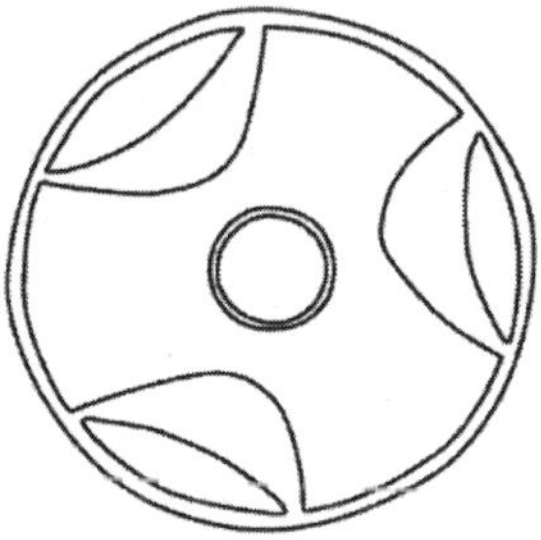

Schist-Schale aus Saqqara mit der Teilung des Kreises in sechs Teile (Skizze, unmaßstäblich)

Die Sechsteilung ist nach der von Emery gegebenen Zeichnung absolut genau, sodaß man annehmen sollte, man habe auf dem Rohling das gewünschte Dekor unter Anwendung des genannten mathematischen Gesetzes konstruiert.

Direkte Belege, die z. B. durch erhaltene Hilfslinien die genaue Konstruktion eines regelmäßigen Sechsecks in einem Kreis nachweisen, gibt es aber nicht. Dennoch können wir an den verzierten Gefäßen des späten 4. Jt. v. u. Z. den Endpunkt einer Entwicklung konstatieren, die ihren Ausgangspunkt in der schematischen Übertragung von Mustern des Flechtwerks mit seinem durch die Technik gegebenen Raster auf die Erzeugnisse des Töpferhandwerks hatte. Hierbei war man gezwungen, die zur Verfügung stehende Fläche – einen Kreis oder eine Zylinderabrollung (Rechteck, Register) – nach dem Augenmaß oder unter Verwendung primitiver Meßhilfen (Schnüre, Stöckchen u. ä.) zu teilen. Unterschiedliche geometrische Figuren, vielfach Dreiecke, Winkel, Rechtecke oder Quadrate, ordnete man in Registern oder Streifen an, um die zu schmückende Fläche in Art der geflochtenen Körbe und Teller auszufüllen. Dabei lernte man allmählich, die Flächen immer genauer, immer regelmäßiger unter Verwendung gleichartiger Elemente zu teilen. Ein solches Teil wird längs einer horizontalen Linie um eine bestimmte Strecke verschoben und bildet so, die gesamte Länge der Linie (des Registers) ausfüllend, ein lineares Ornament. W. Lietzmann[27] gibt 7 verschiedene Typen derartiger Schmuckreihen mit Gruppencharakter an, die durch Verschiebung der Elemente um unterschiedliche Vielfache der Elementbreite und durch Spiegelung der Elemente um die Vertikale bzw. Horizontale entstehen. Diesem Dekorationstyp entsprechen alle Registerfüllungen mit Dreiecken, Quadraten, Rhomben, Fischgrätenmustern, Querstreifen und Mäandern.[28]

Die Ausführung derartiger Ornamente lehrte auch den mathematischen Zusammenhang zwischen diesen Flächen zu erkennen, z. B. die Teilung eines Rechtecks oder Quadrates in zwei Dreiecke, die Zusammenfügung zweier der häufig vorkommenden gleichseitigen Dreiecke zu einem Parallelogramm. Einige dieser Erfahrungen sind möglicherweise schon früher, bei der Herstellung von Flechtwerk, gemacht worden. Schließlich lernte man, die Kreisfläche immer genauer zu halbieren, zu vierteln und in acht gleiche Teile zu zerlegen, ein Verfahren, das für alle Teilungsaufgaben in der ägyptischen Mathematik immer lebendig blieb (dyadische Teilungsreihe). Über die Teilung des Kreises in drei bzw. sechs gleiche Teile, die man im Laufe der Zeit immer genauer zu bewältigen lernte – ein ungleich schwierigeres Verfahren als die dyadische Teilung – erlangte man schließlich Kenntnis von der Identität zwischen Kreisradius und der Seite des einbeschriebenen regelmäßigen Sechsecks.

Die durch die Praxis der Flechttechnik und der Verzierung von Gegenständen des täglichen Bedarfs, bes. der Tongefäße, vermittelte

Erfahrung versetzte die Bewohner des Niltals in die Lage, bestimmte Zusammenhänge (Inhaltsvergleiche, Kongruenz, Gruppenbildung und Ähnlichkeiten) der Flächen zu erschauen[29] und einfache geometrische Figuren zu konstruieren. Die Flechterei selbst erforderte ein genaues Abzählen der Kreuzungspunkte der Flechtlagen, wollte man ein ausgewogenes, regelmäßiges Muster herstellen. So brachte dieses Handwerk und seine Weiterentwicklung, die Weberei, nicht nur neue Erfahrungen in der Aufteilung der Flächen und bei der Anordnung geometrischer Figuren, sondern förderte auch die Zähltechnik. Einfache Additions- und Subtraktionsoperationen könnten dabei schon durchgeführt worden sein, um z. B. die Anzahl bunter oder naturfarbener Flechtquadrate festzustellen, die man für ein bestimmtes Muster benötigte. In der Entwicklung der Mathematik gehört diese durch die Praxis gestellte Aufgabe zu einem Teil des Übergangsfeldes zwischen Abzählen und Rechnen. Durch beide Operationen lassen sich die geforderten Resultate erzielen; Rechnen verkürzt jedoch den erforderlichen Zeitaufwand. Man wird annehmen dürfen, daß zum Ende des 4. Jt. v. u. Z. diese Technik angewandt worden ist, ohne das einfache Abzählen, das sich gerade beim Flechten/Weben[30] (und beim artverwandten Stricken) bis heute gehalten hat, völlig zu verdrängen.

Das regelmäßige Rasterwerk des einfachen, randparallelen Flechtmusters mag auch der Ausgangspunkt für die Entdeckung der mathematischen Formeln für die Berechnung des Inhalts einfacher geometrischer Figuren gewesen sein. Durch einfaches Abzählen der Rasterquadrate eines Elements des Flechtmusters ließ sich sein Flächeninhalt – ausgedrückt in Rasterquadraten – feststellen. Bei Quadraten und Rechtecken ist dies ohne jede Schwierigkeit möglich. Bei einem solchen Verfahren wird man frühzeitig festgestellt haben, daß der Flächeninhalt einer derartigen Figur die Summe der Rasterquadrate aller von der Figur eingenommenen Flechtreihen ist, d. h., man konnte den Flächeninhalt auch ermitteln, wenn man die Rasterquadrate einer Flechtreihe zählte und die so gefundene Zahl mehrfach – entsprechend der Anzahl der Rasterreihen – addierte. Damit war die mathematische Formel, daß der Flächeninhalt eines Rechtecks das Produkt von Länge und Breite ist, prinzipiell entdeckt und rechnerisch bewältigt. Der Flächeninhalt war durch Abzählen, aber auch durch mehrfache Addition, ermittelbar. Die mehrfache Addition, ein abgekürztes, ökonomischeres Verfahren, entspricht völlig der ägyptischen Multiplikation, wie sie aus den mathematischen Texten des Mittleren Reiches bekannt ist. Auch hier wird der Faktor A (Multiplikand) mehrfach entsprechend der Größe des Faktors B (Multiplikator), addiert; als Vereinfachung ist lediglich die dyadische Vervielfachung und die Verzehnfachung belegt. Sollte die Entwicklung der ägyptischen Methode der Multiplikation ebenfalls von der Flechttechnik her wesentliche Impulse bekommen haben?

In ähnlicher Weise wie bei Quadrat und Rechteckt hat man vielleicht die Formel für den Flächeninhalt von Dreiecken entdeckt. Durch Erfahrungen bei der Herstellung von Flechtmustern wird man früh gemerkt haben, daß ein Dreieck die Hälfte eines entsprechenden Rechtecks ist. Was lag nun näher, als die Anzahl der Flechtraster entsprechend der Grundlinie und Höhe (Länge und Breite) der Figur abzuzählen oder zu berechnen und das Ergebnis zu halbieren.

Diese Annahmen sind reine Hypothesen; sie lassen sich in keinem Falle exakt nachprüfen. Die Vielfalt der Flechtwerksmuster in den Grabdekorationen und auf den Keramikgefäßen legt aber nahe, daß man auf die Komposition der Muster viel Mühe verwandt hat, daß Abzählen und Berechnen dazu erforderlich waren und daß schließlich die Entdeckung elementarer Zusammenhänge zwischen den Abmessungen der Figuren (ausgedrückt in Flechtwerksrastern) und dem Flächeninhalt durchaus dabei möglich war.

Die Quadratnetzraster des Flechtwerks und der Gewebe mögen auch der Ausgangspunkt für die in späterer Zeit allgemein üblichen Konstruktionsnetze zur Herstellung von Reliefs und Skulpturen gewesen sein. Durch diese Raster waren die Niltalbewohner gewohnt, Figuren auf den Werkgrund aufzutragen. Die Darstellung der Figuren auf einem Quadratnetz wurde normales Erfahrungsgut. Einfach ließen sich so die Proportionen des menschlichen Körpers bei gelungener Abbildung durch Abzählen der Quadrate (Geflechtraster) bestimmen. In späterer Zeit waren die Proportionen soweit in den Wissensfundus der Gesellschaft eingegangen, daß sie kanonisiert wurden und in die verbindlichen Musterbücher[31] Aufnahme fanden.

Die vielfach belegte Aufteilung der Kreisflächen bei Keramik- und Steingefäßen, aber auch die Technik des Bohrens von Steingefäßen und Keulenköpfen, haben wahrscheinlich dazu beigetragen, das Verfahren zu entdecken, einen Kreis mittels eines Fadens und zweier Stäbe zu zeichnen. Dieses war in pharaonischer Zeit allgemein bekannt und gehörte zu den Grundfertigkeiten, die ein ägyptischer Baumeister beherrschen mußte.[32] Die um die Wende vom 4. zum 3. Jt. v. u. Z. gefertigte Schistschale aus dem Grabe des *sȝbw* legt nahe, daß zu dieser Zeit sogar die Konstruktion eines regelmäßigen Sechsecks in einen Kreis geläufig war. Vier- und Achtecke ließen sich durch dyadische Teilung des Kreises einbeschreiben. Diese wohlbekannten Teilungen finden sich häufig in der Dekoration (Kannelierung) von ägyptischen Säulen.[33] D. J. Struik[34] vertritt sogar die Ansicht, daß die in Kreise einbeschriebenen geometrischen Figuren (Dreiecke, Vierecke) bzw. deren Umkehrung, die in diese Figuren einbeschriebenen Kreise, Ausgangspunkt für die Entdeckung der kleinsten pythagoräischen Zahlenreihe (3, 4 und 5) gewesen sein könnten. Für diese Annahme existieren aus dem Bereich des Niltals keine Anhaltspunkte, obwohl die Kenntnis dieser Zahlen schon für sehr frühe Zeit, spätestens für den Beginn des 3. Jt. v. u. Z., durch

Sachzeugnisse nahegelegt wird.[35] Vielmehr scheint, daß auch für das Erkennen dieser Zahlenreihe, die in der griechischen Tradition als „Dreieck des Osiris“ oder „heiliges Dreieck“ (der Ägypter) bekannt war[36], das durch die Technik bedingte Raster der Flechtwerke den Ausgangspunkt bildete. Man dürfte schon früh erkannt haben, daß die Entfernung zwischen den Endpunkten eines bei normaler Flechtarbeit rechten Winkels aus 3 und 4 Rasterquadraten der Länge von 5 Rasterquadraten entsprach. Ohne den mathematischen Beweis für diesen Sachverhalt antreten zu können – und auch zu wollen – benutzte man diese in der Praxis entdeckte Regel, um auch bei anderer Gelegenheit auf diese Weise rechte Winkel zu konstruieren. Diese Methode war bei der Fertigung von relativ kleinen Gegenständen wie z. B. den rechteckigen Paletten, unnötig; bei der Anlage von Gräbern, die um die Jahrtausendwende immer größere Abmessungen zeigen, war es hingegen unbedingt erforderlich, einen rechten Winkel im Gelände festzulegen, ohne das Augenmaß als einziges Korrektiv zu verwenden.[37] Entscheidend für die Möglichkeit, derartige Konstruktionen, Vermessungsarbeiten im Gelände, vorzunehmen, ist die Existenz eines allgemeinen Bezugssystems, wie es für die Entdeckung dieses Zahlenverhältnisses die Rasterquadrate der Flechtarbeiten waren. Einheiten für die Bezeichnung der Länge mußten bekannt sein, um die Methode exakt anwenden zu können. Diese waren durch die Körpermaße des Menschen vorgeprägt und wurden im Laufe des 4. Jt. v. u. Z. zu einem einfachen Längenmaßsystem entwickelt[38], das im wesentlichen während der pharaonischen Zeit in Gebrauch blieb.

Anmerkungen

1. H. Wußing, Mathematik in der Antike, Leipzig 1962, S. 11; Smith, History I, S. 15; W. Lietzmann, Isis 20 [1933], S. 436 ff.; D. J. Struik, Stone-age mathematics, in: Scientific American 179 [1948], S. 44 ff. Alle Autoren betonen übereinstimmend, daß diese geometrischen Muster ein Spezifikum des Neolithikums sind. Über ihren Ursprung gibt es keine einheitliche Meinung; oft wird die Entstehung dieser Muster nicht diskutiert; s. O. Menghin, Weltgeschichte der Steinzeit, Wien [2]1940, S. 344–347. W. Wolf, Die Kunst Ägyptens, Stuttgart 1957, S. 34 f. charakterisiert diese Ornamente als „Gebilde eines ganz unsinnigen mathematischen Geistes, das jede Beziehung zu einem Naturbild zurückweist" und als „Strukturformen des magischen Weltbegriffs". Die geometrischen Muster auf Gefäßen dürften jedoch auf den neuen Werkstoff Ton übertragene Flechtwerks- und Faltmuster sein, s. W. Lietzmann, Frühgeschichte der Geometrie, Breslau 1940, S. 54 ff. (anhand von Beispielen aus Mittel- und Nordeuropa gezeigt), ders. Isis 20 [1933], S. 436 ff. Vgl. auch weiter unten, Anm. 12. Dennoch schreibt auch Lietzmann (Frühgeschichte der Geometrie, S. 3) über die neolithische Ornamentalkunst, sie sei im Gegensatz zu den konkreten Formen der älteren Epoche eine „geistige Eigenschöpfung abstrakter Formen", die er (1940!) dem nordischen Kulturkreis zuordnete; ebenda S. 4 und 14 ff. Selbst D. J. Struik (Abriß der Geschichte der Mathematik, Berlin [3]1965, S. 27) spricht von der „magischen und religiösen Bedeutung" mancher dieser Ornamente.
2. Seit dem 5. Jt. im Fayum belegt, E. W. Gardener – G. Caton-Thompson, The Desert Fayum II, London 1934, Taf. X, 1–10 und XI, 1–8.
3. Ebenfalls im Fayum-Neolithikum als eingegrabene Getreidespeicher verwendet, in Spiralwulsttechnik, a. a. O. Taf. XXV. 1; aus Stroh geflochtene Teller und ein kleiner Korb, a. a. O., Taf. XXVIII, 4–5 und XXVI. 4; s. auch F. Debono, ASAE 48 [1948], Taf. III.
4. A. a. O., Taf. XII, 5 und 26.
5. Gefäße, handgemacht und gebrannt, zumeist nahezu rund, sind ebenfalls seit dem Fayum-Neolithikum belegt.
6. Rechteckige Schüsseln sind für die Fayum-Kultur charakteristisch, a. a. O., Taf. XV, 1–3; rechteckige Paletten treten erstmals in Tasa auf, Brunton, Mostagedda, Taf. XIII, 19–20, 23–25.
7. Stoffe, die vom Herstellungsverfahren her rechteckig sind, fanden sich im Fayum, Caton–Thompson–Gardener, a. a. O., 25. 5; und in el-Omari, E. Debono, ASAE 48 [1948], Taf. IV. 1.
8. Zur Abhängigkeit des Hausbaus (Grundrißgestaltung) von primitiven Kenntnissen in der Geometrie s. W. Lietzmann, Frühgeschichte der Geometrie, Breslau 1940, S. 73 ff.
9. Die Keramik aus dem Fayum und aus Merimde Beni Salame, beides Kulturen des 5. Jt. v. u. Z., ist entweder unverziert oder besitzt eine Dekoration in Form eingedrückter Punktreihen parallel zum Rand bzw. eingeritzte Fischgrätenmuster; s. Junker, Merimde I, Abb. 9 und Merimde III, Abb. 10.
10. Brunton, Mostagedda, Taf. XII.; ders., ASAE 34 [1934], S. 94–96.
11. Becher Kairo, JdE 62 931; G. Brunton, ASAE 34 [1934], S. 94.
12. Fayum-Kultur vgl. Anm. 3; Leinengewebe ist hier ebenfalls nachgewiesen, auch in Omari, vgl. Anm. 7. In Omari waren Häuserwände aus Stampflehm mit grobem Mattengeflecht (Zwischenbindungstechnik) verkleidet, s. F. Debono, CdE 41 [1946], Abb. 9–10; eingegrabene Spiralwulstkörbe dienten auch in Merimde Beni Salame zur Getreideaufbewahrung, Junker, Merimde VI, Taf. 11. An Flechttechniken ist dabei einfaches (randparalleles) Geflecht, Zwirnbindung und Spiralwulsttechnik vertreten. Das Kreuzgeflecht und die strahlig aufgebauten Rundgeflechte sind nicht belegt. Zur Flechttechnik und ihren Produkten vgl. J. Lehmann, Systematik und geographische Verbreitung der Geflechtarten, in: Abh. und Ber. des Kngl. Zool. und Anthropol. Museums Dresden XI, Dresden 1907; E. Vogt, Geflechte und Gewebe der Steinzeit, Basel 1937, zum Ornamentenschatz bes. S. 117; A. Braulik, Altägyptische Gewebe, Stuttgart 1900; des weiteren auch J. E. Lips, Vom Ursprung der Dinge, Leipzig 1951, S. 159 ff., A. Haberland, Afrika, in: G. Buschau, Illustrierte Völkerkunde I, Stuttgart 1922; die auf Taf. XVII abgebildeten Flechtwaren zeigen in der Ornamentierung deutlich Ähnlichkeiten mit den Gefäßdekorationen. Kompliziertere Muster schließlich erhält man, wenn man Einzelteile flicht und anschließend vernäht bzw. noch zusätzlich farbige Streifen wie bei Spiralwulstflechtwerk anbringt; vgl. H. Schurtz, Urgeschichte der Kultur, Leipzig–Wien 1900, S. 317 ff. Zur Verbindung der Ornamente auf Keramik mit denen der Flechtgewirke s. Petrie, Prehistoric Egypt, S. 14; K. Birket-Smith, Geschichte der Kultur, Zürich [2]1948, S. 125 f.; V. G. Childe, Der Mensch schafft sich selbst, Dresden [3]1959, S. 97 f.

J. Capart, Primitive art in Egypt, London 1905, S. 105 ff.; bes. auch C. Schuchardt, Prähist. Zeitschr. 1 [1909], S. 37 ff. sowie M. Hoernes, Urgeschichte der bildenden Kunst, Wien [3]1925, S. 192 ff. und 272 ff., die die geometrischen Ornamente auf Flechtwerk und Gefäßen neolithischer Kulturen untersucht und ihre Abhängigkeit voneinander nachweist. Am sinnfälligsten wird die Nachahmung eines geflochtenen Korbes in Keramik bei einem Negade-I-Gefäß (Petrie, Prehistoric Egypt, Taf. XIV. 44) und flachen Schalen (ebenda Taf. X. 1, 4 und 5); vgl. auch M. Schmidl, Altägyptische Techniken an afrikanischen Spiralwulstkörben, in: Festschrift für Pater W. Schmidt, Wien 1928, S. 645 ff. Die Nachahmung von Flechtmustern blieb in Ägypten immer lebendig, erinnert sei nur an die oberen Abschlüsse der Darstellungsregister oder an die Deckendekoration in den Gräbern und Tempeln. Die auf Töpfen gefundenen vergleichbaren Muster sind z. B. auch als Stuckmalereien in Gräbern der 1. Dyn. belegt (W. B. Emery–A. Klasens, Great tombs of the first Dynasty, London 1958, Taf. 7 und 8), bei *Ḥsj-Rꜥ* (J. E. Quibell, The tomb of Hesy, Kairo 1913, Taf. IX und XXIII und P. Fortova-Samalova, Arch. Or. 20 [1952], S. 231 ff. oder in der Djoser-Anlage, hier in Stein oder Fayence imitiert. Gut erhaltenes Flechtwerk und entsprechende Muster auf Möbeln (wie sie weitgehend auch später benutzt wurden) finden sich in: W. M. Fl. Petrie–G. A. Wainwright –A. H. Gardiner, Tarkhan I and Memphis V, London 1913, Taf. VIII–IX; Petrie, Royal tombs I, Taf. XXXII; Petrie, Royal tombs II, Taf. XXXII, XXXIV, XXXVIII–XLI). Die alleinige Erklärung der geometrischen Muster aus den technischen Erfordernissen der Flechttechnik ist vielleicht nicht ganz gerechtfertigt. Vorbilder für die geometrischen Ornamente liefert die Natur, der Mensch braucht sie nur umzusetzen; das tat er seit dem späten Paläolithikum, vgl. K. Woermann, Geschichte der Kunst I, Leipzig 1900, S. 38, W. B. Mirimano, Kunst der Urgesellschaft Moskau–Dresden 1973, S. 98 ff. Hier werden besonders die durch die geometrischen Muster zutagetretenden Ordnungsprinzipien und die Vorstellungen vom Rhythmus hervorgehoben, aber keine Hinweise auf die Materialbezogenheit der „technischen Ornamente" (so J. Herrmann, Spuren des Prometheus, Jena-Leipzig–Berlin 1975, S. 40 - Magedaleneen) gegeben. Die im Paläolithikum vorhandene Technik des Ritzens von Holz und Knochen mit Steinwerkzeugen brachte schon vor der Entdeckung der Flechttechnik Ritz- und Schnittspuren hervor, die geometrische Muster darstellen, s. M. Hoenes, Urgeschichte der bildenden Kunst in Europa, Wien 1898 S. 24. Das lineare, geometrische Element ist daher als ursprüngliches anzusehen, wie E. Dennert, Das geistige Erwachen des Urmenschen, Weimar 1929, S. 222 ff. beschreibt. Eine deutliche Weiterentwicklung dieses Kunststils brachte dann die Flechttechnik, da die streng geometrische Anordnung der Flechtstreifen geometrische Muster, das technische Ornament, in viel stärkerem Maße begünstigte als die Schneide- oder Ritztechnik. Sämtliche Ornamente sind aber – auch dann, wenn magische Praktiken ihre Anbringung fordern – Ausdruck des Willens der Menschen, ihre Gebrauchsgegenstände gefällig, ästhetisch ansprechend zu gestalten. Keinesfalls sollte man diese Muster als „primitive Kunst" abqualifizieren; vgl. dazu H. Hasselberger, CA 2 [1961], S. 341 ff. und F. L. K. Hsu, CA 5 [1964], S. 169 ff.

13. G. Brunton–G. Caton-Thompson, The Badarian civilization and predynastic remains near Badari, London 1928, Taf. 16.
15. Brunton, Mostagedda, Taf. XXIII; von Brunton in Badari gefundene Bruchstücke von Steingefäßen. In Mostagedda wurde eine vollständige, allerdings unverzierte Vase gefunden; publiziert ebenda Taf. XXIV.
16. Die Elemente sind zumeist mehr als 6 mal wiederholt (bis über 30 mal); eine gewisse Ausnahme bildet die durch malteserkreuzähnliche Figuren angedeutete Viertelung des Kreises bei der Innendekoration eines Bechers (Brunton–Caton-Thompson, a. a. O. Taf. XIII) und die unregelmäßige Sechsteilung durch einen Stern aus Fischgrätenmustern, ebenda Taf. XIV. Das betrifft die Petrieschen Klassen C, N, B und D, ebenso auch das Dekor einiger Gefäße der Klasse F (sog. fancy-form), von denen die drei letzteren die jüngeren sind und in die letzten Jahrhunderte des 4. Jt. v. u. Z. datiert werden; vgl. Petrie, Corpus, Taf. XX–XXVII (Klasse C und N), Taf. II. 19 (Klasse B) und XXXI–XXXVII (Klasse D). Bei der Klasse F sind nur auf wenigen Exemplaren geometrische Muster, z. B. Taf. XV. 5a oder Taf. XXIV. 84 bzw. Taf. XXV. 91; letztere Gefäße sind eher Klasse F als Klasse C, wo es bei Petrie abgebildet ist. Vgl. zu diesem Komplex auch Vandier, Manuel I, Kap. IV (S. 297 ff.).
17. Petrie Corpus Taf. XXXII. 29 und 37.
18. Petrie, Prehistoric Egypt, Taf. XIII. 219 und 220 (Steingefäße), Taf. XLIV. 96–98 (Paletten) und Taf. XXXII–XZXIII (Stoßzähne); vgl. auch Petrie, Corpus, Taf. LVI. 60 und 61 sowie Taf. LIX. 98 (Paletten).
19. Klasse C bei Petrie, „cross-lined pottery".
20. Klasse N bei Petrie, „incised black pottery", die in der Art und der Technik des Dekors die Traditionen der Tasa-Kultur fortsetzt; vgl. Vandier, Manuel I, S. 262.

21. Als Beispiel mögen hier dienen: Petrie, Corpus, Taf. XX. 10, 12 N, 13 S, 14, 15; Taf. XXI. 19 N, 26 B, 27 E, 29, 30 D und H; Taf. XXII. 39 H, 44 E; Taf. XXVI. 20 N. Einige dieser Gefäße und der in den folgenden Anm. genannten sind auch hei Petrie, Prehistoric Egypt, Taf. X ff. und bei Vandier, Manuel I, S. 265 ff. abgebildet.
22. Regelmäßige Vierteilung mit deutlicher Markierung der konstruktiven Hilfslinie im Dekor: Petrie, Corpus Taf. XX. 8, 13 C; Taf. XXI, 17 M, 21 L; Taf. XXII. 39 B, 42 D, 47; Taf. XXVII. 55. Regelmäßige Achtteilung: Petrie, Corpus, Taf. XX 10 E, 13 M; Taf. XXI. 19 H, 27 E; Taf. XXVII, 50 K (nur im Bruchstück erhalten). Halbierung und Vierteilung kommt auch in der Dekoration von steinernen Keulenköpfen vor: W. M. Fl. Petrie–J. E. Quibell, Nagada and Ballas, London 1896, S. 35 und Taf. VII; J. Capart, Primitive art in Egypt, Londen 1905, S. 94 und Taf. 66. Die Beispiele für diese Teilungsart und für die Drei- bzw. Sechsteilung ließen sich durch Auswertung weiterer Grabungspublikationen noch vermehren, doch genügen m. E. die hier aufgeführten zur Verdeutlichung des Anliegens.
23. Vgl. Petrie, Prehistoric Egypt, Taf. XVIII. 71 und 72. Die Anordnung der Tiere zwischen konzentrischen Linien (ebenda Taf. XVIII. 72 oder J. Garstang, Mahasna and Bêt Khallâf, London 1903, Taf. XIV) entspricht völlig der Einteilung der Außenverzierung von Gefäßen der Kulturen des 4. Jt. v. u. Z. in Register. Diese Registereinteilung, letztlich aus der Flechtkunst übernommen, bildet seither eine spezifische Darstellungsmethode der Ägypter, die bis weit in das 1. Jt. v. u. Z. produktiv blieb.
24. Petrie, Corpus, Taf. XXI. 17 D, 27 B, 27 N; Petrie, Prehistoric Egypt, Taf. XIII. 35; Vandier, Manuel I, S. 362, Abb. 247. Bei letzterem werden die Radien der Dreiteilung durch Krokodilsköpfe markiert. Unerheblich ist es in diesem Zusammenhang, ob die von Vandier angenommene, auf Baumgärtel basierende Annahme einer an asiatischem Geschmack orientierten Dekoration zutrifft; vgl. E. Baumgärtel, The cultures of prehistoric Egypt, London 1947, S. 71 ff. Einige Abweichungen bei der Dreiteilung, gemessen auf dem Gefäßrand, seien hier angeführt: Petrie, Corpus Taf. XXI 17 D – 12 mm auf 132 mm Durchmesser, 27 B – 24 mm auf 230 mm Durchmesser; das genaueste ist das bei Vandier, Manuel I, in Abb. 247. 3 abgebildete.
25. Petrie, Corpus, Taf. XX. 10 L; Taf. XXI, 16 B; Taf. XXII. 40; Taf. XXVI. 10.
26. W. B. Emery, Great Tomb of the first dynasty I, Kairo 1949, S. 101, Abb. 58, Taf. 40. Die Bohrung mit Schäftung in der Mitte der Schale könnte dazu gedient haben, sie auf einen Holzpfahl o. ä. aufzustecken; so stehend, könnte sie für Opfergaben verwendet worden sein.
27. W. Lietzmann, Frühgeschichte der Geometrie, Breslau 1940, S. 18. Die von ihm aus europäischem Material entwickelten 7 verschiedenen Schemata für die regelmäßigen geometrischen Ornamente mit Gruppencharakter sind folgende:

I	Grundtyp	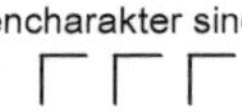
II	1/2 vertikale Spiegelung	
III	horizontale Spiegelung	
IV	1/2 Drehung	
V	1/2 vertikale Spiegelung, horizontale Spiegelung und 1/2 Drehung	
VI	horizontale Spiegelung und Versatz um 1/2 Elementenabstand	
VII	Versatz, 1/2 vertikale Spiegelung, 1/2 Drehung	

Anstelle der hier angegebenen Winkel können auch andere Elemente (Dreiecke, Quadrate, Rhomben, Schrägstriche u. a. einfache Figuren) gewählt werden. S. 19 ff. listet Lietzmann die dadurch entstandenen Ornamentenregister auf, unter denen sich auch alle befinden, die wir aus Ägypten kennen. Die Regelmäßigkeit dieser Figuren und die einfachen Elemente zeigen deutlich die Herkunft vom Flechtwerk. In dieser Regelmäßigkeit liegt ein Rhythmus, der ebenfalls für die Entstehung der Geometrie bemüht wird, s. M. Dehn, Scientia 52 [1932], S. 125 f.

28. Die ägyptischen Flächenornamente werden sogar als eine Art ältester Beitrag zu Theorie der Gruppen angesehen: A. Speiser, Theorie der Gruppen von endlicher Ordnung, Berlin ²1927, S. 3 und 77 ff.; s. auch W. Lietzmann, Mathematik und bildende Kunst, Breslau 1931, S. 41.
29. So Vogel, Vorgriechische Mathematik I, S. 12/13; W. Lietzmann, Isis 20 [1933], S. 438 f.
30. Vgl. dazu K. Birket-Smith, Geschichte der Kultur, Zürich ²1948, S. 123. Das Wechselverhältnis von Zählen und Weben und von Technik und Sprache wird hier besprochen.
31. Iversen, E., Canon and proportions in Egyptian art, London 1955; W. Wolf, Die Kunst Ägyptens, Stuttgart 1957, S. 631 f.; W. Barta, Das Selbstzeugnis eines ägyptischen Künstlers, Berlin 1970, S. 127; K.-H. Meyer, SAK 1 [1974], S. 247 ff. und SAK 3 [1975], S. 187 ff. Verschiedene Beispiele der Anwendung in: C. C. Edgar, Sculptors studies and unfinished works, Kairo 1906 (=lat. Gen.); E. Mackay, JEA 4 1917, S. 74 ff.
32. A. Badawy, Ancient Egyptian architectural design, Berkeley–Los Angeles 1965, S. 19.
33. Badawy, a. a. 0. S. 60.
34. D. J. Struik, Abriß der Geschichte der Mathematik, Berlin ³1965, S. 6.
35. J.-Ph. Lauer, BIFAO 77 [1977], 55–78; ders., in: Acts 1st ICE, Berlin 1979, S. 423–424.
36. So z. B. bei Plutarch, De Iside et Osiride, Abschn. 56.
37. Nach Lauer sind die Grabanlagen der 1. Dynastie nicht nur nach harmonischen Prinzipien gestaltet, sondern auch genau rechtwinklig angelegt (a. a. O. S. 56–57); vgl. auch die bei W. B. Emery u. a. (Great tombs of the first dynasty I–III) veröffentlichten Pläne sowie die der Grabanlagen in Hierakonpolis und Abydos. Ein anderes, vom Gebrauch der pythagoräischen Zahlen unabhängiges Verfahren zur Legung eines rechten Winkels im Gelände besteht in der Errichtung einer Senkrechten in einem Punkt einer horizontalen Linie mithilfe von Kreisbögen nach folgendem Schema:

    von einem Punkt P auf der Linie

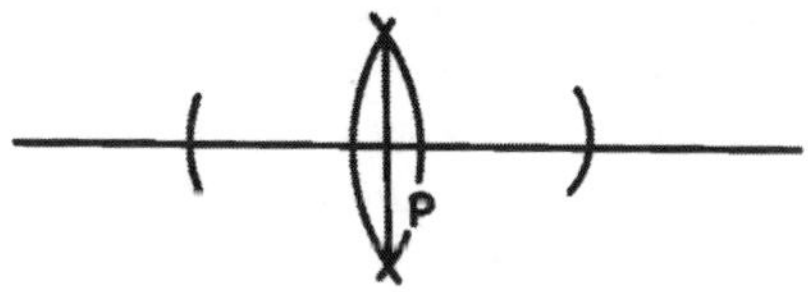

    von einem Punkt P außerhalb der Linie

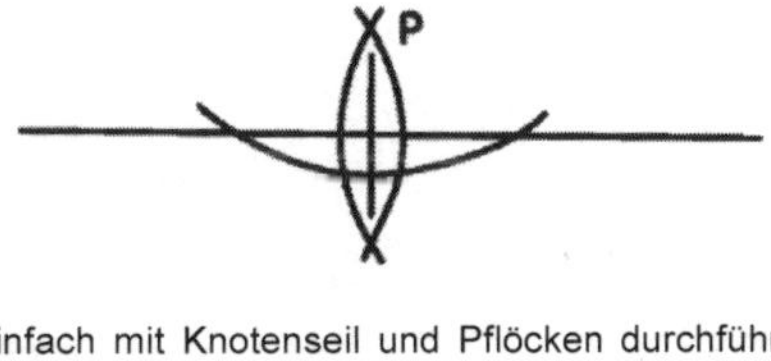

    Diese Methode war einfach mit Knotenseil und Pflöcken durchführbar; vgl. L. Hogben, Die Entdeckung der Mathematik, Stuttgart 1963, S. 66.
38. Vgl. Kap. „Metrologisches".

5 Die Spiele als Zeugnisse für die Existenz und Vervollkommnung der Zähl- und Rechenfertigkeiten

Mit der Abstraktion des Zahlbegriffs vom Gezählten erhielten die Menschen des Neolithikums – wie in vielen Regionen der Welt für diese Entwicklungsstufe der Kultur zu beobachten ist – die Möglichkeit, die Zahlen freizügig zu verwenden.[1] Ein Ausdruck dieser Fähigkeit ist die Entwicklung von Spielen, bei denen Zählen und Rechnen für den Fortgang der Spielhandlung erforderlich sind.[2] Die wohl einfachste und vielleicht älteste Form solcher Spiele sind Merkspiele, bei denen es z. B. darum geht, den Platz eines vorher ausgewählten Spielsteins in einer Reihenfolge von Spielsteinen zu benennen, die nacheinander auf den Boden geworfen werden. Dieses Freizeitvergnügen, das in vielen Gebieten Afrikas geübt wird[3], stellt hohe Anforderungen an die Konzentrations- und Merkfähigkeit der Spieler, eine Gabe, die bei den Menschen der frühen Entwicklungsphasen ungleich stärker als in der modernen Zeit ausgebildet gewesen sein muß.[4] Ein solches Spiel, das sowohl von Kindern als auch von Erwachsenen geübt wird, hat folgenden Verlauf: Der Werfer hat 30–40 Spielsteine (Kiesel, Kaurimuscheln, Kerne, handliche Gegenstände also, die auch als Zählhilfen belegt sind) zur Verfügung, von denen er einen dem Schiedsrichter zeigt. Er wirft diese Spielsteine nacheinander, mitunter auch mehrere zugleich, wenige Meter vor sich auf den Boden, zeigt dann auf einen der Steine, und der Mitspieler muß sagen, als wievielter dieser Stein geworfen wurde. Mehreren Mitspielern können jeweils andere Spielsteine genannt werden. Die Mitspieler werden hier nicht im Rechnen, sondern im Abzählen und Merken geübt; eine gute Beobachtungsgabe und Konzentration sind unbedingt erforderlich, will man den richtigen Platz des Spielsteins in der Wurfreihe angeben.

Bei den arabischen Viehzüchtern Afrikas sind Merkspiele verbreitet, die einem der Mitspieler die Aufgabe stellen, in einem System von Koordinaten ein bestimmtes Feld herauszufinden.[5] 5 × 5 Felder werden in den Sand gezeichnet und reihenweise nach den Teilen einer Karawane genannt: Reiter, Kamele, Lastkamele, Rinder und Ziegen; die Reihen sind nach den Himmelsrichtungen orientiert, in der die Karawanenteile ziehen sollen. Ein Spieler wendet sich ab und erfragt die Lage eines bestimmten Feldes, das die anderen Spieler insgeheim bestimmt haben, nach folgender Art: Wenn ich nach Norden gehe – Antwort: bei den Rindern, wenn ich nach Osten gehe – Antwort: bei den Kamelen, usw. Durch Kombination der Antworten, letztlich durch Abzählen der Felder und ihrer Lage (Zugrichtung der Karawanenteile) kann der Spieler die Lage des von den anderen ausgesuchten Feldes bestimmen.[6]

Ähnlich hohe Ansprüche an die Merkfähigkeit, aber auch an die Zählkunst der Mitspieler stellt ein Spiel, das für die Hausa und Ful belegt ist[7]: Im Sand wird ein Kreuz markiert, so daß vier Felder entstehen. In jedem dieser Felder werden drei Löcher eingetieft, die mit je drei Spielsteinen (Kernen, Kaurimuscheln) gefüllt werden. Ein Spieler dreht sich mit dem Rücken zum Spielfeld und gibt dem anderen Anordnungen über die Umverteilung von Spielsteinen. Das Spiel läuft solange, wie der anordnende Spieler richtige Befehle gibt, d. h. er darf nie mehr Steine verteilen lassen, als in einem Loch vorhanden sind; in letzterem Falle hat er verloren. Bei diesem Spiel ist es günstig, wenn die Spieler möglichst sofort im Kopf die Spielsteinmengen addieren, nicht die Anzahl der Steine in einem Loch durch bloßes Weiterzählen ermitteln – was allerdings auch möglich ist, wie ja der Übergang vom Abzählen zur Addition fließend ist.[8]

Eine Kombination beider Spiele stellt ein weiteres dar, bei dem es darauf ankommt, seine Spielsteine sicher durch eine mit Geländebarrieren (Fluß, Berg o. a.) versehene Landschaft zu bringen.[9] Ein abgewandter Spieler läßt seine Spielsteine auf einem in den Sand gezeichneten Spielfeld mit schachbrettartig angeordneten Gruben von Grube zu Grube setzen. Nur freie Gruben können als Weg gewählt werden, als Hindernisse markierte gelten als besetzt. Der Spieler muß hier sowohl die Lage der freien Gruben als auch die Anzahl der auf dem Spielfeld zu setzenden Steine im Kopf haben. Aus derartigen Spielen mögen sich die weltweit belegten Brettspiele für zwei und mehr Spieler in Art von Halma, Dame u. ä. entwickelt haben, die alle hohe Anforderungen an die Kombinationsfähigkeit der Mitspieler stellen. Alle Beteiligten setzen das Spielbrett, das nach Bedarf auch im Sand markiert werden kann, so daß durch Kombination und Abschätzen möglicher Züge und Gegenzüge der Spielverlauf in gewissem Maße vorherbestimmbar wird. Eine besondere Rechenfertigkeit ist für diese Art von Spielen nicht vonnöten, wohl aber die Fähigkeit zu zählen.

Neben solchen Konzentrationsspielen, bei denen in beschränktem Maße Zählen und Rechnen erforderlich waren und – spielend – geübt und vervollkommnet wurden, sind für frühe Kulturen verschiedene Glücksspiele belegt. Bei diesen wurden zumeist mehrere Losstäbe, längliche Holz-, Rohr- oder auch Elfenbeinstäbe mit unterschiedlich verzierten oder gefärbten, in Längsrichtung geteilten Hälften, benutzt, die man auf dem Boden, gegen einen Pfahl oder eine Wand warf.[10] Je nachdem, wie die Stäbe fielen, erzielten die Spieler unterschiedliche Zahlen.[11] Auch die Verwendung von Wurfknöchelchen, Astragalen, Sprungknochen (talus) zumeist von Kälbern, Schafen oder Ziegen, ist zum selben Zweck vielfach belegt.[12] Die Notierung der Werte erhielt man durch die unterschiedliche Lage, die die Astragale nach dem Werfen einnahmen, ob runde Oberseite oder Unterseite, kürzere oder längere Schmalseite nach oben zeigten.[13] Auch hier wurden zumeist mehrere Knöchelchen zum Spielen benutzt, deren Zahlenwerte addiert werden mußten. Losstäbe und Astragale dürfen so als die Vorläufer unserer heutigen Würfel gelten. Für die Funde aus neolithischen Kulturen ist dabei allerdings nicht eindeutig zu klären, ob und wann diese Gegenstände als Spielzeug benutzt wurden. Es darf durch Vergleich mit rezenten Kulturen angenommen werden, daß sie vielfach auch im Orakelwesen Anwendung fanden; darauf deutet auch die große Zahl von Astragalen, die man offenbar als Anhänger, Amulett, trug.[14]

Schließlich lassen sich auch Kombinationen von Felderspielen mit Losstäben oder Astragalen belegen, bei denen es darauf ankam, auf einem Spielbrett Spielsteine entsprechend einer durch einen Wurf erzielten Zahl zu setzen. Dabei sollten die zumeist zwei Spieler ihre Steine in ganz bestimmter Richtung über das Spielbrett bewegen mit dem Ziel, diese auf der gegnerischen Seite des Brettes zu versammeln oder ein ganz bestimmtes Feld zu erreichen. Verschiedene Spielmöglichkeiten sind beim Zusammentreffen mit gegnerischen Steinen auf einem Feld gegeben. Entweder durfte ein solches Feld nicht besetzt werden oder der gegnerische Stein wurde aus dem Spiel entfernt; schließlich konnte man auch die Besetzung eines Feldes durch mehrere Steine, beiden Spielpartnern gehörig, zulassen. In jedem Falle handelte es sich um die Verbindung von zufälligen Werten (die durch die Stäbe oder Knöchelchen ermittelten Zahlen) mit persönlichen Zügen.[15] Hatte ein Spieler mehrere Spielsteine auf dem Spielfeld – was im Verlauf des Spiels zumeist der Fall war, vom Beginn, dem Einsatz, und dem Ende abgesehen – konnte er frei wählen, welchen seiner Spielsteine er nach dem Zahlwert des Wurfes weitersetzen sollte. Dadurch war diese Art des Spiels nicht ausschließlich durch das Glück des Loswurfes geprägt. Dem persönlichen Können des Spielers, seiner Rechen- und Kombinationsfähigkeit, war breiter Raum gegeben.

Auch in Ägypten sind verschiedene Arten von Spielen belegt, die dokumentieren, daß im Verlauf des 4. Jt. v. u. Z. diese Art der Freizeitbeschäftigung und Zerstreuung ausgebildet wurde, bei der Zähl- und Rechenfertigkeiten verlangt wurden. Das einfachste der aus dieser Zeit überlieferten Spiele fand Petrie in Negade.[16] Es handelt sich um eine Art Tischkegelspiel: Durch ein aus Marmorkantstücken auf einer Platte errichtetes Tor – so nach der Rekonstruktion durch Petrie – wurden Kugeln gegen neun Kegel gerollt, die das Aussehen von Spinnrocken mit Standfläche besaßen. Sowohl Kugeln als auch Kegel lagen in zwei verschiedenen Farben bzw. Materialien vor, so daß Petrie die Meinung vertrat, daß hier zwei Spieler beteiligt gewesen sein konnten, die jeweils die Kegel des Gegners mit ihren Kugeln umzuwerfen hatten.[17] Es ist aber auch durchaus möglich, daß die verschiedenen Typen von Kugeln und Kegeln – wenn überhaupt –

unterschiedliche Werte besaßen, d. h. mehrere Spieler wechselten sich beim Spiel ab, errechneten anhand der Werte der geworfenen Kegel ihre Punkte und ermittelten so den Sieger. Wie auch immer die Regeln des Tischkegelspiels gewesen sein mögen, es kam am Ende jedes Spielgangs darauf an, durch Addieren der Punkte, gegf. auch durch vorheriges Multiplizieren der geworfenen Kegel mit ihren Werten, die Gesamtpunktzahl der Spieler zu ermitteln. Für dieses Spiel war Zählfähigkeit die Voraussetzung; die Kenntnis der Addition und – verschiedenwertige Kugeln oder Kegel vorausgesetzt – der Multiplikation waren für die Ermittlung des Siegers günstig. Auf jeden Fall wurden Zählen und die erwähnten Grundrechenarten spielend geübt und gefestigt.

Schwieriger zuzuordnen sind Zubehörteile zu Spielen, die Petrie in einem nicht genau datierbaren Grab in Ballas fand. Es handelt sich um vier Elfenbeinstäbe, die durchaus als Losstäbe aufgefaßt werden können, einige Kantstücke aus verschiedenfarbigen Steinen, mehrere Kugeln und fünf Tierfiguren, einen Hasen und vier Löwen.[18] Unklar ist, ob diese Teile zu einem oder mehreren Spielen gehören oder ob der Satz überhaupt komplett ist. Sowohl die Kugeln als auch die Löwen könnten zum weiter unten abzuhandelnden Schlangenspiel gehören, die Kantstücken entweder zum schon erwähnten Tischkegelspiel oder zu einem anderen Brettspiel, das im Grab des *Ḥsj-Rꜥ* dargestellt ist.[19] Dieses spielte man mit derartigen Kantstücken (bricks)[20], fünf hellen und fünf dunklen, auf einem länglichen Brett mit 16 breiten und 16 schmaleren Querfeldern, die offenbar mit verschiedenfarbigem hellen und dunkleren Holz eingelegt waren. Unklar ist, wie dieses Spiel vonstatten ging, ob überhaupt die Losstäbe hierzu gehörten. Die Größe der Spielsteine im Verhältnis zu der des Spielbretts in der Dekoration des *Ḥsj-Rꜥ*-Grabes ließe es immerhin zu, ein Spiel mit Würfeln (in alter Zeit Losstäben) und weiterzusetzenden Spielsteinen anzunehmen, dessen Ziel es war, seine Steine von einer Seite des langen Brettes auf die andere zu bringen, wobei die Figuren des Gegners, der den entgegengesetzten Weg zu nehmen hatte, geschlagen, eingekreist oder übersprungen werden konnten. Die Zuordnung des Hasen und der vier Löwen muß unklar bleiben. Ranke denkt an ein selbständiges Spiel.[21]

Ein weiteres, aus der frühesten Zeit der ägyptischen Geschichte belegtes Spiel ist das sog. Schlangenspiel.[22] Es wurde mit Kugeln und Tierfiguren, Löwen und Löwinnen[23] auf einem runden Spielbrett mit Griff gespielt, das den geringelten Leib einer Schlange darstellt. Der Kopf der Schlange befindet sich im freien Mittelfeld des Spielbrettes; dieses ist offenbar auch der Zielort des Spiels, an dem nach einer bildlichen Darstellung zwei oder vier Spieler beteiligt sein konnten.[24] Nach der bekannten Abbildung eines Schlangenspiels im Grab des *Ḥsj-Rꜥ* gehörten je drei Löwen und drei Löwinnen sowie zwei farblich unterschiedene Sätze mit je sechs Kugeln zum Spiel, die bei *Ḥsj-Rꜥ* in einem besonderen Kasten untergebracht waren.[25] Die Spielszenen beigefügten Inschriften besagen nichts über den Spielverlauf, so daß nach wie vor die Aussicht Rankes gültig bleibt, der schrieb: „Wie das Spiel vor sich ging, was sein Ziel und welches der ihm zugrunde liegende Gedanke war, darüber erfahren wir nichts.“[26] Die von Quibell[27] geäußerte Meinung, daß zuerst die Anzahl der in der Hand des Gegenspielers versteckten Kugeln zu erraten gewesen sei und man nach der so ermittelten Punktzahl – unterschiedliche Werte für die verschiedenen Farben – auf den Feldern des Schlangenleibes hätte weiterrücken können, erscheint wenig wahrscheinlich. Immerhin zeigen die erhaltenen Spielbretter und die Darstellung bei *Ḥsj-Rꜥ* deutlich die erhaben ausgeführten Spielfelder[28], so daß man annehmen muß, daß nach einem wie auch immer ermittelten Modus die Figuren auf den Feldern weitergerückt werden mußten, vielleicht auch die Kugeln in die Freiräume zwischen den erhabenen Spielfeldern eingelegt werden konnten. Soweit aus den archäologischen Befunden ersichtlich ist, war zum Schlangenspiel mindestens das Abzählen erforderlich. Akzeptiert man Quibells Rekonstruktionsversuch des Kugelratens, wäre auch die Kenntnis von der Addition und Multiplikation zum Spielen notwendig gewesen.[29]

Auch das am besten belegte, das eigentliche Brettspiel der alten Ägypter, das Senet-Brettspiel[30], weist ein sehr hohes Alter auf. Es wurde auf einem Spielbrett mit 30 Feldern, 3 Reihen zu je 10 Feldern, gespielt. Zwei verschiedene Typen von Spielsteinen fanden Verwendung, hohe und niedrige, diese mitunter nahezu flache Scheiben, jene oft mit einer kleinen Spitze versehen. Deutlich ist der Unterschied zwischen den beiden Spielsteinformen auf einer großen Zahl von Darstellungen zu erkennen, die seit dem AR überliefert sind.[31] Das Senet-Brettspiel muß im täglichen Leben der Niltalbewohner des 4. Jt. v. u. Z. eine ganz bedeutende Rolle gespielt haben; anders ist wohl kaum die Wahl des Spielbrettes für die Hieroglyphe 𓏠 zu erklären.[32] Das Spielbrett war sicher ein Gegenstand, der zu den Dingen des täglichen Bedarfs gehörte. Nur so ist auch erklärlich, daß Spielsteine für das Senet-Brettspiel – und diese unterscheiden sich deutlich von den bei anderen Spielen verwendeten – in der prä-und frühdynastischen Zeit oft als Grabbeigaben zu finden sind.[33] Der älteste Satz von Spielsteinen und ein nahezu komplettes Modellspielbrett aus gebranntem Nilschlamm fand Ayrton in el Amrah.[34] Die Spielplatte ist durch gepunktete Linien in 3 × 6 Spielfelder geteilt. Die Spielsteine bestehen ebenfalls aus Nilschlamm. Es sind zwei unterschiedliche Formen, hohe schmale und kurze, gedrungene, ähnlich den Halmaspielsteinen, belegt. Dieses Spiel ist vielleicht ein Vorläufer des Senet-Brettspiels, obwohl es anstelle der üblichen 30 Felder nur 18 besitzt.[34] Auch die Brettspiele der dynastischen Zeit besitzen nicht alle die geforderte Anzahl; manche Exemplare haben mehr, manche weniger Felder; immer sind sie jedoch in 3 Reihen angebracht. Das älteste Spielbrett eines 30-Felder-Spiels stammt aus Abydos. In einem Grab aus der Reichseinigungszeit fand Petrie Fragmente eines Alabasterspielbrettes[35], dessen größtes, ein Eckstück, 5 Felder in der Länge und 2 in der Breite umfaßt. Da es an den beiden anderen Seiten Abbruchstellen zeigt, glaubt Pusch, es zu einem wirklichen Senet-Spiel ergänzen zu können.[36] Aus derselben Zeit sind noch zwei weitere Spielbretter belegt, die zusammen mit den Spielsteinen, Sätze von 13 bzw. 7 Steinen jedes der beiden Typs unter Grabbeigaben gefunden wurden.[37] Diese Belege machen deutlich, daß das Senet-Spiel im prädynastischen Ägypten und z. Zt. der Reichseinigung gern gespielt wurde. Die nahezu lückenlose Bezeugung dieses Spiels in allen Epochen der pharaonischen Geschichte deutet darauf, daß das 30-Felder-Spiel immer zu den beliebten Mitteln zur Zerstreuung gehört hat, wenn auch sicher einige der überlieferten Spiele und Spielszenendarstellungen daraus resultieren, daß – wie man spätestens für das NR weiß – dem Senet-Spiel auch eine kultische Bedeutung beimaß: Das Spiel diente dazu, den Durchgang des Toten durch die Unterwelt und seinen Einlaß ins Totenreich am Spielverlauf zu schildern.[38] Ungeklärt muß bleiben, ob eine solche Vorstellung schon in früherer Zeit bestanden hat, ob die Spiele der Frühzeit schon als für den Zugang zum Totenreich notwendig erachtet wurden oder ob sie lediglich den Charakter normalen Grabinventars besaßen. Die Darstellung diverser Spiele, so auch eines Senet-Spiels mit den zugehörigen Spielsteinen im Grab des *Ḥsj-Rꜥ*[39] lassen letzteres wahrscheinlich werden.

Um die Relevanz des alten Senet-Brettspiels für die Entwicklung der Rechenfertigkeit in Ägypten zu bestimmen, muß der Zweck des Spiels und sein Verlauf genauer bestimmt werden. Doch gerade bei diesem bestdokumentierten ägyptischen Spiel versagen die Quellen weitgehend. Die großen Brettspieltexte und Beischriften zu Brettspielszenen, die Namen der einzelnen Felder, die vielfach und zumeist übereinstimmend überliefert sind, geben Hinweise darauf, daß Felder besetzt[40] und Zahlen gesetzt[41] wurden. Auch war es möglich, den Gegenspieler an der Besetzung eines Feldes zu hindern.[42] Nach welchen Regeln aber gesetzt wurde, bleibt unklar. Eindeutig ist nur, daß – entgegen früheren Meinungen[43] – die Berechtigung zum Ziehen durch Wurfstäbe[44], später auch durch Astragale[45] ermittelt wurde, gerade so, wie das moderne arabische Ṭab-Spiel.[46] Die Bemerkung im großen Brettspieltext, daß der Spieler die Spielsteine nach seinem Wunsch setzen kann, bezöge sich dann auf die Freiheit in der Wahl des zu setzenden Steines oder auf besonders glückliche Würfe mit dem Astragal oder Wurfstab.[47] Dennoch würde hier eine Verbindung von reinem Glücksspiel und Kombinationsspiel vorliegen. Durch Würfe ermittelte man die Zahl der Felder, die man mit dem Spielstein überspringen muß, um auf das jeweilige Endfeld zu kommen. Nach den Darstellungen durfte aber weder ein Feld doppelt besetzt werden, es war offenbar auch nicht möglich, gegnerische Spielsteine zu rauben, vom Spielbrett zu entfernen. Bestimmte Felder mußten gemieden werden, andere galten als bevorzugt oder Zielfelder. Da jeder Spieler mehrere Spielsteine besaß, wahrscheinlich mindestens sieben[48], hatte er den vorteilhaftesten Zug entsprechend des erzielten Wurfes herauszufinden und dabei bestrebt zu sein, dem Gegner möglichst den Zugang zu den bevorzugten Feldern zu versperren.[49] Demnach übte auch dieses Spiel die Additionsfähigkeit – es mußten die Werte mehrerer Wurfstäbe oder auch Astragale addiert werden – und auch die Kombinationsfähigkeit. In jedem Falle stellte das Senet-Spiel hohe Ansprüche an das Denkvermögen, trainierte besonders die Schnelligkeit der Kombination und die Entschlußkraft.

Schließlich seien unter den Spielen, die rechnerische Fertigkeiten trainieren, noch die Scheiben genannt, die Emery im Grab des Hemaka fand.[50] Es sind dies 8...13 cm breite, gelochte Scheiben aus Stein oder gebranntem Ton, oft reich verziert, die auf einen Stab gezogen und wie ein Quirl mit beiden Händen in Drehung versetzt wurden. Emery nimmt an, daß sie auf einer besonderen, nicht erhaltenen Unterlage aus Holz zum Drehen gebracht wurden, die mit verschiedenen Marken versehen war.[51] Die Marke, bei welcher der Kreisel zum Stehen kam, entschied über den Wert des Spielgangs. Diese Werte konnten am Ende des Spiels addiert werden, ganz so, wie es heute beim Spiel-Roulette üblich ist. Diese Interpretation ist zwar nicht zwingend; vielleicht dienten die dekorierten Kreiselscheiben auch nur der Kurzweil. Anders mag es um die Scheiben desselben Fundes bestellt sein, die Zahlzeichen tragen.[52] Vielleicht wurden sie als Würfel benutzt, waren somit Vorläufer des Kreiselwürfels aus der 18. Dynastie, der zusammen mit einem Senet-Spielbrett und Spielsteinen in Zawiet el-Aryan gefunden wurde.[45]

In Ägypten ließen sich eine Reihe von Spielen nachweisen, die bei den Spielern bestimmte Kenntnisse des Zahlensystems, des Zählens und einfacher Additionsoperationen voraussetzten. Die ersten archäologisch nachweisbaren Exemplare dieser Spiele, die sich unterschiedlich lange in pharaonischer Zeit verfolgen lassen, stammen aus der Mitte des 4. Jt. v. u. Z. In der Reichseinigungszeit und während der ersten beiden Dynastien häufen sich die Belege, daß man hochgestellten Verstorbenen neben Nahrung, Kleidung, Schmuck und Waffen auch Spiele mit ins Grab gab, um ihnen im Jenseits entsprechende Kurzweil zu garantieren. Die hier kurz besprochenen Spiele haben sicher ihren Beitrag bei der Festigung rechnerischer Fähigkeiten geleistet. Es war zumeist ausreichend, die z. B. beim Wurf mit dem Wurfholz oder einem Astragal ermittelten Werte bzw. beim Setzen der Spielsteine auf einem Spielbrett die Zahl der Felder durch weiter- oder abzählen zu ermitteln. Vorteile ergaben sich für die Spieler aber dann, wenn das Abzählen überwunden und die geworfene Zahl sofort erfaßt wurde, aber auch, wenn man in der Lage war, aus den Werten mehrerer Wurfhölzer die Summe sofort rechnerisch zu ermitteln. Spielend übte man so sowohl das Zählen als auch das Addieren, bei einigen Spielen vielleicht sogar einfaches Multiplizieren.

Anmerkungen

1. Vgl. im Kap. „Das Zahlensystem".
2. Die Herausbildung von derartigen Spielen als regelmäßige Freizeitbeschäftigung setzt einen gewissen Entwicklungsstand der Produktivkräfte voraus, der einerseits einen genügend hohen Zeitfonds für Tätigkeiten garantierte, die nicht der bloßen physischen Reproduktion der Individuen diente, der andrerseits aber auch Bedürfnisse der Menschen nach Zerstreuung durch geistige Anspannung ermöglichte. Dieser Entwicklungsstand war erst mit der Herausbildung des Bodenbaus (bzw. der Nomadenviehzucht in entsprechenden Gebieten) in Ägypten und im Vorderen Orient sicher ab 5. Jt. v. u. Z. erreicht. Allerdings soll hierbei nicht übersehen werden, daß gerade bei Völkern mit sehr niedriger Kulturstufe und entsprechend hoher Abhängigkeit von den Umweltbedingungen (z. B. längere Perioden ohne Jagd- bzw. Fischereimöglichkeit, Winter- oder Trockenzeiten u. ä.) Aktivitäten belegt sind, die nicht dem Nahrungserwerb, dem Schutz der Horde, dem Fertigen von Kleidung u. ä. dienten; vgl. S. W. Edwards, CA 19 I [1978], S. 135 ff. Spiele, vielfach Merk- oder Ratespiele, aber auch Geschicklichkeitswettbewerbe u. a. m. zur Überbrückung der langen Zeiten erzwungener Untätigkeit waren und sind beliebt. Die hierzu gehörigen Arten von Spielen sind aber im Zusammenhang mit dem Problem der Entwicklung von Zähl- und Rechenfertigkeiten ohne bes. Belang.
3. Belegt und beschrieben für die Tonga (Zambia), die Pangwe (Kamerun), die Kamba (Tanzania), die Hausa und Ful (Sahelgebiete Westafrikas, bes. Nigeria, Niger, Senegal, Guinea und Mali), s. S. Paul, Afrikanische Konzentrationsspiele, in: Afrikanische Sprachen und Kulturen, Hamburg 1971, S. 358 ff.; Fettweis, Rechnen, S. 86.
4. L. Levy-Bruhl, Die geistige Welt der Primitiven, Düsseldorf–Köln 1959, S. 9.
5. S. Paul, Afrikanische Konzentrationsspiele S. 360; R. Davies, SNR 8 [1925], S. 151 f.
6. In gewisser Weise entspricht dieses Spiel dem bekannten „Schiffe versenken", das allerdings Carthesische Koordinaten benutzt. Die wechselnde Zug-(Himmels-)Richtung stellt bei der orientalischen Version hohe Ansprüche an die Merkfähigkeit des ratenden Spielers.
7. Fettweis, Rechnen, S. 86. Eine diesem verwandte, aber ungleich kompliziertere Form eines Kombinations- und Verteilungsspiels ist das arabische Mangala-Spiel; s. E. W. Lane, Manners and customs of the modern Egyptians, Den Haag–London–Kairo 1978, S. 343 ff.; R. Davies, SNR 8 [1925], S. 410 f. Hier kommt es darauf an, daß die Spieler aus 12 mit Spielsteinen gefüllten Gruben durch Entnahme des Inhalts jeweils eine Grube und gleichmäßige Verteilung der Steine auf die anderen Gruben in diesen festgelegt Anzahlen (1 und 3 Steine) erzielen muß, die es ihm ermöglichen, den Inhalt der Grube an sich zu nehmen. Gesiegt hat der Spieler, der so die meisten Spielsteine gewonnen hat. Derartige Kombinationsspiele gibt es in großer Zahl; allerdings stammen alle mir zugänglichen Belege aus der arabischen Welt. Das Alter solcher Spiele ist schwer zu bestimmen; vom erforderlichen Kenntnisstand her sind sie überall dort denkbar, wo ein Zahlensystem bis 100 entwickelt war.
8. Selbst bei gut gebildeten und im Rechnen trainierten Menschen kommt es noch heute nicht selten vor, daß sie – sogar unter Zuhilfenahme der Finger – durch weiterzählen eine Summe im Bereich der niedrigen natürlichen Zahlen ermitteln, die sie mit Sicherheit auch durch Addition erreichen können. Mitunter ist nur Konzentrationsmangel oder Müdigkeit, aber auch Bequemlichkeit Grund für diese Verfahrensweise.
9. S. Paul, Afrikanische Konzentrationsspiele, S. 362.
10. E. W. Lane, Manners and customes S. 346; s. auch R. Davies, SNR 8 [1925], S. 146 f.; sîya(t) el-Tâba.
11. Nach Lane wurden 4 Stöckchen geworfen. Fällt nur einer mit der hellen Oberfläche, ist es eine 2, usw.; haben alle die dunkle Fläche oben, gilt es als 6.
12. Weit verbreitet im klassischen Altertum, s. RE s. v. ἀστράγαλος, und s. v. Spiele; W. Richter, Die Spiele der Griechen und Römer, Leipzig 1887, S. 71 f.; E. Schmidt, Spiele und Spielzeug der Kinder im klassischen Altertum, Meiningen 1971, S. 55 f. Eine Zusammenstellung der wichtigsten Fundstücke aus Europa, Vorderasien und Ägypten bei: R. Hampe, Die Stele aus Pharsalos im Louvre, Berlin 1951, S. 30 ff.; nach den in Anm. 46 (S. 35) publizierten Angaben finden sich Würfelspiele mit Astragalen auch in Indien, China sowie im Kaukasus. Arabische Kinder im Euphratgebiet spielen es ebenso gern wie ehemals die in verschiedenen Gegenden Deutschlands. Vgl. auch R. A. Maier, Neolithische Tierknochenidole und Tierknochenanhänger Europas, Berlin 1962, S. 216 ff.; zu den Astragalen in Sibirien S. 218, bes. Anm. 228.
13. Die Astragale konnten verschieden geworfen werden, entweder direkt auf den Boden oder auf die Hände oder Handrücken. In der Regel spielte man mit 4 Knöchelchen, manchmal auch mit 5; RE, s. v. ἀστράγαλος. Als geringster Wurf galt, wenn der Astragal mit der runden Erhöhung

nach oben zeigte, der höchste, wenn er auf der kleinen, glatten Spielfläche stand; s. W. Richter, Die Spiele der Griechen und Römer, Leipzig 1887, S. 76 f.

14. So bei R. A. Maier, Neolithische Tierknochenidole, Berlin 1962, S. 245. Zu Würfelorakeln mit Astragalen s. RE, s. v. Astragalomanteia und M. Barthels, ZfE 35 [1903], S. 338 ff.
15. Vgl. dazu Philosophisches Wörterbuch (hrsg. G. Klaus und M. Buhr), Leipzig [12]1976, s. v. strategische Spiele; solche Spiele werden als spieltheoretisch besonders interessant charakterisiert.
16. Petrie, Naqada, Taf. VII. 1; ders. Prehistoric Egypt, S. 32; der Fund entspricht S. D. 36. Wiedemann, Spiel, S. 182 f., nennt es „Zimmerkegeln".
17. Vgl. auch Vandier, Manuel I, S. 405. Man könnte bei diesem Spiel, das mit relativ kleinen Figuren gespielt wurde, an ein Geschicklichkeitsspiel denken, bei der das Brett, auf dem die Figuren standen, vorsichtig bewegt wurde, so daß die Kugeln von einer Seite durch das Tor auf der gegenüberliegenden rollte. Der geschickteste Spieler schaffte das, ohne einen Kegel umzuwerfen. Kugeln aus weißem Stein fanden sich verschiedentlich in Gräbern, s. z. B. D. Randall–M. A. Mc Iver–A. C. Mace, El Amrah und Abydos, London 1902, Taf. VII. 4; W. M. Fl. Petrie–G. A. Wainwright–E. Mackay, The Labyrinth, Gerzeh and Mazgumeh, London 1912, S. 23, Taf. IV; vgl. auch H. Junker, El-Kubanieh-Süd, Wien 1919, S. 119. Die Kugeln mögen auch zum Schlangenspiel (s. unten) oder zu einem anderen gehören, das mit einer Hasenfigur und vier löwengestaltigen Spielsteinen gespielt wurde, s. Petrie, Naqada, Taf. VII. 2; vgl. auch Vandier, Manuel I, S. 405 f. und Ranke, Schlangenspiel, S. 5 Anm. 1. Verschiedene Spielkügelchen (aus Abydos ?) aus den Privatsammlungen Michailides und Koffer-Truniger sind bei Kaplony, IÄFS, S. 29 f. veröffentlicht; alle tragen Königsnamen. Ein Turm, ähnlich einem Befestigungsturm, wie er von U. Hölscher, Das hohe Tor von Medinet Habu, Leipzig 1910, S. 56, beschrieben wurde (vgl. Badawy, History I, S. 48), fand sich in Abusir in einem Grab der 1. Dynastie (Bln 18 031). Der Turm (7,5 m hoch) ist oben mit einem Loch versehen, in das eine Spitze eingelassen gewesen sein mag. Er gehörte vielleicht als Kegel zu dem hier beschriebenen Spiel. S. H. Bonnet, Ein frühgeschichtliches Gräberfeld bei Abusir, Leipzig 1928, S. 51. Für einen derartigen Spielstein in Turmform existiert aus der Zeit des *Sḫtj* ein Etikett (BM 35 525), s. Kaplony, IÄF I, S. 342 und F. Montet, Kêmi 8 [1946], S. 191.
18. Petrie, Naqada, S. 14 und Taf. VII. 2, ders. Prehistoric Egypt, S. 32 und Objects of daily use, London 1927, S. 56. Der gesamte Negade-Fund umfaßte – außer den schon beschriebenen Objekten – 16 Kantstücke, 6 Paare aus Kalkstein, eines aus rötlich geädertem Kalkstein und ein Paar aus Knochen; vgl. auch Vandier, Manuel I, S. 405.
19. J. E. Quibell, The tomb of *Ḥesy*, Kairo 1913, S. 20 und Taf. XI.
20. Petrie, Objects of daily use, S. 56, bezeichnet diese Art von Spielsteinen als „Bricks", Quibell, a. a. O., nennt sie „oblong pieces like dominos", Vandier hält „cubes" für die beste Bezeichnung, obwohl sie mitnichten würfelförmig sind.
21. Ranke, Schlangenspiel, S. 5. Fünf Hundofiguren und ein Löwe, möglicherweise zu einem Spiel gehörig, fanden sich in einem um 3000 v. u. Z. datierten Grab in Abusir el Meleq (58 C 4), A. Scharf–G. Möller, Das vorgeschichtliche Gräberfeld von Abusir el Meleq, Leipzig 1926, Nr. 434 bis 439; zwei dieser Stücke (Nr. 437 und 439) sind abgebildet in: Ägyptisches Museum Berlin, Berlin 1967, Nr. 154 und 155 (Inv. Nr. Bln-W. 18 607 und 18 608). Eine Schlangenspielplatte aus Kalkstein (Dat.: Archaic Period), aus Koptos stammend, mehrere Elfenbeinhunde der Grabung von Möller in Abusir el Meleq (Grab 58 C 4) und ähnliche aus Abu Roasch sind in Kairo im Ägyptischen Museum ausgestellt. Viele der gefundenen Löwenfiguren wurden auch als Hunde interpretiert, vgl. Ranke, Schlangenspiel, S. 4. Die bei *Ḥsj-Rʿ* dargestellten Figuren sind aber sicher Löwen und Löwinnen, vgl. P. Montet, CdE 30 [1955], S. 189 ff. Bei Petrie, Naqada, Taf. VII. 2 liegen Hunde und Hasen vor. Wir haben wahrscheinlich ein Jagdspiel vor uns. Die hierfür verwendeten Hunde sind vielleicht die Ursache für die arabische Bezeichnung für Spielsteine (kelb). Auch im Griechischen ist diese Vorstellung geläufig (κύων). Im Demotischen (Setna 4. 28) kommt die Bezeichnung iwiw-Hund für einen Spielstein vor, wobei hier kaum zu klären ist, ob es auf griechischen Einfluß zurückgeht oder die ägyptische Tradition verkörpert; vgl. dazu Wiedemann, Brettspiel, S. 44; W. L. Nash, PSBA 24 [1902], S. 346 f.; E. W. Lane, Manners and customs, Den Haag–London–Kairo 1978, S. 346. Löwenköpfe als Spielfiguren, allerdings aus der 18. Dynastie, sind bei E. Towry-White, PSBA 24 [1902], S. 261 ff., Taf. I. 10 und II. 16 veröffentlicht. Unter diesen Umständen sollte man annehmen, daß die Hundefiguren einerseits und Löwen mit Löwinnen andererseits zu verschiedenen Spielen, einem Jagdspiel und einem Schlangenspiel gehören.
22. Die bei Ranke, Schlangenspiel, S. 7 und bei P. Montet, CdE 30 [1955], S. 189 ff. aufgeführten Spielbretter (Berlin 13 868; Oxford, Ashmolean Museum; London, University College; Kairo,

Ägyptisches Museum) stammen alle aus der prädynastischen oder Frühzeit, ebenso das Exemplar Brüssel E 4180 (aus Abydos). Im Grab des Peribsen (2. Dynastie) fand E. Amelineau die Bruchstücke mehrerer Spielbretter (Les nouvelles fouilles d'Abydos I, 1897/98, Paris 1899, S. 494 f.). Nach Montet (a. a. 0. S. 194) ist auch eine Frühzeitpalette (publ. bei W. C. Hayes, The scepter of Egypt I, New York 1953, S. 29), auf der eine geringelte Schlange in der Mitte, ein Horus auf dem Serech und je drei Löwen und Löwinnen dargestellt sind, mit den Schlangenspielen vergleichbar. Lange hielt man das Schlangenspiel für ein Spiel in einer oder um eine Vase, da man die häufige Beischrift zu Spielszenen als *m ḥn(w)* „in/um die Vase" auffaßte und das Determinativ als Gefäß interpretierte; s. Ranke, Schlangenspiel S. 8. Die Gleichsetzung geht auf S. Birch (ZÄS 4 [1866], S. 99 zurück; vgl. auch E. Falkener, Games ancient and oriental, New York 1961 (1892), S. 16.

23. Die Kugeln (verschieden gefärbte Serien) wurden früher als Teile des „Räuberspiels" aufgefaßt, in dem man *ṯꜣw* „Kugel" mit *ṯꜣw* „stehlen" (Wb V 350) verwechselte; S. Birch, ZÄS 4 [1866], S. 99 nach einem Text im Grabe des *Jbj* (Theben Grab 36). Wilkinson, Manners and customs II, S. 55 f. und Wiedemann, Brettspiel, S. 53 bezeichneten es ebenso und verglichen es mit dem lateinischen „latrunculi"; s. auch Ranke, Schlangenspiel S. 11 und E. Falkener, a. a. O., S. 14 ff. Wilkinson (a. a. O.) sieht in den nicht direkt am Spiel beteiligten Männern Mora-Spieler, was nach Ranke, Schlangenspiel, S. 10, nicht haltbar ist. Die Spielfiguren stellen Löwen und Löwinnen, nicht Hunde (so Ranke, Schlangenspiel, S. 7; W. L. Fl. Petrie, Objects of daily use, London 1927, S. 56) dar. Gut erhaltene Exemplare dieser Spielsteine (je 3 Löwen und Löwinnen) in einem Grab aus der 1. Dynastie (Den) in Abu Roasch (P. Montet, Kêmi 8 [1946], Taf. VIII und S. 193; ders. CdE 30 [1955], S. 191) und eine Anzahl weißer und roter Spielkugeln (Kêmi 8 [1946], Taf. VII).
24. CD II 61 a, aus dem Grab eines *Špss-Rʿ*, 5. Dynastie. Die Wiedergabe des Schlangenspiels im Grabe des *Jbj*; Fürsten von Theben (Wilkinson, Manners and customs II, S. 54, d. i. Theben, Grab Nr. 36) ist nach Ranke (Schlangenspiel, S. 13 f.) eine Kopie einer Grabdarstellung aus der 6. Dyn. in Deir el Gebrawi (Grab des *Jbj*).
25. J. E. Quibell, The tomb of *Ḥesy*, Kairo 1913, S. 19 f., Taf. XI.
26. Ranke, Schlangenspiel, S. 6 f; P. Montel, CdE 30 [1955], S. 193 f., vertritt die Ansicht, daß der Sinn des Spiels eine Jagd gewesen sein könnte, worauf auch die Stelle der Pyramidentexte (541 a) deuten mag; vgl. auch H. Junker, Gîza IV, Leipzig–Wien 1940, S. 36. Das Ziel war, in einer Fallgrube (am Schwanzende der Schlange in der Mitte des Spielfeldes) die Tiere zu fangen.
27. Quibell, a. a. O., S. 20. Irgendwie muß der Spielgang nach Zahlen, die man zu ermitteln wußte, geregelt gewesen sein, sonst hätte man die rund 550 Felder der Schlangenspieldarstellung bei *Ḥsj-Rʿ* (Quibell spricht von 400, a. a. 0. S. 19) kaum exakt besetzen können. Hinweise auf Astragale oder Wurfhölzer, die auch beim Schlangenspiel benutzt wurden, geben die Darstellungen nicht; vgl. Petrie, a. a. O., S. 56.
28. Bei einem kleinen Schlangenspielbrettchen aus Lapislazuli, in die Frühzeit datiert (Durchmesser 5,2 cm), fehlt die Markierung der Spielfelder; das Stück diente offenbar als Amulett; W. M. Fl. Petrie, Amulets, London 1914, S. 25 und Taf. XII; vgl. Ranke, Schlangenspiel, S. 7 und 13.
29. Die Idee vom Raten der Kugelanzahl in der Hand des Gegners und dem Setzen der Tierfiguren nach dem Resultat wird m. E. durch die Darstellung CD II 61 a unwahrscheinlich, da hier die Kugeln auf dem Spielbrett liegen, während die Spieler die Tierfiguren setzen, wie aus einer Kollation der Originaldarstellung durch P. Lacau eindeutig hervorgeht (so bei Quibell, a. a. O., S. 19). Die Bemerkung Quibells, daß auf den Weidenbachschen Zeichnungen ein geringfügiger Irrtum vorläge, dürfte eine Fehlinterpretation sein; Weidenbach hat – wie eine Kollation zeigte – die Spieler mit zum Setzen der Figuren bereiten, aber leeren Händen gezeichnet, da er offenbar nicht ermitteln konnte, was sie auf der Darstellung in den Händen hielten.
30. Eine monographische Bearbeitung dieses Spiels liegt von E. B. Pusch, Das Senet-Brettspiel im Alten Ägypten, München-Berlin 1979 (=MÄS 38) vor. Erschienen sind bisher die Bände zum inschriftlichen und archäologischen Material (1. 1) und der Tafelband (1. Z); die Diskussion des Materials, auch die Darlegung der Spielweise, ist noch nicht greifbar.
31. So schon in den AR-Darstellungen, vgl. Pusch, Senet- Brettspiel 1. 2, Taf. 1 ff. Die älteste bildliche Überlieferung findet sich auf der Rückseite des Etiketts *ʿḥꜣ* b 2, s. Kaplony, JÄF II, 987 (Anm. 1556); s. auch Petrie, Royal tombs II, S. 21 und Taf. XI. 3. Eine Kollektion von Frühzeithieroglyphen, von denen einige deutlich die Aufteilung in 3 Spielfeldreihen zeigen (aber höchstens 6 Felder je Reihe), findet sich bei H. Petrie, Egyptian hieroglyphs of the first and second dynasties, London 1927, Taf. X II.

32. Der Name des Brettspiels war eindeutig *sn.t*, vgl. Wiedemann, Brettspiel, S. 37 und 45. Wiedemann hält *sn.t* für den Namen des Spielbrettes, doch sollte man annehmen, daß das Spiel diesen Namen getragen hat, während ein mit Spielsteinen besetztes *sn.t*-Brett möglicherweise *mn* geheißen hat. Auch könnte sich im Laufe der Zeit der Name des Spiels geändert haben. Dies ist aber wenig wahrscheinlich, denn es liegen zwischen der aus Darstellungen des AR bekannten Bezeichnung des Spiels und dem Zeitpunkt der Schriftentwicklung nur wenige Jahrhunderte. Immerhin könnte auch hier derselbe Fall bestehen wie bei den Namen für bestimmte Körperteile und dem Lautwert der betreffenden Hieroglyphen.
33. Petrie, Prehistoric Egypt, S. 32; Vandier, Manuel I, S. 405 ff. und 802 ff. Spielsteine aus Saqqara (Grabung Emery) sind in mehreren Exemplaren im Ägyptischen Museum ausgestellt; dort sind ebenfalls die Spielsteine aus dem Grab des Hemaka zu sehen.
34. Jetzt Brüssel, MRAH Nr. E 2957, E. R. Ayrton–W. L. S. Loat, Predynastic cemetery at El Mahasna, London 1911, S. 30 und Taf. 17, Pusch, Senet-Brettspiel, Brett Nr. 1, S. 156 ff., W. Needler, JEA 39 [1953], S. 63 datiert das Spiel S.D. 42. Die von Ayrton angenommenen 30 Felder wurden von Drioton, BSAC 4 [1940], S. 187 und Needler, a. a. O., berichtigt. Pusch, Senet-Brettspiel, S. 157, meint, daß hier ein „besonders angefertigtes, funeräres Modell" vorliege, daß demzufolge die Zahl der Felder weniger wichtiger war als der Typ, zu dem auch die 3 Spielfelderreihen gehörten. Die Ansicht P. Gilberts, daß das Mahasna-Spiel und damit die Senet-Spiele Repräsentationen der beackerten Irrigationsfelder mit 2 Typen von Getreidesilos wären, dürfte stark anzuzweifeln sein; CdE 40 [1965], S. 73.
35. Z. B. Pusch, Senet-Brettspiel, Br. Nr. 156 (?); Brett Nr. 29 a; Brett Nr. 51; Brett Nr. 59. In Darstellungen schwankt die Zahl der Spielfelder von 24 bis 33; vgl. Wiedemann, Brettspiel, S. 47.
36. Petrie, Royal tombs II, S. 36 und Taf. 32; Pusch, Senet-Brettspiel, Brett Nr. 2. Möglicherweise gehörte zu diesem Brett ein elfenbeinener Spielstein des hohen Typs mit Spitze.
37. Aus Abusir, Pusch, Senet-Brettspiel, Bretter Nr. 3 und 4.
38. Entsprechende Texte sind in mehreren Exemplaren aus dem späten NR belegt: Pap. Kairo 58 037, Pap. Turin 1775 und der Text im Thebanischen Grab Nr. 359. Die Texte sind verschiedentlich publiziert und auswertend besprochen von M. Pieper, Brettspiel, S. 26 und ZÄS 66 [1931], S. 16 ff. und Taf. III; W. Needler, JEA 39 [1953], S. 68; H. Jacquet-Gordon, The wandering of the soul, Princeton 1974, S. 117 ff. und Taf. 43–46. Eine neue Zusammenstellung des Materials bei Pusch, Senet-Brettspiel, S. 386 ff. Die astrologische Ausdeutung des Brettspiels setzt vielleicht bei der Idee eines Spiels in der Unterwelt – vgl. auch Herodet II, 122 über das Würfelspiel des Rhampsinit – an, ist aber sicher späten Ursprungs; s. auch Pieper, Brettspiel, S. 29 ff. Die Astrologie ist in Ägypten erst für das 1. Jt. v. u. Z. sicher belegt. Der Einfluß der Planeten und Sterne auf das Schicksal der Menschen oder den Verlauf von Ereignissen war den Ägyptern vorher fremd. Entsprechende Praktiken im Orakelwesen fehlen; s. auch Geschichte des wissenschaftlichen Denkens im Altertum, Berlin 1982, S. 112.
39. J. E. Quibell, The tomb of *Ḥesy*, Kairo 1913, S. 20 und Taf. XI.
40. Verschiedene Passagen im Brettspieltext weisen darauf hin, daß der Spieler seinen Spielstein nach dem Feld *ṯnt* oder nach dem *Pr-nfr*, wohl dem Endfeld, setzt; ob damit das auf den Spielbrettern mit 𓄤𓄤𓄤 bezeichnete Feld gemeint ist?
41. So im Beischrifttext zu einer Brettspielszene im Grab des *Rʿ-špss* in Saqqara; s. Wiedemann, Brettspiel S. 46 und Pusch, Senet-Brettspiel, S. 12 (Darstellung Nr. 3).
42. Ebenfalls im Brettspieltext ist zu lesen, daß man den Gegner vom *Pr-nfr* fernhalten kann; vgl. Anm. 40.
43. Wiedemann, Brettspiel S. 59; W. Needler, JEA 39 [1953], S. 70 f.
44. Wurfstäbe fanden sich zusammen mit einem Spielbrett und Spielsteinen in Abusir; s. W. Emery, Great tombs of the First Dynasty II, London 1954, S. 58 (=Pusch, Senet-Brettspiel, Brett Nr. 4). Auch auf den Darstellungen im Grab des *Ḥsj-Rʿ* sind die Wurfstäbe deutlich neben den Spielsteinen zu erkennen, s. Anm. 39.
45. Astragale sind bei Pusch, Senet-Brettspiel, auf folgenden Darstellungen erkennbar: Da 19, 27, 29, 31 und 34. Gefunden wurden Astragale bei den Spielbrettern: Brett 27, 34–37. Alle Darstellungen und Spielbretter stammen aus dem NR. Würfel, die in Ägypten gefunden wurden, stammen nach Petrie, Objects of daily use, London 1927, S. 57 aus der Ptolemäerzeit; nach Wiedemann, Brettspiel, S. 55 sind alle römisch, nicht ptolemäisch, wie Petrie annahm. Plutarch (De Iside et Osiride, Kap. XII) erwähnt ein ägyptisches Spiel, das mit 2 Würfeln und 2 × 15 Spielsteinen gespielt wurde; vgl. auch Pieper, Brettspiel, S. 32. Die Ägypter galten bei den Autoren der Antike sogar als Erfinder des Würfelspiels, so die

erwähnte Stelle bei Plutarch und Plato, Phaidros Kap. 59; beide nennen Thot als Urheber der Spiele; vgl. Wiedemann, Brettspiel S. 55. Aus der 13. Dynastie gibt es einen Würfelfund, zusammen mit dem Brettspiel Nr. 32 (nach Pusch), heute in Boston, MFA 10. 3095, von Emery in gestörtem Zusammenhang in einem Grab in Zawiet el Aryan ausgegraben. Dieser Würfel wurde wie ein Kreisel gedreht und hatte die Werte 1 bis 4. Ein normaler Würfel, wie wir ihn auch heute noch benutzen, mit den Werten 1 bis 6 und der Summe 7 der einander gegenüberstehenden Werte ist zusammen mit Spielfiguren in einer zum Hemaka-Grab gehörigen Vitrine des Ägyptischen Museums in Kairo ausgestellt. Nach dem bisher Bemerkten dürfte er nicht in diesen Kontext gehören.

46. Wiedemann, Brettspiel, S. 59; E. W. Lane, Manners and customs of the modern Egyptians, Den Haag–London–Kairo 1978, S. 345 ff.
47. So auch H. Jacquet-Gordon, a. a. 0. S. 119 Anm. 10.
48. Sowohl die Darstellung des Senet-Brettspiels im Grab des *Ḥsj-Rꜥ* als auch der große Brettspieltext erwähnen 7 Spielsteine. 7 Steine umfassen auch die Serien, die R. Macramallah in Saqqara fand; R. Macramallah, Une cimetière archaique de la classe moyenne du peuple à Saqqarah, Kairo 1940, S. 15 und Taf. XLIX. 2. Desgleichen kamen Sätze zu sieben Spielsteinen in Helwan zutage: Zaki Y. Saad, Royal excavations at Helwan (1945–1947), Kairo 1951, S. 32 und Taf. 36 a (=Grab 363 H 5). Auf den Darstellungen von Brettspielszenen sind mehr bzw. weniger Spielsteine belegt, entweder zeigen die Darstellungen einen bestimmten Stand des Spiels (weniger als sieben Figuren sind noch im Spiel), oder es galt, den Typ des Spiels zu verewigen, wobei weniger Wert auf absolute Detailtreue gelegt wurde. Spielsteinfunde umfassen oft mehr als sieben Figuren jeden Typs; vielleicht gehörten zu den Spielen Ersatzspielsteine.
49. Die genauen Regeln des Spiels werden demnächst vielleicht von E. B. Pusch im 2. Band des „Senet-Brettspiels" publiziert. Die Andeutungen zum Spielverlauf früherer Autoren (Seyffarth, Birch, Falkener, Wiedemann, Pieper, Petrie), von W. Needler, JEA 39 [1953], S. 70 f. und von W. C. Hayes, The Scepter of Egypt I, Cambridge 1953, S. 249 ff. befriedigen nicht. B. E. J. Peterson läßt in seinem Artikel im LÄ s. v. Brettspiele die Spielregeln außer Betracht.
50. W. B. Emery–Zaki Y. Saad, The tomb of Hemaka, Kairo 1936, S. 28 f. und Taf. 12–14.
51. Ebenda; Emery hält es auch für möglich, daß es sich bei den Scheiben um bes. kunstvoll gearbeitete Spinnwirtel handelt, doch steht dem m. E. die Größe der Exemplare entgegen.
52. Scheibe Nr. 337 mit 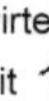 Nr. 335 mit O und Nr. 348 mit IIII. Diese Marken sind mit roter Tinte aufgetragen. Nur die letztere scheint eindeutig eine Zahl zu sein, die anderen beiden entsprechen eher Steinmetzmarken. Die hier aufgeführten Zeichen sind nur die sicher identifizierbaren; auch andere Scheiben tragen Zeichenreste.

6 Metrologisches

In der Auseinandersetzung des Menschen mit der Umwelt, insbesondere in der materiellen Produktion, spielte und spielt das Erkennen von Anzahl, Dimension/Maß und Gewicht/Masse eine bedeutende Rolle. Jede Technik, selbst die primitivste, ist auf die Bestimmung dieser Größen angewiesen.[1]

Mit der Herausbildung des Zahlensystems und der Entwicklung der Zählfertigkeit erhielten die Menschen die Möglichkeit, Maß und Gewicht, aber auch die Zeit zu messen, quantifizierbar zu machen. Aus einem Gefühl für Länge von Gegenständen oder Strecken bzw. für das Gewicht von Körpern, das man schon für die Menschen im Paläolithikum voraussetzen kann[2], entstanden exakte Maße und Meßmethoden. Ausgangspunkt für die Schaffung von Maßsystemen war der Vergleich der Abmessungen von Gegenständen mit denen den menschlichen Gliedmaßen oder anderen, in der Produktionssphäre wichtigen und jederzeit zur Verfügung stehenden Dingen. So entstanden zuerst wohl die Längenmaße in Anlehnung an die Abmessungen der menschlichen Extremitäten. Maße wie Elle, Fuß, Spanne, Handbreite und Fingerbreite gehören in dieser Entstehungsetappe ebenso wie Kornbreite. Längenmessungen waren in einer Periode, in der keine ausgeprägte Erzeugung von Mehrprodukt, kein Handel existierte, die einzigen für die Belange der Produktion erforderlichen. Zur Herstellung von Arbeitsinstrumenten und Waffen, beim Bau von Windschirmen und Hütten, für die Flechtwaren und Gewebe und bei der Fertigung von Fellbekleidung bedurfte man der Festlegung der Längen. Als Meßinstrumente konnten die menschlichen Gliedmaßen[3] dienen, die bei den erwachsenen normalen Individuen einer sozialen Gemeinschaft immer relativ ähnliche Längen besaßen. Elle und Fuß dürfen als die ersten und ursprünglichen Längenmaße gelten.[4] Die kleineren Maße, Spanne, Handbreite und Fingerbreite, entwickelten sich in gleicher Weise und dienten als eigene Maßeinheiten für geringere Abmessungen; sie wurden zur Elle bzw. zum Fuß in Beziehung gesetzt. Die ursprüngliche Teilung der Elle ist sicher die in Hälften und Viertel gewesen.[5] Fuß und Elle benutzte man ursprünglich zum Messen von Längen an Gegenständen unterschiedlicher Art; Fuß galt für Längen auf dem Boden, Ellen zur Feststellung der Länge von Objekten, die man zur Hand nehmen konnte oder die vertikale Ausdehnung besaßen. Die unterschiedliche Nutzungsart erklärt auch die Schwierigkeiten bei der späteren rechnerischen Angleichung der beiden Maße[6] bzw. die Aufgabe des einen oder anderen Maßes in bestimmten Kulturen.[7]

Das Messen mit Hilfe dieser vom menschlichen Körper abgeleiteten Einheiten entsprach mehr einem Schätzen, obwohl – wie Vergleiche mit Kulturen auf entsprechend niedrigem Entwicklungsniveau zeigen – auch mit dieser Methode eine erstaunliche Genauigkeit erzielt werden kann.[8] Man darf auch bei diesem Stadium noch nicht von einem Maßsystem sprechen, denn die Feststellung z. B. der Länge von Gegenständen erfolgte mit Hilfe unstetiger Einheiten; die Messungen waren niemals eindeutig, sobald sie mit den Extremitäten verschiedener Individuen vorgenommen wurden. Die Übereinkunft, innerhalb einer sozialen Gemeinschaft nur ganz bestimmte Einheiten zur Messung zu verwenden, die auch praktikabel und daher geboten erschienen, bedeutete eine gewisse Normung[9], eine notwendige Vorstufe zur Setzung eines Maßsystems. Die Festlegung von verbindlichen Maßen ist an die Herausbildung politischer Strukturen aufgrund sozialökonomischer Entwicklungen gebunden. Innerhalb eines Herrschaftsbereichs bestand ein ökonomisches oder auch kultisches Interesse, nur eine ganz bestimmte Elle z. B. als Maßeinheit zu benutzen, deren Länge durch Markierungen auf einem Brett, einem Baumstamm o. ä. markiert werden konnte und dadurch immer zum Eichen von Ellenstäben oder zum Vergleich mit den individuellen Maßen zur Verfügung stand.[10] Auch die Lösung des Maßes von den Extremitäten und die Produktion von universell einsetzbaren Meßinstrumenten war nun gegeben. Aus der unendlichen Menge unsteter Größen wurde dabei ein Wert – oft wohl der einer Prestigeperson[11] – ausgewählt und als verbindliches Maß erklärt. Damit war der entscheidende Schritt zur Herausbildung eines Maßsystems gegeben, unabhängig davon, ob aufgrund der unentwickelten Meßtechnik eine modernen Anforderungen genügende Maßgenauigkeit möglich war. Meßgenauigkeit ist schließlich eine an den Erfordernissen der jeweiligen Produktion orientierte Größe; sie hängt demzufolge vom Entwicklungsstand der Produktivkräfte ab.

Auf den so entstandenen Längenmaßen fußten die Flächenmaße. Besonders durch die Flecht- und Webetechnik[12] hatte der Mensch gelernt, einfache Flächen zu berechnen; er wußte, wieviel Flechtquadrate z. B. 10 × 10 Flechtreihen als Flächeninhalt besaßen. Durch die Erfahrungen der Produktion war er in die Lage versetzt, aus dem System der Längenmaße einfache Flächenmaße zu entwickeln, Quadratellen und Quadratfuß mit entsprechenden Unterteilungen. Diese entsprachen entweder den natürlichen Teilmaßen dieser Grundmaße oder waren einfach dyadische Bruchteile derselben. Das so entstandene Grundmaß für Flächen entsprach den Belangen der Produktion und des einfachen Austausches; man konnte mit ihm Geflechte, Gewebe, Felle, Hausgrundrisse u. ä. messen. Derartige Messungen waren auch für die Periode, für die diese Aussagen gelten, die einzig notwendigen.

Man darf annehmen, daß die Normierung der Längenmaße für die am frühesten kulturell hoch entwickelten Gebiete, Ägypten und Vorderasien, um die Mitte des 4. Jt. v. u. Z. anzusetzen ist, in einer Zeit, in der erste politische Zusammenschlüsse von überregionaler Bedeutung erfolgten. In den dortigen Gesellschaften von Bodenbauern waren die Erfordernisse der Wirtschaft nicht auf Herausbildung von größeren Flächenmaßen gerichtet. Flächenmaße für Gewebe und Bauplätze reichten völlig aus. Ackermaße entstanden viel später; sie waren entweder Vielfache der einfachen Flächenmaße oder richteten sich nach der Leistungsfähigkeit des Körpers.[13]

Völlig unabhängig von den mit dem menschlichen Körper verbundenen Maßen entwickelten sich Hohlmaße und Gewichte.[14] Erstere entstanden aus dem in den jeweiligen sozialen Gemeinschaften üblichen Gefäßsystem; diese waren in Form, Größe und Material der Tradition und Mode unterworfen. Auch die Herstellungsverfahren prägten ihr Aussehen und ihre Abmessungen. Üblicherweise benutzte man zum Transport und zur Aufbewahrung von Cerealien andere Gefäßtypen als für Öle, Honig, getrocknete Früchte u. a. m. Daher stand am Beginn der Entwicklung von Hohlmaßen eine Fülle verschiedener Gefäße, die jeweils nur für ganz bestimmte Produkte benutzt wurden und sich vielfach auch noch in Zeiten nachweisen lassen, in denen ein genormtes Hohlmaßsystem existierte.[15] Die Normung der Hohlmaße war – wie die der Längenmaße – an die Entstehung größerer politischer Einheiten gebunden. Ein in der Landwirtschaft erzeugtes Mehrprodukt ermöglichte die Arbeitsteilung und die soziale Differenzierung, die Herausbildung eines Systems von Abgaben für den Herrscher, die Kultvollzieher, zur materiellen Absicherung von Kriegszügen u. a., aber auch für primitive Formen des Handels. Genaues Messen der abgegebenen oder auf den Markt gebrachten Erzeugnisse war eine Bedingung für die Funktion der frühen Herrschaftssysteme in der zerfallenden Gentilgesellschaft. Man darf annehmen, daß die ersten genormten Maße diejenigen waren, die zum Messen der am häufigsten gelieferten Abgaben bzw. verhandelten Produkte dienten. So entstanden unabhängig voneinander spezielle Maße für Getreide und getrocknete Früchte und für verschiedene Flüssigkeiten. Die Abstimmung dieser Maße aufeinander erfolgte sekundär in einer Zeit, in der die Normung der Einzelmaße und ihrer Teile (Hälfte, Viertel o. a.) längst Vergangenheit war.[16]

Die Entwicklung des Gewichtssystems ist ebenfalls eng mit der gesellschaftlichen Arbeitsteilung und dem Austausch bzw. der Erhebung von Abgaben verknüpft. Es entstand auf einer fortgeschritteneren Stufe der Produktivkraftentwicklung als die Längen- und Hohlmaße. Die Kenntnis der Hebelwirkung und die Konstruktion primitiver Formen von hängenden Balkenwagen mit Wiegeschalen an jedem Ende des Balkens war Bedingung für das Abwiegen von Gegenständen.[17] Als Wagestücke mögen anfangs

Steine gedient haben, deren Größe durch gesellschaftliche Übereinkunft bestimmt und damit ortsüblich war. Durch Vergleich der Masse des Abzuwiegenden mit der eines oder mehrerer solcher Steine mittels der Balkenwage konnten so mühelos Wägungen durchgeführt werden. Denkbar ist auch als erste Stufe der Entwicklung eines Gewichtssystems das Wägen jeweils gleichschwerer Mengen der zu tauschenden Gegenstände, z. B. Salz und Getreide, wobei als Gegenwert für Salz das Mehrfache an Getreide zu entrichten war, eine Verfahrensweise, die noch in moderner Zeit aus Afrika belegt ist.[18] Der Ersatz des einen Produktes durch ein „Äquivalent" (im Wortsinne) in Form eines durch die am Tauschhandel Beteiligten akzeptierten Steines wäre dann der nächste Schritt zum Gewichtssystem.

Gewogen wurden zuerst Produkte, die nicht in großer Menge vorhanden waren und für die deshalb nicht die Hohlmaße benutzt wurden, z. B. Salz, Gewürze, Goldstaub und Edelmetallerzeugnisse, vielerorts wohl auch Kupfer; unterschiedliche Gewichte für Edelmetalle und andere Produkte sind nachweisbar.[19] Die Normung der vielen Serien von Wagesteinen, die in Gebrauch waren, erfolgte in derselben Entwicklungsphase der Gesellschaft und aus denselben Gründen wie die Festsetzung der anderen Maßeinheiten.

Die Herausbildung von Maßsystemen ist für die Geschichte der Mathematik ein wichtiges Glied in der Evolutionskette. Sie bedingte ein gewisses mathematisches Wissen und vergrößerte es bedeutend.[20] Die Verwendung von Maßen hatte einen bedeutenden Einfluß auf die Entwicklung der Rechenfertigkeiten, denn die einmal gemessenen Quantitäten z. B. bei der Lieferung von Abgaben zur materiellen Absicherung der königlichen Hofhaltung liegen nur noch als Posten in der Abrechnung vor. Man konnte sie nicht mehr abzählen und dann durch Weiterzählen der nächsten Posten die Gesamtmenge bestimmen. Man mußte sie addieren oder voneinander abziehen, um den Magazinbestand oder eine ausgegebene Menge festzustellen.

Maßsysteme als normierte Reihen verbindlicher Einheiten zum Messen von Längen, Flächen, Rauminhalten und Massen entstanden im späten Neolithikum, als ein stabiles landwirtschaftliches Mehrprodukt einerseits ständige Abgaben und primitive Formen des Handels ermöglichte, andererseits eine soziale Differenzierung Exponenten der Gesellschaft heraufkommen ließ, die Abgaben erheben konnten[21] oder Nutzen aus dem Handel zogen.

Die hier kurz skizzierte Entwicklung der Meßsysteme darf auch für die Verhältnisse im Niltal als grundsätzlich gültig angesehen werden. Will man jedoch die Herausbildung der einzelnen Teile dieses Systems genau beschreiben, stößt man auf große Schwierigkeiten, denn die Quellenlage für die vorschriftlichen Perioden ist denkbar schlecht. Was an Relikten für die Verwendung von Maßen an Zeugnissen der materiellen Hinterlassenschaft vorliegt, beschränkt sich auf meßbare Baugrundrisse, Wagesteine und einen einzigen bislang bezeugten Waagenbalken. Auch aus den ersten beiden Dynastien, in denen die Hieroglyphenschrift bekannt war und benutzt wurde, sind nur wenige Belege vorhanden. Dennoch lohnt der Versuch, auch für das prä- und frühdynastische Ägypten metrologische Untersuchungen anzustellen, bei denen man aus sachlichen Gründen vielfach später Belegtes zum Vergleich mit heranziehen muß. Der Traditionalismus der Ägypter gestattet – trotz mancher Veränderungen im Maßsystem im Laufe der mehrtausendjährigen Geschichte – dieses deduktive Herangehen.

6.1 Längenmaße

Für die prädynastische Periode liegen aus Ägypten keinerlei direkte Angaben für die Verwendung von Längenmaßen vor, obwohl man annehmen darf, daß sie sich spätestens während der Negade-II-Kultur, d. h. in der 2. Hälfte des 4. Jh. v. u. Z., entwickelt haben. Aus der frühdynastischen Zeit stammen die ersten schriftlichen Hinweise für den Gebrauch solcher Maße. In Speicherräumen der Djoser-Anlage von Saqqara fanden sich Hunderte von Steingefäßen oder deren Bruchstücke, die zu den Grabausrüstungen von Vorgängern dieses Pharao gehörten. Unter diesen Gefäßen befinden sich einige Schalen, auf die mit Tinte Durchmesser und Höhe angegeben sind[22]: Die Dimensionsangaben lauten *ḥr* (Gesicht, Aufsicht, Durchmesser auch Inhalt) und *ꜥḥꜥ* (Höhe). Die Maße sind in Handbreiten *šsp* und Fingerbreiten *ḏbꜥ* gegeben.

Die Abmessungen der Gefäße verteilen sich wie folgt:

Aufsicht

šsp 3		1 x
šsp 3	*ḏbꜥ* 1	1 x
šsp 3	*ḏbꜥ* 2	2 x
šsp 3	*ḏbꜥ* 3	7 x
šsp 4		6 x

Durchmesser

šsp 4	*ḏbꜥ* 1	4 x
šsp 4	*ḏbꜥ* 2	3 x
šsp 4	*ḏbꜥ* 3	1 x
šsp 5		4 x

Höhe

ḏbꜥ	2	3 x
ḏbꜥ	3	20 x

Aus diesen Aufschriften geht hervor, daß die Handbreite und die Fingerbreite zu Beginn der 2. Dynastie[23] übliche Längenmaße waren. Die Bündelung der Maße war deutlich vollzogen, 4 Fingerbreiten ergeben 1 Handbreite, wie es auch in späterer Zeit üblich war.[24] Das größere Längenmaß, die in Ägypten übliche Elle, tritt in diesen Tintenaufschriften nicht auf; sie muß zu dieser Zeit aber mindestens 6 Handbreiten umfaßt haben. Die für dieselbe Zeit (Nineter) auf dem Palermo-Stein angegebenen Nilfluthöhen[25] zeigen deutlich die Ellen ( *mḥ*), wobei die höchste Handbreitenzahl 5 ist. Andere für metrologische Untersuchungen relevante Maßangaben existieren aus der Zeit der ersten beiden Dynastien nicht, wie etwa die später vielfach bezeugten Nivellementlinien[26] und Angaben zu den Abmessungen von Steinblöcken und ähnlichen Bauanweisungen. Aus diesen wichtigen Dokumenten läßt sich die Anzahl der Handbreiten pro Elle nicht sicher ermitteln; man wird aber annehmen dürfen, daß auch schon zu dieser Zeit die Elle 7 Handbreiten besaß.[27] Ausdrücklich wird auf diesen Sachverhalt auch im Pap. Rhind verwiesen, dessen Glossen lauten:  – *was nun eine Elle angeht, 7 Handbreiten sind es* (z. B. P. Rhind Nr. 45). Zudem sind nahezu alle erhaltenen Ellenstäbe mit 7 Handbreiten und 28 Fingerbreiten versehen. Allerdings wird das 6-Handbreitenmaß allgemein als *mḥ šrj* – kleine Elle bezeichnet; es handelt sich hierbei aber ausdrücklich um ein Teilmaß[28], denn alle Vielfachen der Elle sind benannt[29], besitzen eigene Namen.

Die Länge der altägyptischen Elle wird im allgemeinen mit rund 525 mm angegeben, ein Wert, auf den man sich in der letzten Zeit weitgehend geeinigt zu haben scheint.[30] Da nachmeßbare Ellenstäbe aber erst seit der 12. Dynastie[31] überliefert sind, ist man bei der Ermittlung der Ellenlänge für die früheren Perioden auf die Abmessungen alter Bauwerke als Ausgangspunkt für die metrologischen Untersuchungen angewiesen, eine Methode, die sich bei Bauwerken des AR gut bewährt hat.[32] Für Bauwerke aus der Frühgeschichte des Pharaonenstaates gibt es aber nur die Bemerkungen L. Borchardts über das (angebliche) Grab des Menes, in der er die altägyptische Elle von rund 525 mm schon für die Reichseinigungszeit nachweisen will, ohne dafür ausreichend exakte Daten zu liefern.[33] Seine Argumentation ist jedoch einleuchtend und war Anlaß, weitere Bauten aus den ersten beiden Dynastien – aus der vorausgehenden Zeit liegen keine gut nachmeßbaren großen Gräber vor – zu untersuchen (S. Exkurs 1). Ausgewählt wurden vier unterschiedliche Gruppen von Gräbern:

A Königliche Gräber von Menes bis Djet

B Großgräber mit Nischenarchitektur (Palastfassade) aus der 1. Dynastie

C Grabkammern der 1. und 2. Dynastie in Nagʿ ed-Deir

D Beigräber der Djer-Anlage[34]

Unter Verwendung der für spätere Zeit gesicherten Ellenlänge von rund 525 mm wurden nach den von Reisner angegebenen Abmessungen der Bauwerke (in m, mit 1 bis 2 Dezimalstellen) die für den jeweiligen Bau möglicherweise geplanten Ellen (ganzzahlige Werte mitunter auch halbe, nur für Gruppe C und D wegen der geringen Abmessungen auch Handbreiten) ermittelt. Diese als geplant angesehene Ellenzahl diente als Divisor, um aus den Abmessungen die für das jeweilige Gebäude Ellenlängenwert zu gewinnen.[35] Die Berechnungen ergaben, daß für den Bau aller Gräber eine Elle von rund 525 mm Länge zugrunde gelegt wurde. Die Konfidenzbereiche der einzelnen Gruppen sind folgende:

A	522.61	...	525.85 mm
B	522.82	...	525.02 mm
C	524.04	...	525.95 mm
D	522.95	...	528.77 mm

Die angenommene Ellenlänge von 525 mm findet dadurch eine gewisse Bestätigung. Durch einen Vergleich der verschiedenen Gruppen untereinander ließ sich ermitteln, daß alle Stichproben (Abmessungen) aus derselben Grundgesamtheit stammen können. Wenn auch bei der Ermittlung dieses Ergebnisses das angenommene, erst später bezeugte Ellenmaß zur Gewinnung der Ausgangsdaten verwendet wurde, läßt der statistische Test den Schluß zu, daß schon während der ersten beiden Dynastien die Elle das aus Ägypten wohlbekannte Ellenmaß von 525 mm besaß. Wie auch andere Versuche, die Ellenlänge zu bestimmen[36], zeigen, ist damit ein Wert gefunden, der eher etwas zu hoch gegriffen, aber durchaus akzeptabel ist. Für das Altertum muß man aufgrund fehlender technischer Hilfsmittel mit weit streuenden Meßfehlern[37] rechnen, sodaß der Versuch, die Ellenlänge noch genauer zu bestimmen, müßig erscheint. Der Wert von 525 mm, nahezu exakt ermittelt durch Untersuchung vieler Ellenstäbe, Nilmesserskalen und Gebäudeabmessungen, besitzt gegenüber anderen den Vorteil der guten rechnerischen Handhabbarkeit im metrischen System, denn er ergibt für die ebenfalls in den ersten Dynastien verwendeten Ellenteile folgende Längen:

Handbreite	75,00 mm
Fingerbreite	18,75 mm.

Ein wichtiges Ergebnis der statistischen Untersuchung ist gezeigt zu haben, daß schon in frühdynastischer Zeit im gesamten Niltal dasselbe Ellenmaß Verwendung fand. Das bestätigt die Vermutung, daß mit der Festigung der politischen Macht in Ägypten auch die Normierung des

Maßsystems zumindest der Längenmaße, verbunden war. Inwieweit andere, lokale Varianten dieses Maßes noch weiter benutzt wurden, läßt sich nicht ermitteln. Man darf aber annehmen, daß für die praktischen Belange des Handwerks durchaus eine Vielzahl anderer Längenmaße, wie etwa das aus dem NR belegte Längenmaß „Hackenstiel" zeigt[38], noch lange in Gebrauch war.

Ein Korrektiv zu diesen Untersuchungen bildet die Auswertung dreier Tinteninschriften mit Maßangaben, die C. K. Firth bei seinen Arbeiten auf dem archaischen Friedhof von Saqqara im Grab 3014 fand. Die Aufschriften befinden sich auf flachen Schalen aus grünem Schist, die vollständig erhalten sind und folgende Aufschriften tragen[39]:

Schale 1	*ʿḥʿ*	*ḏbʿ* 3	53 mm
		šsp 3 *ḏbʿ* 3 + Bruchzahl	292 mm
Schale 2	*ʿḥʿ*	*ḏbʿ* 3 + Bruchzahl	62 mm
		šsp 3 *ḏbʿ* 3	280 mm
Schale 3	*ʿḥʿ*	*ḏbʿ* 3	53 mm
		šsp 3 *ḏbʿ* 1 + Bruchzahl	264 mm

Die Verwendung von Bruchzahlen, deren Bedeutung weiter unten untersucht werden soll, läßt auf ein sehr genaues Messen schließen. P. Lacau und J.-Ph. Lauer, die diese Gefäße nach den Aufzeichnungen von Firth veröffentlichten, halten aber Meßfehler während der Fundbearbeitung durchaus für möglich. Die Originale ließen sich nicht wieder auffinden[40], so daß die angegebenen Werte nur bedingt als exakt gelten können.

Die Höhe der Schalen 1 und 3 soll 3 Fingerbreiten (55,25 mm) betragen; mit 53 mm als gemessenem Wert liegt hier eine gute Näherung an den Sollwert vor. Die Kontrolle der Höhe bei der zweiten Schale hängt von der Interpretation der Bruchzahl ab. Ihr Durchmesser sollte 281,25 mm betragen (3 Handbreiten, 3 Fingerbreiten); gemessen wurden 280 mm, ebenfalls ein akzeptabler Wert. Beim Durchmesser der anderen beiden Gefäße kommen wieder Bruchzahlen vor; sie müssen hier vorerst außer Betracht bleiben. In jedem Falle entsprechen die auf diese Weise gewonnenen Werte dem an Bauwerken gewonnenen Sollwert recht gut und können als Bestätigung dafür gelten, daß schon in frühdynastischer Zeit mit der Normalelle von rund 525 mm Länge gemessen wurde.

Berücksichtigt man, daß die Normung eines Maßes normalerweise den Abschluß einer langen Entwicklung bedeutet, während derer sich das Maß als praktikabel erwies und gesellschaftliche Anerkennung als verbindliche Einheit erhielt, muß man die Entwicklungszeit des ägyptischen Ellenmaßes mindestens in die Negade-II-Kultur datieren, d. h. in die 2. Hälfte des 4. Jt. Unklar muß bleiben, ob man sich in dieser frühen Zeit schon der später üblichen Ellenstäbe bedient hat, also einer Übertragung des Körpermaßes auf leichter handhabbare Gegenstände. In der frühdynastischen Zeit hat man derartige Maßstäbe sicher verwendet, denn mit der Normierung war die Abstraktion vom eigenen körpergebundenen Maß verbunden. Die Normalelle, vielleicht im Palast aufbewahrt, legte im gesamten Einflußbereich des Königs die Länge der Maßstäbe fest. Sinnvoll ist eine derartige Maßnahme aber nur, wenn die Residenz entsprechend gefertigte Meßstäbe den königlichen Beamten im Lande zur Verfügung stellte. Die regelmäßig vollzogenen Fahrten des Königs durch das Land, bei denen ihn die hohe Beamtenschaft der Residenz begleitete, haben sicher die Verbreitung des genormten Maßes gefördert. Meßinstrumente sind uns aus dieser Zeit nicht erhalten. Auch die Darstellungen in Gräbern[42] geben keinerlei Hinweise auf das Aussehen der Ellenstäbe. Aus späterer Zeit (seit der 12. Dyn.) liegen Exemplare vor, die teils wirklich als Maßstab gedient haben, teils zu kultischen Zwecken angefertigt worden sind. Zwei verschiedene Formen sind belegt, einfache flache Stäbe (Leisten) und solche mit einem fünfkantigen, unseren heutigen Linealen ähnlichen Querschnitt[43], der das Ablesen der angebrachten Skala erleichterte. Die einfachere Machart ist gewiß schon während der letzten Jahrhunderte des 4. Jh. v. u. Z. in Gebrauch gewesen. Für die Messung größerer Distanzen benutzte man wahrscheinlich Meßstricke, an denen die Ellen durch Knoten markiert waren.[44] Derartige Maßstricke, seit MR auch als Maß von 100 Ellen (*ẖt*) belegt, waren ein Berufssymbol der mit Bauarbeiten befaßten hohen Beamten.[45]

Neben dem Ellenmaß mit seinen Teilen Handbreite und Fingerbreite ist bei den Gefäßaufschriften aus den ersten beiden Dynastien noch ein weiteres Längenmaß belegt, das auf einer Reihe von Vasen auftaucht[46], das  *ḏsr*. Die von F. Lacau und J.-Ph. Lauer gegebenen Beispiele für die Benutzung dieses Maßes sind:

Beispiel 1	*ꜥḥꜥ*	*šsp*	Höhe, 1 Handbreite
	ḥr	*ḏsr*	Durchmesser, 1 *ḏsr*
Beispiel 2	*ꜥḥꜥ*	*ḏhꜥ* 2	Höhe, 2 Fingerbreiten
	ḥr	*ḏsr*	Durchmesser, 1 *ḏsr*
Beispiel 3	*ꜥḥꜥ*	*ḏhꜥ* 3	Höhe, 3 Fingerbreiten
	ḥr[46a]	*ḏsr*	Durchmesser, 1 *ḏsr*,
		ḏbꜥ 1	1 Fingerbreite

Einige der Gefäße, auf denen sich die Inschriften befinden, sind so wenig zerstört, daß eine Rekonstruktion und ein Nachmessen möglich sind. Aus den Maßangaben geht hervor, daß es sich um ein Maß handeln muß, das ein

Mehrfaches der Handbreite ist. Die Editoren geben für die Gefäße, deren Durchmesser sich noch nachmessen läßt, ungefähr 0,32 m als Durchmesser für alle Objekte an. Deshalb schlagen sie vor, das *ḏsr*, dessen Lesung sie nicht für gesichert halten, als 3/5 Elle aufzufassen; der Sollwert für ein solches Maß liegt bei 315 mm.

Eine Teilung des Ellenmaßes ist jedoch bislang für die ältere Zeit nur in Siebtel (Handbreiten), nicht aber in Fünftel belegt, wie überhaupt derartige Teilmaße im gesamten ägyptischen Maßsystem unbekannt sind.[47] Hingegen ist ein Maß *ḏsr* durch die Skalen der Votivellen gut belegt; als *ḏsr* wird hier der Wert von 4 Handbreiten bezeichnet.[48] Die Länge von 4 Handbreiten beträgt 300 mm, würde also – einen entsprechenden Meßfehler in alter oder moderner Zeit einkalkuliert – dem obengenannten Wert von ungefähr 320 mm einigermaßen entsprechen. Ein Vergleich mit dem arabischen sibr, der Spanne, den Lacau–Lauer ziehen, erscheint ungerechtfertigt, denn die ägyptische Spanne entspricht 3 1/2 Handbreiten (262,5 mm), der Hälfte der ägyptischen Elle. Deshalb sollte man das auf frühdynastischen Gefäßen vorkommende *ḏsr* mit dem aus späterer Zeit gut belegten Namen des 4-Handbreiten-Abschnittes der Elle identifizieren. Neues Material bringt vielleicht hierfür eine solidere Grundlage.

Ein weiteres Längenmaß findet sich unter den Angaben zur Höhe der Nilüberschwemmung auf dem Palermo-Stein. Auf der Vorderseite dieses Annalenfragments sind in den Zeilen 2 und 3[49] Teile der Elle mit dem Zeichen bezeichnet. H. Schäfer und K. Sethe fassen es als Spanne auf.[50] Die Belege für dieses Maß sind[51]:

Z. 2	Nr. 11	*mḥ* 4	
Z. 3	Nr. 2	*mḥ* 4	
	Nr. 4	*mḥ* 3	
	Nr. 10	*mḥ* 4	
	Nr. 12	*mḥ* 2	

Die Felder, in denen das Maß auftaucht, gehören nach der Anordnung des Annalensteins[52] alle zur Periode zwischen der Regierungszeit der unterägyptischen Könige und der des Königs Nineter. Da die dritte Zeile wahrscheinlich mit dem Namen der Königin Meretneith überschrieben ist[53], also deren Regierungszeit angibt, ist die erste Belegstelle für (Z. 2 Nr. 11) noch vor die sog. Reichseinigungszeit zu datieren; aus dieser Zeit standen den Kompilatoren des Annalensteins wohl nicht alle Nilstandsangaben zur Verfügung, die Felder 2 und 4 sind unbeschrieben. In den Zeilen 4–6 (Nineter, NN mit Anzeige der Geburt des Chasechemui, Snofru) kommt das Maß nicht mehr vor; die Angaben der Nilfluthöhen werden dafür aber immer genauer, sogar Drittel der Fingerbreite (rund 6 mm) werden registriert.

Nimmt man an, daß den Beamten des königlichen Archivs (oder Priestern des Reichstempels in Heliopolis) Aufzeichnungen aus mehreren Jahrhunderten in Form von Jahrestäfelchen oder anderer, auf vergänglichem Stoff geschriebener Urkunden zur Verfügung standen, als sie den Palermo-Stein anfertigen ließen, dann muß es sich bei den angegebenen Maßen um die alten in der jeweiligen Zeit benutzten handeln.[54] Folglich war in der frühdynastischen Zeit ein Maß für einen bestimmten Teil der Elle gebräuchlich. Schäfer und Sethe haben mit der Annahme, es handele sich bei diesem Maß um die Spanne, sicher recht. Dieser Teil der Elle, deren Hälfte entsprechend, findet sich als *pḏʿ ʿȝ* auf den Skalen der Votivellen.[55] Die Schreibung auf den Ellen zeigt deutlich eine Vogelklaue, die aus dem Zeichen für die gespreizte Hand von den Ägyptern mißgedeutet worden sein soll[56], das nicht in den Bestand der Hieroglyphenschrift gelangt ist. Die Bezeichnung dieses Maßes als „großen Fuß“[57], die Hälfte der königlichen Elle, ist irrig; außerdem ist ein derart kleiner „großer Fuß“ in allen antiken Maßsystemen nicht belegt.[58]

Als Hälfte der Elle besaß die große Spanne eine Länge von 3 Handbreiten und 2 Fingerbreiten, (262,5 mm).[59] Dieses Teilmaß der Elle wurde offenbar nur in der frühdynastischen Zeit und im AR verwendet, nach der 5. Dynastie tritt es nicht mehr auf.[60] Erst seit der 18. Dynastie ist es als Maßbezeichnung auf den Skalen der Votivellen wieder belegt, wird dort aber – die Herkunft des Zeichens war vergessen – mit dem Zeichen der Vogelkralle geschrieben, die sonst den Lautwert *šȝ* besitzt. Für eine Verwendung der Spanne in der Praxis fehlt für die Frühzeit jeder Hinweis. Erst in der 5. Dynastie, als dieses Maß auf dem Annalenstein nicht mehr auftaucht[61], ist es in den Tempelarchiven des Neferirkare und in den Gebeten-Papyri in Hieratisch belegt. Das Zeichen besitzt dort dieselben Formen wie auch auf dem Palermo-Stein.[62]

Die ältesten Belege für die Verwendung von Längenmaßen enthalten auch die für die Entwicklung der Mathematik bedeutenden ersten Bezeichnungen für Brüche. Sie kommen bei den Angaben der Nilstandshöhen auf dem Palermo-Stein[63] als auch bei denen auf den Frühzeitgefäßen aus der Djoser-Anlage vor. Die Bruchbezeichnungen auf dem Annalenstein, in hieroglyphischer Form als Abschrift älterer, unterschiedlich geschriebener Originale, sind von K. Sethe[65] ausführlich behandelt worden und mögen als Ausgangspunkt zur Lesung der Zeichen in den Topfaufschriften dienen. Folgende Schreibungen sind belegt[66]:

Vorderseite	5. Zeile, 1	1/3 (EN, Dyn. 2)[67]
	3	2/3 (NN, Dyn. 2)
	4	1/3 (NN, Dyn. 2)[68]

	5		2/3 (NN, Dyn. 2)
	8		2/3 (NN, Dyn. 2)
	9		2/3 (NN, Dyn. 2)
	10		2/3 (NN, Dyn. 2)
	6. Zeile, 2		1/3 (Snofru)[69]
	4		3/4 (Snofru)
Rückseite	1. Zeile, 2		1/2 (Schepseskaf)
	2. Zeile, 2		1/2 (Userkaf)
Kairo, Fragm. 1, Rückseite, 1			3/4 (NN, 5. Dyn.)

Deutlich sind hier zwei verschiedene Teilungsformen geschieden, die dyadischen[70] und die in Drittel. Von der dyadischen existiert nur das Zeichen , wohl eine aus der hieratischen Form von *gs* – Seite (Wb V. 196)[71] stilisierte Schreibung. Die Teilung in Drittel ist besser bezeugt. Hier kommen für 1/3 die Schreibungen , und die kursivere Form [72] des ersten Zeichens vor. 2/3 werden durchweg geschrieben.

Ebenso wie die Bezeichnungen auf dem Annalenstein stellen die Bruchzeichen in den Tintenaufschriften auf Gefäßen der Frühzeit aus den Magazinbeständen der Grabanlagen von Vorgängern des Djoser Teile von Fingerbreiten dar.[73] Die Aufschriften der Gefäße werden von P. Lacau und J.-Ph. Lauer beschrieben in Maßangaben (in frühhieratischer Kursivschrift) und in Meßangaben in vereinfachter Schreibung (écriture simplifiée), da die Angaben der Dimensionen (*ꜥḥꜥ* und *ḥr*) in letzterer Gruppe fehlen und das Zeichen (*šsp*) nur in Form zweier horizontaler Stricke auftritt. Die Bruchzeichen, die die Editoren „trotz ihrer sehr kursiven Formen" für unterschiedlich halten[74], scheinen aber dennoch, ebenso wie die ausführlichen Schreibungen[75], durchweg das Zeichen für 1/3 (in diesem Falle der Fingerbreite) zu sein.

Die auf den Gefäßen der Frühzeit belegten Bruchzeichen sind folgende:

(normale Schreibung, 3 Belege)

, , (kursive Schreibung, 15 Belege insgesamt)

Diese verschiedenen Schreibungen scheinen durchaus Varianten ein und desselben Bruchzeichens zu sein, das hieroglyphisch auf dem Palermo-Stein geschrieben wird, aber auch in der kursiveren Form belegt ist. Man kann annehmen, daß in der Frühzeit die Grenze zwischen Kursivschrift und Hieroglyphen noch fließend war, eine Vielzahl von Übergangsformen existierte und die kursiven Zeichen nicht durch eine lange Schreibertradition weitgehend normiert waren.[76] Daher ist es verständlich, daß das Zeichen in kursiver Form sowohl als als auch als auftritt, stärker ausgeschrieben als und schließlich als erscheint. Dem letzteren Zeichen ähnelt eine Form , die in derselben Textgruppe einmal belegt ist und zweifelsohne auch einen Bruch darstellt.[77] Für das Bruchzeichen 1/3 hätten wie somit folgende Entwicklungsreihe anzunehmen:

Ein eindeutiger Beweis für die Existenz eines kursiven Zeichens für 2/3 liegt nicht vor, doch könnte man das ebenfalls nur einmal belegte als 2/3 interpretieren.[79] In den hieroglyphischen Schreibungen des Palermo-Steins wird 1/3 stets mit einem Strick am Anfang oder in der Mitte des geschrieben , 2/3 hingegen immer mit einem (längeren) Abstrich am hinteren (linken) Teil des . Das in den Tintenaufschriften auftretende Zeichen sollte deshalb als kursive Form von aufgefaßt werden. Es ist jedoch noch mehr Belegmaterial erforderlich, um diese Annahme zu bestätigen.[80]

Das von der Elle abgeleitete, größere Längenmaß *ḫt* (Wb III 341) ist weder für das AR. noch für die Frühzeit belegt[81], muß aber als existent angenommen werden. In den mathematischen Texten des MR ist es nachgewiesen und diente[82] zum Messen von Feldergrößen. Es ist während der gesamten ägyptischen Geschichte in Verwendung gewesen, im NR als *ḫt n nwḥ* 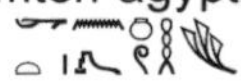 kopt. ϣⲉⲛⲛⲟⲩ.[83] Durch die Berechnungen in den mathematischen Texten und aufgrund eines Turiner Ostrakons[84] konnte zweifelsfrei seine Länge bestimmt werden: 100 Ellen.[85] Das entspricht völlig der Bemerkung Herodots (II 168), daß die Seitenlänge des in Ägypten gebräuchlichen Feldermaßes 100 Ellen sei. Die Existenz eben dieses Feldermaßes, der Arure *sṯꜣt*[86], schon zu Beginn der 4. Dynastie[87] läßt darauf schließen, daß sich schon in der Frühzeit eine solche Hundertfach-Elle herausgebildet hat und in der Praxis benutzt wurde. Man darf annehmen, daß anfänglich, am Ende des 4. Jt. v. u. Z., keine Notwendigkeit bestand, Felder genau auszumessen, da ein privates Grundeigentum nur in Ansätzen bestand; dieses ist aber Bedingung für eine genaue Fixierung der Feldergrößen. Vielmehr dürften die Zwänge des Bauwesens – Vermessung des Terrains, Abstecken des Grundrisses, Kontrolle des Baufortgangs – die Entwicklung eines solchen Maßes gefordert und gefördert haben, denn die Abmessungen der großen Gräber dieser Periode waren mit Ellenstäben nur schwer festzulegen und zu kontrollieren. Das schon beschriebene Band-(Seil-)maß mit einer Länge von 100 Ellen und Knotenmarkierungen dürfte das geeignete Mittel dafür gewesen sein; später wurde es zur Grundlage des Flächenmaßes.

6.2 Flächenmaße

Die ersten Belege für die Verwendung großer Flächenmaße, der Feldermaße, treten im Beginn der 4. Dynastie auf. Die verhältnismäßig kurze Dauer der 3. Dynastie von nur wenig mehr als 50 Jahren[88] legt nahe, die wesentliche Entwicklung der Feldermaße in die Zeit vom Ende des 4. Jt. bis zur Regierungszeit des Djoser zu verlegen. In diese Periode fällt offenbar die in Ansätzen belegte Herausbildung privaten Grundeigentums in der Hand der höchsten königlichen Beamten, das aber im Laufe der 4. Dynastie weitgehend zugunsten zentraler Verfügung über den Boden ausgeschaltet werden konnte.[89] Äußeres Kennzeichen für die Messung der Felder ist das Auftreten von Feldermaßen in der Inschrift des *Mṯn*[90]:

 + Zahl 

oder auch nur

 + Zahl 

Die Angabe der Feldergrößen durch 3 verschiedene Maße bzw. Teilmaße läßt schon zu Beginn der 4. Dynastie auf ein durchgebildetes System von Flächenmaßen schließen. Zur genauen Analyse der Feldermaße des AR ist es allerdings erforderlich, weiteres Material aus dieser Zeit auszuwerten, wie es Fl. LL. Griffith[91], K. Baer[92] und K. Gödecken[93] unternommen haben. Nach deren Untersuchungen ergibt sich folgendes Bild: Es kommen vior verschiedene Feldermaße vor, die miteinander in direkter Beziehung stehen und deren Grundmaß offenbar die normale Elle (*mḥ*) darstellt.[94] Es handelt sich nicht um ursprünglich voneinander unabhängige Maße, die später miteinander kombiniert worden sind. Das zeigen auch die Flächenmaße des MR und des NR, die sich aus dem Maßsystem des AR bzw. der Frühzeit entwickelt haben.[95] Die für das AR belegten Maße sind[96]:

	*sṯ3t*	(belegt bis 1704)
	*ḫ3*	(belegt bis 2 bzw. 3)[97]
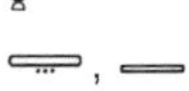	*t3*	(belegt bis 8)
	*mḥ*	(belegt bis 12 + x)

Entsprechend der Anzahl der in den einzelnen Belegen gegebenen Einheiten lassen sich folgende Beziehungen zwischen den Maßen aufstellen:

1	*tꜣ*	>	10 *mḥ*
1	*ḫꜣ*	>	8 *tꜣ*, aber 1 *ḫꜣ* 4 *sṯꜣt*
1	*sṯꜣt*	>	2 (3) *ḫꜣ*

Legt man das streng dekadische Prinzip der Flächenmaße des MR und des NR hier zugrunde, erhält man, wie K. Gödecken gezeigt hat[98], eine auf der Quadratelle basierende Reihe von Maßen für Felder: 1 *sṯꜣt* = 10 *ḫꜣ* = 100 *tꜣ* = 10 000 *mḥ*.

Diese dekadisch aufgebaute Reihe läßt vermuten, daß die Entwicklung der Flächenmaße auf der Bildung von Quadraten der Elle und ihrer Vielfachen basiert:

Grundmaß: (1 *mḥ*)^2	genannt *mḥ* – Elle
1. Erweiterung: (10 *mḥ*)^2	genannt *tꜣ* – Land, Feld
2. Erweiterung: (100 *mḥ*)^2	genannt *sṯꜣt* – das Ausgezogene,

Ausgespannte[99]

Die Quadratelle und das Quadrat – *ḫt* (=100 Ellen × 100 Ellen) bildeten demnach die Basis, auf der sich das spätere Maßsystem entwickelt hat. Die Zwischenmaße *tꜣ* und *ḫꜣ* sind möglicherweise sekundär entstanden, *tꜣ* vielleicht als Bezeichnung für ein gut bearbeitbares Feldstück von 10 × 10 Ellen und *ḫꜣ* als Tausendfaches der Quadratelle. So ließe sich erklären, warum nicht alle Positionen der dekadischen Reihe von 1 bis 10 000 im Maßsystem mit eigenen Bezeichnungen vertreten sind; es fehlt die Stufe von 10 Quadratellen. Sowohl das Maß von 100 *mḥ*^{2} als auch das Tausendfache der Quadratelle kommen später nicht mehr vor[100], sie werden durch Bruchteile des *sṯꜣt*, der Arure, ersetzt, die sich auch zusammen mit diesem Maß entwickelt haben dürften, denn die Bruchteile des Flächenmaßes treten auch schon in den Registern des Palermo-Steins zu Beginn der 5. Dynastie auf.[101] Die Bruchteile der Arure lauten[102]:

1/2 Arure		*rmm*	=	5 *ḫꜣ*		
1/4 Arure	×	*ḥsb*	=	2 *ḫꜣ*	5 *tꜣ*	
1/8 Arure		*sꜣ*	=	1 *ḫꜣ*	2 *tꜣ*	50 *mḥ*

Diese Bruchteile entsprechen der normalen dyadischen Teilungsreihe, die auch beim Hohlmaßsystem verwendet wird und die wohl die ursprüngliche Teilungsart der Ägypter – neben der etwas jüngeren bei den Längenmaßen besprochenen Drittelung – gewesen sind.[103] Sie sind bislang nur für die Arure von 100 × 100 Ellen belegt, dürften aber ebenso für die normale Quadratelle verwendbar gewesen sein. Die Benutzung dieser Bruchteile machte bei vielen Maßangaben die Verwendung einer größeren Zahl von Schriftzeichen für die

Bezeichnung der Teilmaße der Arure überflüssig, entsprach also einer gewissen Schreibökonomie; so z. B.  für *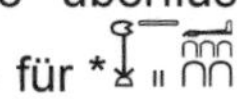

Das Flächenmaßsystem der Frühzeit und des AR stellt sich somit folgendermaßen dar, wobei die Angabe der Quadratmeter auf einer Elle von rund 525 mm basiert:

1 *sṯꜣt*	10 000 *mḥ*²	2756,25 m²
1 *ḫꜣ*	1 000 *mḥ*²	275,62 m²
1 *tꜣ*	100 *mḥ*²	27,56 m²
1 *mḥ*	1 *mḥ*²	0,275 m²
1 *rmm*	5 000 *mḥ*²	1378,12 m²
1 *ḥsb*	2 500 *mḥ*²	689,06 m²
1 *sꜣ*	1 250 *mḥ*²	344,53 m²

Die Grundmaße dieses Systems, die Quadratelle und die Arure, blieben bis zum Ausgang der hellenistischen Zeit Grundlage der ägyptischen Feldermaße; das am dekadischen Zahlensystem orientierte Erweiterungsprinzip wurde ebenfalls beibehalten, ebenso wie die dyadische Teilung der Arure.

Neben den Feldermaßen, die man auch zur Größenangabe von Baugrund und größeren Gebäuden benutzte[104], kannten die Ägypter noch ein weiteres System von Flächenmaßen, die Quantitätsangaben von Stoffen. Dieses ist von F. Posener-Krieger anhand der Gebelen-Papyri herausgearbeitet worden[105], nachdem W. S. Smith bei der Bearbeitung der Stofflisten auf den Opfertafeln mit Speisetischszene des AR schon vermutete, daß es sich bei den Zahlenangaben um Größenbezeichnungen der Stoffe handeln könne.[106]

Auf den Opfertafeln werden die Opfergaben aufgeführt, die dem Toten mit ins Grab gegeben wurden bzw. ihm gespendet werden sollen.[107] Unter den üblichen Gaben wie Brot, Bier, Fleisch, Öle, Getreide nehmen die Stoffsorten in den Registern der Magazinliste dieser Tafeln einen großen Raum ein. Sie sind nach Qualitäten gegliedert; innerhalb der jeweils ein Register einnehmenden Sorte kommen dann stilisierte Darstellungen einer Stoffbahn mit Fransen vor, deren Anzahl 1–9 betragen kann. Die Fransenzahl hat man für die Angabe der Kettenfäden pro Maßeinheit gehalten, also für eine weitere Qualitätsangabe innerhalb einer Stoffsorte.[108] Neben diesen Fransenstoffen tauchten in den meisten Opferlisten auch balkenförmige Zeichen auf, die gleichfalls eine besondere Stoffbezeichnung darstellen mußten, denn wie die Fransenstoffe waren auch diese in den Listen des AR mit der zu Idealzahl 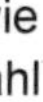 – 1000 versehen. In den Gebelen-Papyri vom Ende der 4. Dynastie oder dem Beginn der 5. kamen nun dieselben Zeichen mit Zahlenangaben vor, die sich auf die Soll- und Ist-Lieferung von Stoffen bezogen und deren Bedeutung dadurch nachprüfbar wurde, daß – wie in Abrechnungen üblich – auch die Differenz zwischen Soll- und Ist-Betrag angegeben ist. Aufgrund dieser

Abrechnungen ermittelte P. Posener-Krieger folgendes Bild der Stoffmaße des AR[110]:

	usw. („Fransen") zeigen die Breite der Stoffbahnen in Ellen[111] an;
▭	stellte die Längenangabe „10 Ellen" dar, ohne Fransen eine Stofffläche von 10 Quadratellen; zugehörige Zahlen sind Vielfache von diesen;
	die normale Kombination beider bezeichnet eine Stoffbahn von 1 Elle Breite und 10 Ellen Länge;
	unter den Stoffbahnzeichen sind ebenfalls Längenbezeichnungen;
▯	bedeutet „100 Quadratellen".

Diese Stoffmaße stellen kein reines System von Flächenmaßen dar, sondern eine Mischung aus Längen und Flächenmaßen. Bei den geringeren Stoffbreiten ( bis  im Papyrus, auf den Opfertafeln selten )[112] werden die Längen der Bahnen angegeben (durch den die Fransen verbindenden Balken, Zahlen als Vielfache desselben, dazu noch Ellenangaben mit entsprechenden Unterteilungen). Dadurch ist die Fläche des jeweiligen Stoffes sofort errechenbar oder auch ablesbar, wie z. B. bei  d. s. 20 Quadratellen. Bei höherer Fransenzahl, also sehr breiten Stoffen, und bei unbekannter oder nicht relevanter Stoffbahnbreite begnügte man sich mit der Angabe der Fläche durch ▭ und ▯. Stoffbahnen von 100 Quadratellen (das wären 10 Fransen auf einem Balken) sind in der Opferliste durch  bezeichnet. Ein weiteres Maßzeichen ist , das man entsprechend der dekadischen Ordnung des Stoffmaßsystems provisorisch als 1000 Quadratellen fassen möchte, ohne dafür einen schlüssigen Grund angeben zu können.[113]

Die Stoffmaße des AR wären somit:

 bzw. ▭	10 Quadratellen
▯ oder 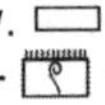	100 Quadratellen
	1000 Quadratellen

Die Basis des Systems ist die Quadratelle; das Ellenzeichen wird nur als Zusatz (Teilmaß) zu einer Breiten- oder Flächenangabe geschrieben, die als

„Fransen“ (⅄=1 *mḥ* Breite) oder mit ▭ (=10 Quadratellen) bezeichnet werden. Eine Quadratelle wäre demnach ⅄, eine Schreibung, die in dieser Form nicht belegt ist[113a], denn die Stoffbezeichnung (× Ellen Breite) steht in den Registern der Gebelen-Papyri jeweils als Überschrift: ⅄, ⅄⅄ usw. (=1 Elle × 10 Ellen, 2 Ellen × 10 Ellen usw.).

Dieses gemischte System ist demnach zu den Flächenmaßen zu rechnen[114], denn bei seiner Anwendung kam es in jedem Falle darauf an, die Fläche der jeweiligen Stoffmenge anzugeben, wofür man sich bei geringen Breiten mit der Benennung von Länge und Breite begnügte, bei höheren Breiten oder nicht relevanter Bahnbreite der Stoffe die Flächenbezeichnung verwendete.

Die Stoffmaße waren in der 4. Dynastie nach den Belegen in der Magazinliste des AR und des Gebelen-Papyri voll entwickelt und wurden sowohl im Wirtschaftsleben als auch im funerären Bereich zur Angabe der Stoffquantitäten verwendet. Wie bei den anderen Maßsystemen darf man auch hier annehmen, daß sich in der Frühzeit die wesentlichen Teile dieser Flächenmaße herausgebildet haben. Vielleicht forderten und förderten die Berechnung und Verrechnung der Abgaben, die ägyptische Gemeinden an die frühzeitlichen Herrscher zu entrichten hatten, die Entwicklung einer Methode, die Menge der angelieferten Stoffe zu bezeichnen. Naheliegend war die Verwendung von Längenmaßen zur Angabe der Länge der Stoffbahnen; ihre Breite entsprach den Möglichkeiten der ägyptischen Webstühle, mußte aber auch vermerkt werden.[115] Hierzu verwendete man offenbar Bündel der Kettfäden, die jeweils für eine Elle Stoffbreite zusammengerafft und geknotet wurden. Auf diese Weise entstand das charakteristische Bild der Fransen ⅄, die anfänglich vielleicht tatsächlich an den Stoffballen sichtbar belassen wurden.[116] Für die Angabe der Stoffmenge war es dadurch ausreichend die Menge der Fransen anzugeben und ein Maßzeichen für die Länge hinzuzusetzen; man benutzte hierzu das Zeichen für den Stoffballen, an dem die Fransen befestigt waren.[117] Normale Stoffballen mögen eine Länge von 10 Ellen besessen haben, was die Bedeutung der so gewonnenen Maßbezeichnung bestimmte. Die Längenmaße und der dekadische Aufbau des Zahlensystems bzw. der Feldermaße bewirkten auch bei den Stoffmaßen die Herausbildung dekadischer Vielfache. Die Schreibung der Feldermaße beeinflußte die Gestalt der Stoffmaßhieroglyphen; in Anlehnung an die Arure (▭) und das Maß *tꜣ* (▭) schrieb man das Stoffmaß von 10 Quadratellen schließlich ▭ und nahm keinerlei Bezug auf die Tatsache, daß es sich um einen Stoffballen handelt.[118]

Archaische Opfertafeln, die in der Magazinliste Stoffmaße des beschriebenen Typs aufweisen, sind seit dem Ende der 1. Dynastie belegt.[119] Auf allen Opfertafeln, die zumeist in Saqqara und Helwan gefunden wurden, nehmen die Stofflisten einen großen Raum ein.[120]

Die einfachsten, vielleicht auch ältesten Listen zeigen lediglich die Zeichen für Fransenstoffe , , u. ä. ohne irgendeine Zahlenangabe; breiter liegende Bahnen werden geschrieben.[121] Das Fehlen von Zahlenangaben bei diesen primitiven Listen, die erste Anfänge einer Registergliederung zeigen, ist nicht auf die Stoffliste beschränkt.[122] Die nächstjüngere Gruppe umfaßt Opfertafeln, auf denen die Opfer mit Quantitätsangaben versehen sind; dabei handelt es sich um kleine, wohl real gespendete Mengen, die dem tatsächlichen Bestand der Magazine entsprochen haben könnten. Wenige Exemplare dieser Gruppe setzen wohl für Brot, Bier, Fleisch u. ä. die Mengen fest, nicht aber für die verschiedenen Stoffsorten. Das könnte als Hinweis darauf gewertet werden, daß die Hieroglyphen für die Stoffe Maßbezeichnungen an sich sind, daß keine weiteren Zahlenangaben erforderlich waren.[123] Stehen hier dennoch Zahlen, so sind sie als Vielfache der bezeichneten Stoffmenge (Ballenbreite × 10 Ellen Länge) zu werten. Gegen Ende der 2. Dynastie ist der Übergang zur erstarrten, idealen Opferliste festzustellen, deren Zahlen nur noch fiktiv und vielfach schon die Idealzahl – 1000 (oder mehrere Tausend) sind.[124] Die in diesen Listen auftretenden Zeichen für die Stoffmaße entsprechen im wesentlichen denen der Papyri aus Gebelen und Abusir; man war sich also der Bedeutung dieser Maße wohl bewußt.

Die Entstehung dieser Stoffmaße war gebunden an die besondere Rolle, die Erzeugnisse der Weberei bei den Abgaben an den Herrscher im frühzeitlichen bzw. spätprädynastischen Ägypten spielten. Sie basieren auf den gültigen und normierten Längenmaßen, deren Verbindlichkeit für alle Betriebe der Produktion und Distribution nur wenig früher festgelegt worden sein mag. Durch die Art der Herstellung war die Angabe der Stoffbreiten weitgehend vorgeprägt, beruhte aber auch auf der Basis der Elle. Die Breitenangabe ist der einzige Hinweis auf eine alte, handwerkstypische Meßmethode; sie wurde vollständig in das genormte Maßsystem integriert, ein Vorgang, der gerade bei Sondermaßsystemen selten zu beobachten ist. Sondermaße bewahren im allgemeinen ältere, traditionelle Einheiten, Bezeichnungen und Meßmethoden zäh und lange.[125] Das ägyptische Stoffmaß ist daher durchaus als „modernes“ Maß aufzufassen, vielleicht auch deshalb, weil der Zwang zum Messen bei der Textilherstellung von derselben gesellschaftlichen Kraft ausging, die auch die anderen Maße normiert hat, von der Abgaben erfassenden Rechnungsstelle am Hofe der Herrscher.

6.3 Hohlmaße

Die Entwicklung der Hohlmaße der Ägypter läßt sich nur bis in die Frühzeit zurückverfolgen. Man darf davon ausgehen, daß auch in Ägypten die Hohlmaße sich aus den üblichen Transport- und Aufbewahrungsgefäßen für Getreide und körnige Produkte sowie für Flüssigkeiten entwickelt haben.[126] Vielfach wird man beim primitiven Tauschhandel sogar die Gefäße einschließlich des Inhalts angeboten haben, wie ja auch die Lieferungen für die Grabausstattung der frühzeitlichen Herrscher aus Produkten und Gefäßen bestanden.[127] Deshalb darf man unter der großen Zahl von Gefäßen, die sich in den Gräbern der neolithischen Kulturen des 4. Jt. fanden, einige Typen durchaus als Vorläufer der späteren Hohlmaße erkennen; denn die Sitte, ganz bestimmte Gefäße für bestimmte Erzeugnisse als „Verpackung“ und als Maß zu verwenden, ist auch aus dynastischer Zeit gut bekannt.[128] Gefäße zur Aufbewahrung und zum Transport von Getreide u. ä. körnigen Produkten konnten Säcke, Körbe und Krüge aus Stein oder Keramik sein; für Flüssigkeiten kamen nur letztere in Betracht.[129] Man wird dementsprechend auch zwei verschiedene Serien von Hohlmaßen erwarten, Maße für Getreide und getrocknete Früchte, und solche für Flüssigkeiten, von denen Öle, Wein, Honig und Bier die am besten belegten sind. Die materielle Hinterlassenschaft der neolithischen Niltalbauern läßt es jedoch nicht zu, Schlüsse über den Maßcharakter der als Grabbeigaben gefundenen Gefäße zu ziehen. Erst die Grabausstattung der frühzeitlichen Herrscher bietet, zusammen mit den Magazinlisten der Grabplatten mit Speisetischszenen, die Möglichkeit, Aussagen über die ältesten Hohlmaße zu machen, denn in diesen Magazinlisten kommen zu den Namen der Erzeugnisse auch die der Gefäße (ihr Abbild als Hieroglyphe) und – zumindest in den späteren Listen – auch Zahlenangaben. Aus den Grabausstattungen sind vielfach Gefäßaufschriften bekannt, die Inhalt und Herkunft des Inhalts sowie den Adressaten (Name des bestatteten Herrschers) angeben.[130] Dadurch lassen sich die Gefäße sowohl als Verpackung als auch als Maß auffassen. Etiketten mit Zahlen als Quantitätsangabe einer Lieferung bzw. einer Grabausstattung sind ebenfalls belegt, doch geben sie wenig Aufschluß über die Art der verwendeten Maße. Außerdem handelt es sich zumeist auch um recht hohe Zahlen, so daß man an relativ kleine Einheiten denken möchte. Kaplony[131] gibt für Öl-Etiketten folgende Liste:

	Annalistische Etiketten
König *ꜥḥꜣ* (Aha)	1000, 100, 200 und 300

Sḥtj (Sechti)	600 und 400
Wꜣḏ (Wadj)	1100
Dwn (Den)	1300 und 1200
	Öletiketten
Dwn (Den)	1200 und x + 200

Eine Inschrift auf einer Topfscherbe aus der Zeit des Nineter nennt 1500 Öle. Derartige Zahlenangaben bezeugen trotz der interpretatorischen Probleme, daß man z. B. Öllieferungen gemessen hat, wenn auch das verwendete Maß nicht bezeichnet wurde.[132] Das läßt nur den Schluß zu, daß den Lesern eines solchen Etiketts klar war, um welche Einheit es sich gehandelt hat.

Die aus der Frühzeit stammenden Magazinlisten erlauben, die für Öl verwendeten Transport- und Aufbewahrungsgefäße näher zu bestimmen. Nach diesen Listen werden Öle und Fette in folgenden Gefäßen in den Magazinen gelagert:[133]

jꜣt – Krug
šꜥ – Krug
šrj-ꜥ – Krug
ẖnm – Krug

Für Getränke werden benutzt[134]: Gewöhnliche Vorratskrüge mit Deckel oder Nilschlammverschluß, daneben noch *ḥs*-Krug und nmst-Krug. Auch die einfache Schale *ꜥ*, ist für Getränke belegt.
Bis auf die allgemeine Bezeichnung *ꜥ* ist von den hier aufgeführten Gefäßen keines in der Liste der Quasi-Maße enthalten, die unter Auswertung eine Fülle von Belegmaterial für die spätere Zeit aufgestellt wurde.[135] Das im AR gut belegte Maß *ḏw(t)* (, , vielleicht auch Wb V 449 und 451), von dem 2 auf ein *bꜣkt* gerechnet wurden[136], kommt in den Magazinlisten nicht vor, wenn man nicht das Ölgefäß (*ẖnm*-Krug)[137] für dieses Maß ansieht. Die Verwendung von Bruchzahlen bei Maßangaben für Öl[138] im AR läßt vermuten, daß die Ölmaße genau geregelt waren und feststand, Teil welcher Einheit gemeint war.

Aus dem bisher vorliegenden Material läßt sich bis jetzt nur ermitteln, daß in der Frühzeit eine größere Anzahl von Gefäßen für die Aufbewahrung und den Transport von Öl verwendet wurden, daß aber das Maß, das den Zahlenangaben auf den Etiketten zugrunde liegt, nicht bekannt ist. Vielleicht handelt es sich um das Maß *ḏw/ḏwt*, daß im AR für Öl und Fette Verwendung fand. Das für die spätere Zeiten allgemein für Flüssigkeiten benutzte kleine Maß *hnw* (Hin, Wb II 493), welches seit der 5. Dynastie

(Pyramidentexte) belegt ist, läßt sich in der Frühzeit nicht nachweisen; der als Determinativ dieses Wortes verwendete Krug  wird in den Magazinlisten nicht verwendet, kommt aber als Grabbeigabe vor.[139]

Für Getreide und körnige Substanzen sind aus den Magazinlisten verschiedene Transport- und Meßgefäße bekannt[140]:

 – einfache Vorratskrüge mit Nilschlammverschluß

 – Schalen

 – zweizipfelige Säcke

 – Beutel mit Verschnürung. Das seit dem AR normale Determinativ für Getreide, das Maßgefäß , ist für die Zeit des Den belegt.[141] Krüge als Getreidegefäße in den Magazinlisten vorkommend sind durch die Tintenaufschriften auf Gefäßen mit Steuervermerk und durch Funde von Krügen mit Getreideresten vielfach bezeugt.[142] Für geringere Mengen war es sicher eine praktikable Art, Getreide aufzubewahren und vor Schädlingen zu schützen. Größere Getreidemengen wurden in Säcken oder Körben transportiert und darin auch kurzzeitig gelagert. Für die Lagerung über längere Zeiten schüttete man die Körner in Speicher, wie sie durch die Hieroglyphen  und , Darstellungen und Modelle vom AR geläufig sind.[143] Die Magazinlisten der Grabplatten aus der 3. Dynastie zeigen vielfach schon diese Hieroglyphen als Determinativ für die verschiedenen Getreidesorten.[144]

Um Rückschlüsse auf die als Getreidemaß verwendeten Gefäße ziehen zu können, ist es angebracht, das für das AR und das frühe MR inzwischen gut herausgearbeitete System vorzustellen.[145] Zwei Getreidemaße sind bekannt, ein großes Maß, der Sack , wahrscheinlich schon im AR *ḫꜣr* zu lesen[146], und ein kleineres, das mit dem Scheffelzeichen  geschrieben wird und das man *ḥḳꜣt* lesen sollte.[147] Dem *ḫꜣr*-Maß dürfte das aus den mathematischen Texten bekannte Volumen von 2/3 Kubikellen zuzuordnen sein.[148] Seine Anzahl wird mit Zahlenzeichen geschrieben, während das kleinere Maß *ḥḳꜣt* mit Punkten notiert wird; nach neun Punkten für das *ḥḳꜣt* wird zu einem *ḫꜣr* übergegangen.[149] Das ist dasselbe Verfahren der Hohlmaßbezeichnung, wie es im MR gut belegt ist; 10 *ḥḳꜣt* entsprechen 1 *ḫꜣr*.[150] Diese Hohlmaßsystem liegt offenbar auch schon in den AR-Papyri (Abusiv, Gebelen)[151] vor und ist auch in den *Ḥḳꜣ-nḫt*-Urkunden geläufig. In diesen Dokumenten wird das *ḥḳꜣt* dyadisch geteilt; die verschiedenen Teile sind mit den Teilen des Horusauges geschrieben.[152] Das Getreidemaßsystem besitzt dementsprechend folgende Einheiten:

	*ḫꜣr*		1/8 *ḥḳꜣt*
	*ḥḳꜣt*		1/16 *ḥḳꜣt*
	½ *ḥḳꜣt*		1/32 *ḥḳꜣt*
	¼ *ḥḳꜣt*		1/64 *ḥḳꜣt*

Unklarheit besteht darüber, welche Art von *ḥḳꜣt*-Maß diesem System zugrunde liegt. Im MR kennt man Einfach-*ḥḳꜣt*, Doppel-*ḥḳꜣt* und Vierfach-*ḥḳꜣt* (das *jpt* des NR)[152], wobei nur in seltenen Fällen genau angegeben wird, mit welchem dieser dyadischen Vielfachen des *ḥḳꜣt* zu rechnen ist. So werden auch für die Maße des AR sowohl Doppel-*ḥḳꜣt* als auch Vierfach-*ḥḳꜣt* als Grundlage des Systems angenommen. Gute Gründe brachte T. G. H. James für die gleichzeitige Verwendung eines Einfach-*ḥḳꜣt* und eines Doppel-*ḥḳꜣt* vor, die man offenbar für verschiedene Getreidesorten benutzt hat; in der entsprechenden Urkunde wird eindeutig angemerkt, daß die aufgeführten Posten „mit dem großen Maßgefäß" (*ỉpj.t ꜥꜣt*) gemessen seien.[154] Andererseits scheint das häufige Vorkommen von (1/64) in den Gebelen-Papyri dafür zu sprechen, ein Vierfach-*ḥḳꜣt* als Grundmaß den anderen vorzuziehen, denn bei einem Einfach-*ḥḳꜣt* wäre 1/64 nur wenig mehr als 7 cm^3.[155] Ein Doppel-*ḥḳꜣt* (1/64 ≈ 15 cm^3) wäre hier m. E. schon denkbar. Da das 10-fache des Grundmaßes jeweils der Sack *ẖꜣr* ist, muß man auch mit einem einfachen und einem Doppel-Sack rechnen, wie es James vorschlägt.[155] Dieser Doppel-Sack entspräche dann dem *ẖꜣr* von 20 *ḥḳꜣt*, den die mathematischen Texte als 2/3 der Kubikelle nennen (5 Vierfach-*ḥḳꜣt*). Ein Vierfach-Sack ist nicht belegt. Vielleicht liegt das auch an der Größe der Getreidemenge (nahezu 200 l Getreide), denn eine derartige Menge läßt sich in einem Sack nur noch schwer transportieren. Der Doppel-Sack zu 10 Doppel-*ḥḳꜣt* bzw. 20 einfachen *ḥḳꜣt* wurde im MR zum normalen Maß, im NR bestimmte man ihn neu auf 16 *ḥḳꜣt* (4 Vierfach-*ḥḳꜣt* oder *jpt*).[157]

Wir hätten für das AR und das frühe MR demnach folgende Reihe von Hohlmaßen (mit dyadischen Vielfachen und Teilen, aber auch dekadischen Vielfachen):

10 Doppel-*ẖꜣr*
10 *ẖꜣr*
Vierfach-*ḥḳꜣt*
Doppel-*ḥḳꜣt*
ḥḳꜣt
Teile des *ḥḳꜣt* von 1/2 bis 1/64.

Die im Grab des *Ḥsj-Rꜥ* in zwei Serien dargestellten Getreidemaße (wohl aus Holz in Böttgerarbeit, die zweite Serie vielleicht aus Kupferblech oder Leder)[158] zeigen je 14 verschiedene Meßgefäße, von denen das eine jeweils das Doppelte des nächstkleineren ist.[159] Vielleicht sollte mit dieser Reihe das *ḥḳꜣt*-Maßsystem mit seinen dyadischem Vielfachen und Teilen (4 *ḥḳꜣt*, 2 *ḥḳꜣt*, *ḥḳꜣt*, ½ *ḥḳꜣt*, ¼ *ḥḳꜣt*, 1/8 *ḥḳꜣt*, 1/16 *ḥḳꜣt*, 1/32 *ḥḳꜣt* und 1/64) dargestellt werden. Es blieben bei dieser Interpretation aber immerhin 5 Maßgefäße, die keinem der aufgeführten Einheiten zugeordnet werden können. Nach der Darstellung kann es sich bei den kleinen Teilen gut um das Maß *r3* und seine Vielfache handeln[160], etwa 1 *r3* (1/5 von 1/64 *ḥḳ3t*, 2 *r3* usw.), denn auch bei diesen kleinen Einheiten scheint das Verhältnis zwischen zweien jeweils 1:2 zu sein. Die Darstellung eines *ẖ3r* bei den großen Maßgefäßen ist abzulehnen, da 1 *ẖ3r* 2 ½ Vierfach-*ḥḳ3t* oder 5 Doppel-*ḥḳ3t* sind, legt man das 10-*ḥḳ3t* fassende *ẖ3r* zugrunde; beim 20 *ḥḳ3t*-Maß wären es entsprechend 5 Vierfach-*ḥḳ3t*, jeweils also mehr als das Doppelt- bzw. Vierfache.

Ebenso wie bei den Längenmaßen[161] sind auch bei den Hohlmaßen die frühesten Belege unter den Tintenaufschriften auf Gefäßen der ersten beiden Dynastien zu finden, die in den Magazinen der Djoser-Anlage deponiert waren.[162] P. Lacau und J.-Ph. Lauer veröffentlichten eine Anzahl derartiger Tintenaufschriften, die auf der Außenseite großer zylindrischer oder bauchiger Gefäße angebracht sind, in denen man üblicherweise Flüssigkeiten und Getreide aufbewahrte. Allen Angaben geht ein Zeichen voraus, das zweifelsohne eine kursive, frühhieratische Form des  ist, das bei anderen Gefäßen, deren Abmessungen auf die Innenseite geschrieben sind, als Bezeichnung für die Innenfläche erkannt wurde.[163] Von der Grundbedeutung „Angesicht (des Gefäßes)“ (=Innenfläche) ist die Bedeutungserweiterung zu „Inhalt“ denkbar, ein Ausdruck, der sich jedoch in der Fachterminologie der ägyptischen Mathematik als Bezeichnung des Volumens nicht gehalten hat.[164]  folgt bei 5 der 10 (Nr. 1–10) von Lacau und Lauer publizierten Aufschriften eine Maßbezeichnung

 Nr. 6

 Nr. 7

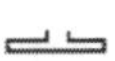 Nr. 8

 Nr. 9

 Nr. 10

Die Editoren der Inschriften schlagen als Lesung dieses Maßes *ḥtp* (nach einer ähnlichen Aufschrift

 Nr. 11

derselben Serie von Aufschriften) vor. Man wird in ihm aber eine frühe Form des bekannten Zeichens  für das *ḥḳ3t* vermuten dürfen. Die im Grab des

Ḥsj-Rʿ dargestellte Serie von Maßgefäßen, in denen man das *ḥḳ3t*, seine Teile oder Vielfache sehen muß, hat etwas andere, gedrungenere Formen, aber deutlich eine Daube in der Mitte.[165] Bei den Hieroglyphen für derartige Gefäße ist mitunter diese Daube deutlich (Gardiner, Sign-list U9), manchmal sind aber nur die Dauben am Boden und am oberen Rand sichtbar (Möller, Hierat. Pal. I 470, Zeichenform Dyn. 6). Bei den AR-Darstellungen des Maßgefäßes bei der Entnahme von Getreide aus dem Speicher besitzt es zumeist die etwas schlankere Form.[166] Die auf den frühdynastischen Gefäßen vorkommenden kursiven Hieroglyphen für das Maßgefäß zeigen einen Griff in der Mitte des Gefäßes, ungefähr in der Höhe der Mitteldaube, der die Handhabung des Gerätes erleichtert haben dürfte, jedoch anderweitig nicht nachweisbar ist.[167] Dieser Griff in der Gefäßmitte gibt dem liegenden Maß, aus dem das Getreide herausrieselt, eine gewisse Ähnlichkeit mit der Opfermatte *ḥtp*:

Maßgefäß Opfermatte .[168]

Gegen eine Auffassung des Zeichens als Opfermatte spricht besonders die Andeutung des aus dem Maßgefäß rieselnden Getreide, das zu einem Charakteristikum der Hieroglyphe wurde und in der hieratischen Form schon in den AR-Texten stärker hervorgehoben wird als das Maß selbst.[169] Eine Interpretation des Griffes als ein seitlich auf das liegende Maß abgelegtes Abstreichbrett, wie es bei den großen Maßgefäßen im Grab des *Ḥsj-Rʿ* in der Form auftritt[170], ist wenig wahrscheinlich, obwohl bei größeren Gefäßen ein derartiges Instrument für ein genaues Messen unerläßlich war, zur Meßausrüstung gehörte.[171] Man wird demzufolge die Hieroglyphe als eine Frühzeitform des kanonischen Zeichens ansehen und das in den erwähnten Inschriften verwendete Maß *ḥḳ3t* lesen dürfen.

Dem Zeichen , das bei einigen Aufschriften auch fehlen kann (Nr. 1–5), folgen Zahlenangaben, auch Bruchbezeichnungen:

Nr. 1

Nr. 2

Nr. 3

Nr. 4

Nr. 5

Nr. 6
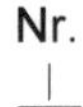

Nr. 7

Nr. 8

Nr. 9

Nr. 10

Diese Zahlenangaben passen sehr wohl zu einem einfachen *ḥḳ3t* als Einheit (4. 805 l). Nimmt man für eine Berechnung an, daß die Gefäße, auf denen die Tinteninschriften stehen, zylindrische Krüge sind, ergibt sich folgendes Bild: Die sicher lesbare Angabe von Nr. 5, 9 *ḥḳ3t* = 43,245 l, ergibt als Innendurchmesser für ein 80 cm hohes Gefäß einen Wert von 26,2 cm, was durch den Abmessungen der bei Ausgrabungen gefundenen Vorratsgefäßen entspricht. Der Inhalt vom Gefäß Nr. 10, wahrscheinlich 15 *ḥḳ3t* = 72,075 l, entspricht bei einer angenommenen Innenhöhe des Kruges von 1 m einen Innendurchmesser von 30,3 cm, stellt damit einem recht großes Exemplar derartiger Getreidekrüge dar.[172] Bei bauchigen Gefäßen verringerte sich die Höhe der Gefäße. Wenn auch diese rohe Berechnung eine genaue Restaurierung und Inhaltsmessung der entsprechenden Vorratskrüge nicht ersetzen kann und soll[172a], so macht sie dennoch die Annahme des einfachen *ḥḳ3t* von 4,805 l als Grundmaß für Granulate für die Frühzeit wahrscheinlich. Ein anderes Hohlmaß läßt sich für diese Zeit nicht nachweisen.[173]

Um Maßangaben in *ḥḳ3t* dürfte es sich auch bei einer Be- oder Abrechnung handeln, die in roter Tinte auf die Wandung eines kugeligen Gefäßes geschrieben ist, das sich ebenfalls in den Magazinen der Djoser-Anlage fand.[174] Es handelt sich hier um folgende Zahlen:

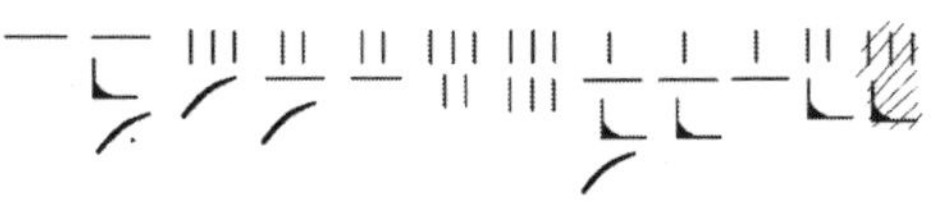

Diese Zahlenreihe enthält dieselben Ausdrücke für Teilmaße, wie die oben besprochenen 10 Vorratsgefäße zeigen. Nimmt man an, daß man bei der Teilung des Hohlmaßes *ḥḳ3t* in der Frühzeit nach demselben Prinzip verfuhr, wie es seit dem AR gut belegt ist, müßten hier die Bruchteile der dyadischen Reihe vorliegen.[175] Es bedeuteten dann: 1/2 *ḥḳ3t*

 1/4 *ḥḳ3t*

 1/8 *ḥḳ3t*

Weitere Teilmaße sind bislang nicht belegt.

Die in diesen Dokumenten vorkommenden, kursiv oder frühhieratisch geschriebenen Teile des Hohlmaßes entsprechen zwar aller Wahrscheinlichkeit nach der aus späterer Zeit wohlbekannten dyadischen Reihe, ihre Schreibungen passen aber – so scheint es – keinesfalls zu den mit dem Teilen des Horusauges geschriebenen Bruchteilen des *ḥḳ3t*.[176]

Die Wahl der Teile des Horusauges zur Bezeichnung der Teile des Hohlmaßes bedeutet, daß priesterliches Bemühen um Vereinheitlichung der Schreibung Eingang in die Gestaltung der Zeichen gefunden hat. Die Einbindung des Mythus vom Horusauge in den Mythenkreis um Osiris gibt dabei Anhaltspunkte für eine Datierung.[177] Offenbar hat man schon existente

Grapheme für die *ḥḳꜣt*-Teile systematisiert und – vielleicht nur zur hieroglyphischen Wiedergabe hieratisch geschriebener längst existenter Zeichen[178] – kanonisiert. Ein Vergleich der Teile des Horusauges (hier von rechts nach links geschrieben) mit den auf den Frühzeitgefäßen gefundenen und den althieratischen Zeichen verdeutlicht den Unterschied zwischen diesen und denen der Horusaugen-Notierung:

Horusauge

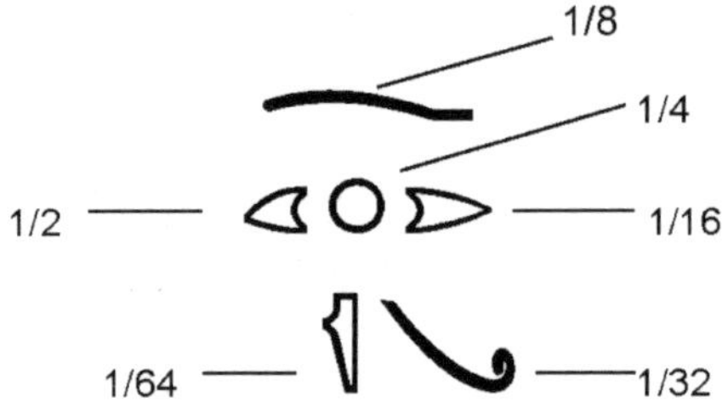

Im einzelnen existieren folgende, stilisierte Zeichenformen:

Diese Gegenüberstellung der Frühzeit- und AR-Formen mit denen der Horusaugen-Notierung macht deutlich, daß sich die hieratischen Zeichen nicht aus den Hieroglyphen für die Teile des Horusauges entwickelt haben, sondern die kursiven Formen älterer Zeichen sind, deren Aussehen nicht genau rekonstruiert werden kann. Von den übrigen hieratischen Zeichen für die Scheffelteile läßt sich nur das für 1/64 *ḥḳꜣt* ohne Schwierigkeiten in dem entsprechenden Teil des Horusauges erkennen:

Die Bruchteile 1/16 und 1/32 ließen sich als Vielfache des kleinen Maßes ro (1/320 *ḥḳꜣt*) erklären:

1/16 *ḥḳꜣt* = 20 ro
1/32 *ḥḳꜣt* = 10 ro.

Dafür sprechen auch die hieratischen Schreibungen, die keinesfalls aus den Teilen des Horusauges abgeleitet sein können.[181] Das bedeutete, daß mit Einführung der Horusaugenschreibung das dyadische Teilungssystem von 1/2 bis 1/8 auf die weiteren Teile bis 1/64 ausgedehnt wurde. 1/16 und 1/32 übernahm man aus dem bestehenden Gewürzmaßsystem, 1/64 schuf man gegf. neu. Als Ursprungsformen der älteren Holmaßteile lassen sich wahrscheinlich folgende Zeichen annehmen:

1/2	—	ein waagerechter Strich oder Balken
1/4		ein dem *ḳ*-Zeichen ähnliches[182]
1/8		ein Zeichen, einem nach unten zeigenden Horn ähnlich.

Frühhieratische Formen dieser Zeichen haben wahrscheinlich den Anstoß gegeben, sie mit den Teilen des Horusauges zu identifizieren und damit die Hohlmaßteile zu systematisieren. Deutlich wird dies bes. beim — . In kursiver Schrift von rechts nach links erhält der Balken links einen Anstrich und rechts einen Abstrich, bes. in senkrechten Zeilen, oder Kolumnen wie sie bei Abrechnungen üblich sind; die so entstandenen frühhieratischen Formen und waren im Abrechnungswesen üblich. Ihre Herkunft aus einem balkenförmigen Zeichen war in Vergessenheit geraten und man hielt es für die linke Seite des Horusauges, die in stilisierter Form das Aussehen hatte. Ähnlich deutete man das Zeichen für 1/4. Ursprünglich besaß es die Form , von dem zwei kursive Zeichenvarianten belegt sind, eine hohe, dem -Zeichen ähnliche, und eine kurze, gedrungene, die man als die der Pupille des Horusauges ansah. Die Zeichen für 1/2 und 1/4 lassen sich so ohne Schwierigkeiten als Ausgangsformen für die Horusaugen-Notierung erklären. Ein ähnlicher Übergang vom Zeichen (1/8), kursiv bzw. frühhieratisch , zur Braue — des Horusauges ist denkbar. Bei den kleineren Teilen handelt es sich um Bildungen, die sekundär aus dem Gewürzmaßsystem in die Horusaugennotierung übernommen wurden (1/16 und 1/32 *ḥḳꜣt*) oder direkt, als jüngstes Glied der Teilungsreihe, direkt vom Horusaugenteil abgeleitet sind (1/64 *ḥḳꜣt*).[182]

Wenn sich auch die Richtigkeit dieser Entwicklungslinie der Bruchteile des *ḥḳꜣt* nicht beweisen läßt, so wird aus den Belegen dennoch deutlich, daß während der ersten beiden Dynastien offenbar eine dyadische Teilung des Hohlmaßes von 1/2 bis 1/8 vorhanden war, deren Schreibweise nicht auf die Existenz der Horusaugen-Notierung deutet. Vielmehr scheinen die kursiven und frühhieratischen Formen dieser alten Hohlmaßteile 1/2, 1/4 und 1/8 nicht von den Teilen des Horusauges abgeleitet, zu sein.

Unbekannt bleibt die Lesung dieser Bruchzeichen. Vielleicht hat man alle Teile der dyadischen Teilungsreihe in gleicher Weise benannt, unabhängig davon, ob es sich um Teile des *ḥḳꜣt* oder der Arure gehandelt hat.[183] In diesem Falle wäre die Lautung für:

½	*gs* bzw. *rmn*
¼	*ḥsb*

⅛ *s3*.

Aus dem bislang verfügbaren Material läßt sich ein weiteres Problem nicht klären: Die Entstehungszeit der Punkt-Notierung für das *ḥḳ3t* und der Zahlschreibung für das *ẖ3r*.[184] Diese existiert nur im Hieratischen.[185] Eine Unterscheidung zwischen dem *ḥḳ3t* und einem Vielfachen dieses Maßes, das in der Kanzleischrift bei Angabe von Getreidemengen nicht durch ein besonderes Zeichen ausgedrückt wird (*ẖ3r*=10 *ḥḳ3t*), wurde offenbar erst während des frühen AR erforderlich, als die in den Speicherverwaltungen registrierten und abzurechnenden Getreidemengen derart groß geworden waren, daß ein Vielfaches des *ḥḳ3t* als eigenes Maß eingeführt werden mußte, um den Umgang mit zu hohen Zahlen zu vermeiden. Dieses Vielfachmaß war das *ẖ3r* von 10 *ḥḳ3t*.[186] In der Frühzeit existierten derartige Zwänge kaum, so daß die Bezeichnung der *ḥḳ3t*-Anzahl durch normale Zahlzeichen erfolgen konnte, wie es auch bei den anderen Maßen üblich war.

6.4 Wagestücke (Gewichte)

Zu den Beigaben reich ausgestatteter Gräber des ausgehenden 4. Jt. v. u. Z. zählen auch gut bearbeitete Steinquader bzw. flache Steinzylinder, teils mit gewölbter Oberfläche, die von W. M. Flinders Petrie[187] als Wagestücke (Gewichte) gedeutet wurden. Ein Formenvergleich mit den mehrere Tausend Stück umfassenden Kollektionen des University College in London und des Ägyptischen Museums in Kairo[188] bestätigt die Petrische Annahme. Im selben Fundkontext kam auch ein Waagebalken aus Kalkstein zutage, der daraufhin deutet, daß man schon in prädynastischer Zeit Balkenwaagen mit zwei Waageschalen benutzt hat, wie sie von Darstellungen aus dem AR[189] wohlbekannt sind. Auch aus Gräbern der ersten beiden Dynastien stammen Wagesteine gleicher oder ähnlicher Form[190], Teile von Waagen fehlen jedoch. Die älteste Darstellung der zur Massebestimmung erforderlichen Utensilien, Waagebalken und Wagestücke, ist Teil des Frieses der Grabbeigaben im Grab des *Ḥsj-Rʿ* Die Wagestücke, mit 10 bis 100 Einheiten bezeichnet, befinden sich zusammen mit zwei Waagebalken, einem kurzen und einem langen, in einer hölzernen Truhe. Einer der beiden Balken ist, der angedeuteten Maserung nach, aus Holz gefertigt, der andere, längere, wahrscheinlich aus Metall. Die Form dieser Balken entspricht völlig der des prädynastischen Stücks und unterscheidet sich von denen auf späteren Darstellungen[192] durch das Fehlen einer Befestigungseinrichtung für das Lot. Die Prozedur der Massebestimmung erforderte zwei Waagschalen, die an die äußeren Enden des Waagebalkens mittels feiner Schnuren gehängt wurden; dazu waren gelochte Verstärkungen an den Enden des Balkens angebracht. Eine weitere Verstärkung markierte die Mitte des Waagebalkens. Unklar muß nach dem Fundstück und nach den Abbildungen im Grab des *Ḥsj-Rʿ* bleiben, ob man diese Waage an einen Ständer hing, oder ob man sie an einem Seil oder einer Kette mit der Hand hochhalten mußte.[194]

Nach dem Ausweis ägyptischer Texte und vieler Darstellungen dienten in pharaonischer Zeit die Waagen ausschließlich zum Wiegen von Edelmetallen, Kupfer, Blei und Edelsteinen.[195] Für alle anderen Substanzen körniger Natur benutzte man Hohlmaße. Selbst für Drogen und Gewürze, die man mühelos mit einer Handwaage hätte wiegen können, verwendete man das *r3* (1/320 *ḥḳ3t*) oder 1/64 *ḥḳ3t* (=5 *r3*), das man wie eine eigene Einheit behandelte.[196] Man darf demnach annehmen, daß auch schon in prädynastischer Zeit und während der ersten beiden Dynastien die Massebestimmung von Metallen die Hauptverwendung der Waagen und Wagestücke war. Nach dem Grabungsbefund vieler Gräber gehörten Gold und

Kupfer zum Materialbestand der Niltalbewohner des ausgehenden 4. Jt. v. u. Z.[197] Diese Metalle waren jedoch keine Massenartikel, sondern stellten Wertobjekte dar, deren Menge man genau messen mußte. An Meßtechniken bot sich hierfür nach dem damaligen Stand der Entwicklung nur die Massebestimmung durch Wiegen an.[198] Sie war einfach durchzuführen und bedurfte geringer Hilfsmittel, die zudem mühelos beschafft und gefertigt werden konnten: hölzerne Waagebalken, dünne Schnuren und Waagschalen aus Holz, Keramik oder Flechtwerk. Als Waagesteine konnte man jeden von der Masse her geeigneten Stein verwenden; es bedurfte zu seiner Benutzung nur der Übereinkunft aller am Wiegeprozeß Interessierten, oft wohl der Partner eines einfachen Tauschhandels. Im Laufe der Zeit entwickelten sich feste Formen für die zu verwendenden Wagestücke und sicher auch überregional anerkannte Massegrößen (Gewichte). Die fortschreitende politische Vereinigung größerer Gebiete Oberägyptens und die Herausbildung eines Königtums erforderten die zentralisierte Einziehung und Registrierung von Abgaben aus allen Teilen des Herrschaftsgebietes für die Hofhaltung und die königliche Grabausstattung. Im Zuge dieser Entwicklung dürften auch die Wagestücke für die Metalle standardisiert worden sein, indem man vielleicht den Standard der engeren Umgebung der Königsresidenz als verbindlich deklarierte. Mit der Balkenwaage ließen sich alle vorhandenen Serien von Wagestücken leicht eichen. Besonders bei solchen aus weichem Stein konnte man durch Abschliff die gewünschte Nennmasse erzeugen. Schwieriger gestalteten sich Produktion und Eichung von Wagestücken aus Hartstein, wie sie in großer Zahl erhalten sind.[199] Wahrscheinlich waren spezielle Werkstätten – ähnlich wie bei der Herstellung der Steingefäße[200] – mit ihrer Fertigung betraut. Hartstein erschwerte zwar die Bearbeitung, machte aber Waagesteine weniger empfindlich gegen Stoß und Abrieb beim Transport und Wägeprozeß und hinderte am Verändern des Eichmaßes.

Die Bestimmung der Einheit, die diesem Standard zugrunde liegt, ist allerdings sehr problematisch, da die Wagestücke aus der prädynastischen und Frühzeit keine Aufschriften tragen, nach denen man die Einheit berechnen kann. Daher muß auch hier – wie bei den anderen Teilen des Maßsystems – der Vergleich mit dem aus pharaonischer Zeit stammenden Material den Ausgangspunkt für die Berechnung liefern. Zwei unterschiedliche Gewichtstandards sind bekannt, ein älterer, der vom AR bis zur 18. Dynastie in Gebrauch war, und ein jüngerer, der vom NR an galt, letzterer ist das allgemein als „ägyptisches Gewicht" bezeichnete System *dbn* (ca. 91 g) und *ḳd.t* (1/10 *dbn*, 9,1 g).[201] Diese beiden Einheiten für die Masse werden im NR für alle Materialien, vorzugsweise aber für Metalle, verwendet und besitzen stets dieselbe Masse in Gramm. Demgegenüber ist das ältere System dadurch gekennzeichnet, daß es nur für Metalle benutzt wurde und daß unterschiedliche Standards für die verschiedenen zu wägenden Metalle galten. Nach Ausweis des Pap. Rhind (Nr. 62) war z. Zt. seiner Kompilation das Verhältnis Gold: Silber: Blei wie 4: 2: 1 (ausgedrückt in *šʿtj*)[202], d. h. bei gleicher Wertigkeit besaß Gold nur die Hälfte der Masse von Silber und ein Viertel der von Blei.[203] In der Praxis führten diese Relationen zwischen den einzelnen Metallen zur Verwendung unterschiedlicher Masse-Standards für die zu wägenden Metalle. Für das AR und das MR, Zeiten, in denen Silber keine Rolle spielte[204], darf man ein Verhältnis Gold: Kupfer wie 1: 2 ansetzen, d. h. die Standard-Einheit der Wagestücke für Gold besaß nur die Hälfte der Masse (in Gramm) der für Kupfer.[205] Die Gold-Einheiten dürfen deshalb als Grundstandard angesehen werden. Griffith[206] bestimmte 1892 aufgrund mehrerer beschrifteter Wagestücke aus der Zeit vom AR (4. Dynastie) bis zum NR (18. Dynastie)[207] die Masse dieser Grundeinheit auf 200 ± 10 *grain*, d. s. 12,96 ± 0,65 g. Vercoutter[208] berechnete den Kupfer-Standard (d. i. das Doppelte des Gold-Standards) für das MR neu, indem er die aus Ägypten und Nubien stammenden Kupfer-Standard-Wagestücke mit und ohne Beschriftung zugrunde legte. Seine Kupfer-Einheit beträgt ungefähr 27,5 g (d. s. 13,75 g für den Gold-Standard).[209] Da zwischen den Berechnungen von Griffith und Vercoutter ein deutlicher Unterschied besteht, erschien es geraten, zur Feststellung des sog. älteren Standards unter Benutzung aller erreichbaren, bezeichneten Wagestücke eine neue Massebestimmung durchzuführen. Verwendet wurden dafür nur Exemplare aus dem AR und dem MR. Insgesamt konnten 56 beschriftete Stücke ermittelt werden, deren Mittelwert (Kupfer-Standard wurde in Goldstandard umgerechnet) 13,74 g beträgt. Mit einem Stichprobenfehler von 0,05 erhält man als Vertrauensbereich für den älteren Standard 13,22...14,25 g.[210] Da diese Werte verhältnismäßig gut mit dem Standard nach Vercoutter übereinstimmen, wurde eine Einheitsmasse von 13,7 g der Schätzung der zahlreichen unbezeichneten Waagesteine aus dem AR, der Frühzeit und der prädynastischen Periode zugrunde gelegt.[211] Die Schätzung ergab die Anzahl der Masseeinheiten pro Exemplar. Um die Zugehörigkeit der Waagesteine aus dem 4. Jt. v. u. Z. und aus der Frühzeit zum sog. alten Standard zu überprüfen, wurde ein statistischer Test mit 6 Stichproben durchgeführt. Diese Stichproben sind:

1. Wagestücke aus der 1. Dynastie[212]
2. Wagestücke aus prädynastischer Zeit und aus der Frühzeit[213]
3. Markierte Wagestücke aus dem AR[214]
4. Unmarkierte Wagestücke aus dem AR[215]
5. Wagestücke des MR[216]
6. Wagestücke (zumeist undatiert) des „älteren Standards“ aus Kairo[217]

Die statistischen Tests brachten die Gewißheit, daß alle unmarkierten Wagestücke aus den frühesten Perioden denselben Standard verwendeten, der auch den markierten des AR und des MR zugrunde liegt. Alle Mittelwerte der einzelnen Stichproben können mit einer statistischen Sicherheit von 99 % aus derselben Grundgesamtheit stammen, d. h., daß gegen die Annahme desselben Standards für alle Proben nichts einzuwenden ist. Folglich darf man annehmen, daß – ähnlich wie bei den anderen Teilen des Maßsystems – schon am Ende des 4. Jt. und während der ersten beiden Dynastien die Standardisierung der Einheiten für die Massebestimmung der Edelmetalle durchgeführt worden ist. Das damals eingeführte System war bis in die 18. Dynastie gültig.

Eine nochmalige statistische Überprüfung des gesamten Materials erbrachte für die Bestimmung des Standards folgendes Bild: Der sog. ältere Standard liegt im Bereich zwischen 13,3 und 14,2 g, er beträgt mit hoher Wahrscheinlichkeit 13,7...13,8 g. Eine genauere Bestimmung der Einheit erscheint angesichts der Schwierigkeiten bei der Eichung von Steingewichten kaum möglich und wenig sinnvoll. Die hohe Streuung innerhalb der einzelnen Stichproben ist ein äußeres Zeichen für diese Schwierigkeiten. Man sollte deshalb – wie schon in ähnlicher Weise für die Elle beschrieben – aus Gründen der besseren rechnerischen Handhabbarkeit mit folgenden Werten rechnen:

Gold-Standard	1 *dbn*	13,75 g
Kupfer-Standard	1 *dbn*	27,50 g.

Der letztere Wert deckt sich mit dem von Vercoutter für die Kupfer-Wagestücke des MR errechneten Betrag.[218] Durch die Auswertung eines umfangreicheren Materials aus verschiedenen Zeiten und Landesteilen kann für die vorgeschlagenen Standards ein hohes Maß statistischer Sicherheit angenommen werden.

Die Lesung für die ägyptische Maßeinheit der Masse ist auch schon für den älteren Standard *dbn*  (Wb V 438) gewesen. Der Waagestein Berlin 8032 des *ꞽImpj*, genannt *Nj-k3w-Ptḥ*, der sicher dem AR zuzuordnen ist, trägt als Aufschrift  10 *dbn*[219]; er besitzt eine Masse von ca. 140 g und ist dem Gold-Standard zuzurechnen. Dieses Exemplar ist das einzige mir bekannte aus dem AR, auf dem die Maßeinheit ausgeschrieben ist. Ein weiteres Stück aus der Sammlung Hilton Price trägt die Aufschrift  „Cheops, 10 *dbn*“ in der Kurzschreibung mit dem Ring o.[220] Auch die schon erwähnte Belegstelle aus dem Pap. Rhind (Nr. 62) schreibt . Ein Brief aus dem *Hekanakhte Papers* gibt sogar eine plene Schreibung [221] im Zusammenhang mit der Lieferung von 24 Einheiten Kupfer. Alle diese direkten

Zeugnisse bestätigen die Richtigkeit der Lesung *dbn* für die Einheit des älteren Standards. Vielfach wird man, wie die Belege aus dem Pap. Rhind und den *Hekanakhte Papers* zeigen, das entsprechende Metall direkt beigeschrieben haben. Verschiedene der von Griffith[222] publizierten Wagestücke und die Schreibungen im Pap. Reisner II[223] sprechen dafür, daß bei Masseangaben die Nennung des Metalls (Gold oder Kupfer) wichtiger war als die Schreibung der Einheit *dbn*. Das legt den Schluß nahe, daß es für das *dbn* kein Teilmaß gab. Wollte man geringere Menge angeben, verwendete man Bruchteile des *dbn*. Belegt sind als Aufschriften 1/3 und 1/5[224]; unter den geschätzten Anzahlen der Einheiten kommen 1/2 und 1/10 vor.[225] Das Maß *ḳdj* von 1/10 *dbn* taucht erst in der 18. Dyn. auf.

6.5 Das Maßsystem und die Entwicklung der Rechenfertigkeiten

Zu Beginn des 3. Jt. v. u. Z. existierte in Ägypten ein wohlausgebildetes Maßsystem. Nachweisbar sind:

Längenmaße	(Elle, Spanne, Handbreite, Fingerbreite)
Flächenmaße	(als Stoffmaße, Grundlage ist die Quadratelle)
Hohlmaße	(*ḥkꜣt*-Scheffel und
Gewichte	(„älterer Standard“).

Alle Teile des Systems sind in spätprädynastischer Zeit im Interesse der politischen Führer des oberägyptischen Niltals standardisiert worden. Zwischen den einzelnen Maßeinheiten bestand kein innerer Zusammenhang, etwa in der Weise, daß die Hohlmaße der Kubikelle entsprachen.[226] Nur die Flächenmaße sind aus den Längenmaßen entstanden.[227] Die Existenz dieser Maße läßt sich aus inschriftlichen Zeugnissen nachweisen oder durch Nachmessen von Bauteilen wahrscheinlich machen. Nur bei vorhandenen Bauresten und durch Funde von Original Waagesteinen[228] kann man Rückschlüsse auf die Größe der einzelnen Maßeinheiten ziehen. Weitgehend ist man auf die Auswertung späteren Materials angewiesen. Dennoch scheint es erwiesen zu sein, daß zu Beginn der dynastischen Periode das aus späterer Zeit bekannte Maßsystem eingeführt und normiert war. Triebkraft für diese Normierung waren nicht primär Erfordernisse der Produktion, sondern das Bestreben der Exponenten der politischen Macht, der Könige Oberägyptens, die ihnen zustehenden Abgaben aus den Gemeinden einheitlich zu bestimmen.[229] So wählten sie aus der Fülle der bis dahin existenten, sicher aufgrund des gemeinsamen kulturellen und des gleichen Standes der Produktivkraftentwicklung ähnlichen Maßen jeweils eines als Normierungsgrundlage aus. Wie dieses Normalmaß ausgesucht wurde, entzieht sich unserer Nachprüfung. Anzunehmen ist, daß Körpermaße des mit nahezu göttlicher Macht ausgestatteten Herrschers und Maße bzw. Masseeinheiten seiner unmittelbaren Heimat den Vorzug vor anderen hatten. Unbekannt ist auch, zu welcher Zeit die Normierung durchgeführt wurde. Man sollte die Einführung von Standards vielleicht als Prozeß begreifen; in dem Maße, wie die königliche Hofhaltung und Totenversorgung noch der Festigung der politischen Macht den ursprünglich freiwillig von den Dorfgemeinden für die Versorgung ihres Königs aufgebrachten Anteil als Abgabe begriffen und einforderte, wuchs auch das Interesse an einer einheitlichen Quantifizierung dieser Abgaben.

Deutlich ist, daß der Prozeß der Schaffung von Standardmaßen zu Beginn des 3. Jt. v. u. Z. abgeschlossen war und die damals eingeführten Normalmaße – mit Ausnahme der Masseeinheiten[230] – bis ins hellenistische Zeitalter in Ägypten Gültigkeit behielten. Die Durchsetzung der einmal geschaffenen Standards ist dabei sicher ebenfalls ein länger andauernder Prozeß gewesen, der stark von den politischen Machtverhältnissen im Lande abhängig war. Bei königlichen Bauten oder beim Inventar des Hofes bzw. der königlichen Grabausstattung sind die Standards eindeutig nachzuweisen. Von den Wagestücken scheinen sämtliche Exemplare aus den älteren Perioden der ägyptischen Geschichte – unabhängig von ihrem oft unklaren Fundzusammenhang – dem Standard anzugehören. Indes finden sich vielfältige, wohl mit der Tradition der Gewerke verbundene Längenmaße[231], die neben den standardisierten ebenso verwendet wurden wie Transportgefäße als *de facto*-Maße beim Austausch von Produkten und bei der Bemessung von Opfergaben.[232] Die Maßangaben für Opfer sind seit der Pyramidenzeit allerdings nur mit Vorbehalt als tatsächlich verwendete Maße zu betrachten, denn die zum Formular erstarrte Opferliste bewahrte Ausdrücke für Quantitätsangaben noch in Zeiten, als sie in der Praxis längst ungebräuchlich waren.

Die für die Frühzeit ermittelten Standards für die Maße sind folgende:

Längenmaße:	Elle (*mḥ*)	525 mm
	Handbreite (*šsp*)	75 mm
	Fingerbreite (*ḏbꜥ*)	18,5 mm
	Spanne (*pḏ*)	262,5 mm
Flächenmaße:	Quadratelle	275 625 mm² (0,275 mm²)
	und Vielfache davon; die Feldmaße Arure (*sṯꜣt* und ihre Teile bzw. Vielfache Sind erst ab 3. Dynastie faßbar).	
Hohlmaße:	*ḥkꜣt*	4,805 l
	Doppel-*ḥkꜣt*	9,61 l
	Vierfach-*ḥkꜣt*	18,22 l
Masseeinheit (Gewicht):	*dbn*	13,75 g

Die Herausbildung des Maßsystems und die Entwicklung der Rechenfertigkeiten bedingen einander. Bei der Verwendung einfacher Maße beim Hausbau, bei der Abgabe von Versorgungsportionen für Priester, Krieger oder für den Häutpling (bzw. dessen Totenopfer) und beim primitiven Tauschhandel wurden Mengen verglichen, wurde addiert und subtrahiert, gerechnet. Möglicherweise benutzte man bei diesen Tätigkeiten auch schon die Multiplikation oder die Division, z. B. bei der Feststellung einer Abgabenmenge von mehreren Lieferanten oder der Verteilung von Portionen auf eine Anzahl von Leuten.[233] Die Ausführung dieser Rechnungen vollzog man als mehrfache Addition desselben Faktors, in derselben Art, wie man sie in der gesamten pharaonischen Zeit übte.[234] Fertigkeiten, die man im Rechnen im Laufe der Zeit erreichte, förderten ihrerseits die Verwendung der Maße. Man lernte, genauer zu messen und öfter Meßbares auch wirklich auszumessen. Der entscheidende Schritt von der Feststellung einer Menge durch Abzählen zum Vergleich einer Menge mit einer als Maßstab durch Übereinkunft festgesetzten Normquantität war getan. In der Praxis wurde dadurch oft überhaupt erst die Möglichkeit geschaffen zu quantifizieren, z. B. durch Messen der Getreidemengen in Hohlmaßeinheiten oder von Stoffen in Quadratellen. Grenzen waren dem Rechnen und dem Gebrauch der Maße durch die Merkfähigkeit der Menschen gesetzt. Mnemotechnische Hilfsmittel wie Rechenstäbchen oder Steine vergrößerten dabei nur den Zahlenabschnitt, brachten aber keine qualitative Verbesserung der Rechenmethoden.

Erst mit der Entwicklung der Schrift und einer das gesamte Niltal umfassenden Verwaltung ergaben sich neue Möglichkeiten und Erfordernisse für die Ausbildung von Rechenfertigkeiten. Anstatt Zahlen durch Rechenstäbchen bedingt auszudrücken oder durch Zählgebärden[235] deutlich zu machen, konnte man sie nun schreiben und auch die zur Zahl gehörige Qualität schriftlich fixieren. Kompliziertere Rechnungen waren möglich. Diese wurden durch die entstehende Verwaltung gefördert, denn die Abgaben für den König, seine Hofhaltung und seinen Totenkult, für Kriegsunternehmungen und Götterkult wuchsen. Die Lieferungen mußten verbucht werden, noch Ausstehendes wurde besonders gekennzeichnet. Die Magazinbestände unterlagen einer ständigen Kontrolle; sie waren nach genau festgelegten Regeln auf die Bezugsberechtigten zu verteilen. Eine ebenso genaue Buchführung bestand offenbar für die Ausstattung der königlichen Grabanlagen, wie Etiketten, Topfaufschriften und Dimensionsangaben auf Weihgefäßen erkennen lassen.

Derartige Berechnungen sind aber nur denkbar, wenn eine eindeutige Quantitätsangabe möglich ist, wenn ein normiertes Maßsystem existiert. Die Verwendung von Maßen in der Buchführung hat in diesem Entwicklungsstadium großen Einfluß auf die Herausbildung von Rechenfertigkeiten gehabt. Die einmal gemessenen Mengen liegen ja nicht mehr als abzählbare Stücke vor, sondern nur noch als Posten mit bekanntem Rauminhalt, bekannter Länge, Fläche oder Masse. Eine Ermittlung des Magazinbestandes durch Abzählen war unmöglich geworden; man mußte die Posten addieren oder subtrahieren, um den Inhalt des Magazins bei Eingang oder Ausgabe von Produkten festzustellen. Diese Form der Rechnung, Magazinbestände bzw. Soll- und Haben-Berechnung, war in Ägypten mit dem

Beginn der Schriftlichkeit bekannt. Die ersten Belege für solche Abrechnungen stammen aus der Frühzeit. Sie sind auf Tonscherben bzw. auf die Innenseite flacher Schalen geschrieben und zeigen schon die für die spätere Zeit übliche tabellarische Gliederung in Spalten mit Überschrift für die Qualitäten und Zeilen für die Daten. Quantitätsangaben (Zahlen) stehen an entsprechender Stelle der Tafel. Die Summierung der in den Spalten gegebenen Posten und der Gebrauch von Rubren sind geläufig.[236]

Die Existenz dieser typisch ägyptischen Form von tabellarischen Abrechnungen schon in der Frühzeit legt nahe, daß ein Teil der mit der Versorgung von Menschen und Kultobjekten verbundenen Rechnungen, die in den mathematischen Papyri des 2. Jt. v. u. Z. einen weiten Raum einnehmen, sehr alt ist. Das betrifft besonders die Addition von Einzelposten, die Subtraktion, die Berechnung von Produkten (Multiplikation als mehrfache Addition) und die Teilung einer Menge in mehrere Portionen. Derartige triviale Rechnungen hat man in der Frühzeit beherrscht. Unklar ist, ob die weit komplizierteren Verteilungen einer Menge auf unterschiedlich große Einzelposten[109] oder die Austauschrechnungen von Brot gegen Bier (mit der jeweils gleichen einzusetzenden Getreidemenge als Bezugsbasis)[1098] gemeistert wurden. Dasselbe rechnerische Inventar benötigte man zur Feststellung der für größere Unternehmungen (Kriegszüge, Bauvorhaben) notwendigen Lebensmittelmengen.[1099] Solche Rechnungen waren in der Praxis ebenso häufig wie die Berechnung von Eingang, Ausgabe und Bestand der Magazine.

Wahrscheinlich war man zu Beginn des 3. Jt. v. u. Z. auch schon in der Lage, einfache geometrische Flächen (Quadrate, Rechtecke, Dreiecke, Rhomben) zu berechnen.[10940] Die Flächenmaße, die indirekt durch die Stoffmaße belegt sind, berechtigen zu diesem Schluß. In diesen Flächenmaßen ließen sich nicht nur Quantitäten von Geweben und flächigen Flechtprodukten ausdrücken, sondern auch die Flächen von Bauplätzen und Gebäudeteilen. In Ansätzen dürfte man sie auch zur Angabe von Feldergrößen verwendet haben.[10941] Das Wesen der zweiten Potenz, der Bestimmtheit einer Fläche durch zwei Dimensionen, war den Ägyptern demnach geläufig. Ob sie schon in der Lage waren, die Dreidimensionalität des Raumes gedanklich und rechnerisch zu bewältigen, muß unklar bleiben. Die ersten exakten Angaben über die Berechnung des Rauminhaltes stammen aus dem MR (Rechenaufgaben der mathematischen Papyri und Massenberechnungen aus der Baupraxis).[10942] Das System der Hohlmaße war kaum der Ausgangspunkt für die Entdeckung der Dreidimensionalität des Raumes und der mathematischen Mittel zu seiner Berechnung. Die Hohlmaße waren standardisierte Meßgefäße; gemessen wurde die Anzahl der Maßfüllungen, nicht die Abmessung einer Menge, ausgedrückt in Längenmaßeinheiten für alle drei Dimensionen. Man sollte vielleicht annehmen, daß während der spätprädynastischen Zeit und der ersten beiden Dynastien besonders im Bauwesen die Erfahrungen gesammelt und die rechnerischen Grundlagen entwickelt worden sind, die in der Pyramidenzeit zur Formulierung der entsprechenden Rechenverfahren geführt haben. Das Bauwesen forderte die Berechnung von Rauminhalten, sei es für Masseaushub oder für Abmessungen zu errichtender Baukörper. Hier war nach Ausweis späterer Texte der Rauminhalt Berechnungsgrundlage für den Arbeitskräftebedarf und für die damit zusammenhängende Bereitstellung von Rationen. Auch der Materialbedarf für geplante Bauwerke, z. B. die Anzahl der benötigten Nilschlammziegel, wurde aus der Größe des Mauerwerks (ausgedrückt in Kubikellen) errechnet.[243] Schließlich zeigen Aufschriften auf Steinblöcken aus den Pyramidenanlagen des AR, daß auch diese Bauteile nach Stücklisten unter Angabe ihrer Dimensionen in Auftrag gegeben wurden.[244] Nur eine vorherige Berechnung nach den Bauplänen ermöglichte aber diese Angabe.[245] Daraus darf man folgern, daß spätestens um die Mitte des 3. Jt. v. u. Z. die Berechnung einfacher stereometrischer Gebilde (Kubus, Quader, Zylinder) bekannt war.

Anmerkungen

1. So v. Alberti, Mass und Gewicht, S. 1.
2. Die unlängst in Bilzingsleben ausgegrabenen Zeugnisse der Tätigkeit des Urmenschen vor 350 000 Jahren bezeugen bereits eine Anpassung der aus Knochen oder Stein hergestellten Werkzeuge an die menschlichen Gliedmaßen und damit ein ausgeprägtes Gefühl für Paßfähigkeit; D. H. Mania – A. Dietzel, Begegnung mit dem Urmenschen, Leipzig–Jena–Berlin 1981, S. 88 ff. V. Alberti, Maß und Gewicht, S. 1, billigt dem Urmenschen ein „Gefühl für Maß und Gewicht“ zu.
   Bei den ebenfalls auf einer äußerst primitiven Entwicklungsstufe stehenden Nor-Papua auf Neuguinea sind keinerlei Maße vorhanden, aber Fertigkeiten im Messen und Vergleichen; so messen sie die Stärke eines Baumes mit einem Strick und vergleichen die Stricklänge des Umfanges mit der Spannweite der menschlichen Arme, s. J. Schmidt, Anthropos 18/19 [1923/24], S. 724. Die Bindung der Entstehung von Längenmaßen an die Herausbildung der Ziegelarchitektur, wie sie R. C. A. Rottländer vorschlägt, ist sicher zurückzuweisen (Antike Längenmaße, Braunschweig–Wiesbaden 1979, S. 3 f.), selbst wenn in Vorderasien ein Maß „Ziegelbreite“ belegt ist, so E. Unger in: Reallexikon der Vorgeschichte VIII, s. v. Maße. Die Ziegelarchitektur hat aber sicher den Gebrauch von Längenmaßen stark gefördert und die Meßgenauigkeit verbessert. Auch die mathematikhistorische Literatur widmet der Metrologie und ihrer Entstehung Aufmerksamkeit, s. u. a. D. J. Struik, Abriß der Geschichte der Mathematik, Berlin [3]1965, S. 5.
3. Schon Ovid (Metam. I 500) hält Körpermaße, bes. Hand, Finger, Spanne und Fuß für die naturgegebenen Maße; s. auch F. A. Pott, Die quinäre und vigesimale Zählmethode, Halle 1847, S. 1. Vgl. dazu die Bemerkungen von E. Fettweis, Isis 13 [1929/30], S. 334 ff. und von R. Thurnwald in: Reallexikon der Vorgeschichte XIV, s. v. Zählen. Zur Benutzung von Körpermaßen, bes. auch für Stoffe, in Afrika s. H. Schurz, Urgeschichte der Kultur, Leipzig–Wien 1900, S. 634. Allgemeine Aussagen über die Tauglichkeit der Körperextremitäten zum Messen und ihre Verwendung bei den verschiedenen Völkern finden sich in vielen ethnographischen Werken und Reisebeschreibungen. Wesentliche Beispiele sind gesammelt bei: E. Fettweis, Beiträge über die Entstehung der Meßkunst, in: Beiträge zur Geschichte der Technik und Industrie 26 [1937], S. 130 ff., s. auch A. Götze, E. Unger et alii in: Reallexikon der Vorgeschichte VIII, s. v. Maße.
4. Aus diesen Gründen ist auch die Idee einer Urelle, die sich im gesamten mediterranen Raum, in Europa und im Industal nachweisen lassen soll, abzulehnen; so zuletzt R. C. A. Rottländer, Antike Längenmaße, Braunschweig–Wiesbaden 1979, bes. S. 3 ff. – die Urelle soll 518 mm lang gewesen sein. Die ähnlichen Ellenmaße in den verschiedenen Kulturen resultieren vielmehr aus den Ähnlichkeiten der Körpermaße der normalen Individuen dieser Kulturen.
5. Reste davon sind in Texten des AR erhalten, so auf dem Palermo-Stein (*pd*-Spanne zu 14 Fingerbreiten, ursprünglich auch ein eigenes Maß) und in den Abusir- und Gebelein Papyri; s. H. Schäfer, Ein Bruchstück altägyptischer Annalen, Berlin 1902, Taf. I bzw. K. Sethe, Unt. III, S. 104 und P. Posener-Krieger–J. L. de Cenival, Hierat. Papyri BM, 5th Series, London 1968, Taf. 68 B, C; P. Posener-Krieger, BIE 29 [1977], S. 89.
6. Elle und Fuß sind teilerfremd (in Ägypten 7 und 4), d. h. die rechnerische Angleichung kann nur über die Untereinheiten Handbreite oder Fingerbreite erfolgen.
7. Einen ägyptischen Fuß hat es nicht gegeben; die im Preliminary report on Czechoslovak excavations in the mastaba of Ptahshepses at Abusir, Prag 1976, S. 83 gegebene Belegstelle für ein Fußmaß  dürfte eine Fehldeutung sein. Die der Hieroglyphengruppe folgende Zahl , geschrieben mit horizontalen Strichen, ist sicher nicht die Angabe der Anzahl der Fuß-Maße. Eher handelt es sich hier um eine stark verkürzte Schreibung eines Datums. *ṯb.t* ist vielleicht ein Bauausdruck vgl. z. B. *wḫꜣ ṯb.t*-Basis. Keinesfalls ist es eine Maßbezeichnung, denn die steht in Ellen hinter der Gruppe *ṯb.t*. Ich möchte an eine Lesung: *Ellen 5 Abstand zur Basis, Tag 5* denken. Eine solche Interpretation ist auch aus der Schriftrichtung möglich, die von links nach rechts läuft, wie die anderen im gen. Werk publizierten Graffiti (S. 78 ff.). Die Angabe eines Fußmaßes aus der Zeit von Djoser (O. H. Myers, Antiquity 40 [1966], S. 130 ff.) ist für die hier zur Diskussion stehende Frage nicht verwertbar; sie steht in einer Liste verschiedener Längenmaße ohne Angabe von Referenzen, zudem noch als fraglich gekennzeichnet. Desgleichen ist die Verwendung der Fußlänge bei der Proportionierung des menschlichen Körpers auf Darstellungen (s. Iversen Canon, S. 21, 1 Fuß= 2/3 Elle) nicht als Hinweis auf die Existenz eines entsprechenden Maßes zu werten.
8. Vgl. dazu E. Fettweis, Beiträge über die Entstehung der Meßkunst, Berlin 1937, S. 130 ff. (=Beiträge zur Geschichte der Technik und Industrie, Bd. 26)

9. v. Alberti, Maß und Gewicht, S. 7 f. Die dezentrale Entstehung der Maßsysteme bedingte die Normung, aber auch nach dieser gab es vielfach noch verschiedene Maß- und Gewichtssysteme mit örtlicher Bedeutung; s. auch V. G. Childe, Der Mensch schafft sich selbst, Dresden 1959, S. 196.
10. Die Fixierung eines derartigen Urmaßes auf dauerhaftem Material und an zugänglichen, oft vielleicht aus kultischen Gründen geschütztem und streng gehüteten Ort ist die einzig praktikable Möglichkeit zur Schaffung verbindlicher Formmaße für eine politische Einheit, denn Normung ist zwangsläufig mit Eichung gekoppelt. Für die Belange der frühen Kulturen reichte als Eichung oft der geschätzte Unterschied der individuellen Maße zur Norm (z. B. die Elle von Individuum X ist 1 Fingerbreite größer als die Norm).
11. v. Alberti, Maß und Gewicht, S. 8 f. Die Beobachtung, daß nur die Extremitäten der Menschen und in der Produktionssphäre wichtige Gegenstände als Ausgangspunkt für die Entwicklung von Maßen dienten, wird von E. Fettweis (a. a. O.) durch viele Beispiele aus der Völkerkunde erhärtet. In der sophistischen Aufklärung Griechenlands war nach Protagoras (Fr. 1 D.-K.) ebenfalls „der Mensch das Maß aller Dinge".
12. Vgl. dazu das Kap. „4. Mathematisches in der Dekoration von Gefäßen".
13. Maße wie z. B. ein „Morgen", d. h. die an einem Vormittag zu bewältigende Ackerfläche; ähnlich zu werten sind Längenmaße, die sich an der Leistungsfähigkeit des Körpers orientieren, z. B. „Tagesmarsch", äg. *ỉtrw* als Treidelstrecke u. a.; vgl. auch v. Alberti, Maß und Gewicht, S. 10. Wo in primitiven Gesellschaften bestimmte Landanteile zur Versorgung an Familien bzw. Familienverbände (Sippen) überwiesen wurden, maß man nicht mit geometrisch exakten Maßen, sondern benannte die Landstücke, zählte die Anzahl der Fruchtbäume o. ä.
14. v. Alberti, Maß und Gewicht, S. 9, meint, daß auch die Hohlmaße wenigstens indirekt vom menschlichen Körper abgeleitet wurden. Das ist aber bei der geschilderten Entstehung dieser Maße abzulehnen.
15. Dazu W. F. Reineke, MIO 8 [1963], 146 ff. und W. Helck, LÄ s. v. Maße und Gewichte.
16. In Ägypten ist die Abstimmung erst für die 5. Dyn. nachweisbar (s. dazu auch Anm. 14), ohne daß man den genauen Zeitpunkt ihrer Einführung feststellen kann. Wahrscheinlich ist sie eine Frucht der vielfältigen Bemühungen während der ersten beiden Dynastien, die Verwaltung des Landes zu organisieren und seine Herrschaft zu zentralisieren, was zu Beginn der 3. Dynastie vollendet war (Abschluß des Prozesses der Staatsentstehung). In diesen Kontext stellt auch V. G. Childe (Der Mensch schafft sich selbst, Dresden 1959, S. 170) die endgültige Normung aller Maßsysteme.
17. Eine derartige Waage ist bei Petrie, Prehistoric Egypt, S. 29 und Taf. XLVI. 36 beschrieben und abgebildet. Die geringe Größe dieses Instruments aus Kalkstein (8,5 cm Balkenlänge) läßt auf die Verwendung als Edelmetallwaage schließen, wenn es nicht ein für funeräre Zwecke gefertigtes Modell ist.
18. H. Schurtz, Urgeschichte der Kultur, Leipzig–Wien 1900, S. 634.
19. Zumindest waren im MR verschiedene Gewichte für Gold und Kupfer in Gebrauch, s. F. Ll. Griffith, PSBA 14 [1892], S. 435; J. Vercoutter, in: Ägypten und Kusch, S. 437 ff. und W. Helck, LÄ s. v. Maße und Gewichte. Werkzeuge aus Kupfer waren nach Ausweis von Pap. Reisner II (Sekt. A, B, C, L und M) nach Gewichtsklassen geordnet; W. K. Simpson, Pap. Reisner II: Accounts of the dock yard workshop at This in the reign of Sesostris I, Boston 1965.
20. Die Verwendung von Maßen und ihren Teilen in Handwerk, Verwaltung und Handel setzte Grundkenntnisse im Rechnen, mindestens Addition und Subtraktion sowie die Fähigkeit zu Bündelungen kleinerer Meßeinheiten zu größeren, wie sie auch aus dem Zahlensystem bekannt sind, voraus. Andererseits beschleunigte die mit der Anwendung von Maßen immer besser funktionierende Produktion, aber auch Distribution und Redistribution, die Entwicklung der Mathematik. Hier besteht ein ähnliches Wechselverhältnis, wie es K. Marx über die Rolle der Äquivalente für die Entwicklung von Marktbeziehungen ausgeführt hat (Grundrisse der Kritik der politischen Ökonomie, Berlin 1974, S. 61 und 403).
21. Die Abgabenerhebung muß dabei nicht an Privateigentum am Boden gebunden sein, also kein direktes, ökonomisches Ausbeutungsverhältnis darstellen. Sie ist in bedeutend frühere Jahrhunderte zu datieren als die Entstehung des Staates; vgl. dazu E. Endesfelder, EAZ 22 [1981], S. 236. Daraus resultiert auch eine Entstehung der Maßsysteme unabhängig von der Existenz eines Staates, aber gebunden an Produktion, Hofhaltung und Handel.
22. P. Lacau–J.-Ph. Lauer, La pyramide à degrès V–Inscriptions à l'encre sur les vases, Kairo 1965, S. 24 ff. (= Nr. 36 – vases portant l'indication de leur largeur et hauteur). Die Tintenzeichen sind z. T. sehr kursiv ausgeführt; das Zeichen *šsp* z. B. besteht verschiedentlich nur aus zwei parallelen Linien (Nr. 39, mesures en écriture simplifiée). Der von Lacau–Lauer angegebene Grund für die Existenz der Tintenaufschriften, die Entlohnung der Arbeiter u. ä., dürfte wenig wahrscheinlich sein. Hier wird die protokollarische Übergabe des Totendienstes

von einer Priesterphyle an die andere, wie bei Neferirkare in Abusir, dazu angeregt haben, die vorhandenen Gefäße zu inventarisieren und genau zu kennzeichnen bzw. beschreibbar zu machen. Vgl. dazu auch das Turiner Tempelinventar aus Heliopolis (Turin Pap. 2682), in dem Statuen u. a. mit Material- und Maßangabe verzeichnet sind, H. Ricke, ZÄS 71 [1935], S. 115 ff. Der älteste und bislang einzige schriftliche Beleg für die Existenz der Elle als Längenmaß findet sich auf einem Öletikett des Den (Dwn c 1), das neben Öl auch einen kupfernen Speer von 4 Ellen Länge als Teil der Grabausstattung nennt; Petrie, Royal tombs II, Taf. 7.11 und 15.2; vgl. P. Kaplony, Kleine Beiträge zu den Inschriften der ägyptischen Frühzeit, Wiesbaden 1966, S. 114.

23. Lacau–Lauer ordnen die Gefäße den ersten beiden Dynastien zu, W. Helck, LÄ s. v. Maße und Gewichte, datiert sie in die Zeit des Nineter

24. W. Helck, LÄ s. v. Maße und Gewichte. Das von W. M. Fl. Petrie (Anc.Eg. 3 [1916], S. 119 f.) veröffentlichte Stück des University College London aus der Zeit des Chasechemui sowie das größere der Kairener Bruchstücke (J. de Cenival, BSFE 44 [1965], S. 15) aus der Zeit des Den zeigen ebenfalls Nilhöhenangaben gleicher Art. Die Rückseite des Londoner Fragments gehört zur 5. Dynastie und enthält Flächenmaße (C. N. Reeves, GM 32 [1979], S. 47 ff.); s. auch Urk. I 235 ff.; F. F. O'Mara (The Palermo Stone and the archaic kings of Egypt, La Canada/Calif. 1979) gibt keine neuen brauchbaren Textabschriften. Bei der Fertigung dieses ebenfalls in der 5. Dynastie aufgezeichneten Textes müssen alte annalistische Aufzeichnungen mit den Angaben der Nilfluthöhen für die durch besondere Ereignisse gekennzeichneten Jahre verwendet worden sein, oder man muß die Zahlenangaben als fiktiv ansehen; vgl. G. Jéquier, BIFAO 5 [1906], S. 63 f. S. dazu auch W. F. Reineke, in: Zur Geschichte des wissenschaftlichen Denkens (Hrsg. F. Jürß), Kap. 3.4. (Ägypten; Gesellschaftswissenschaften), Berlin 1982.

26. So z. B. die wichtigen Arbeiten von L. Borchardt, Das Grabdenkmal des *Ne-user-Reꜥ*, Leipzig 1907, S. 153 ff.; ders., Das Grabdenkmal des Königs Nefer-er-Ka-Re^{c}, Leipzig 1907, S. 54; ders., Das Grabdenkmal des *Sꜣ-ḥw-Reꜥ*, Leipzig 1910, S. 84 ff.; M. Verner in: Prelimerary report on Czechoslovak excavations in the mastaba of Ptahshepses at Abusir, Prag 1976, S. 81 ff. Die älteste Angabe von Maßbezeichnungen aus dem Bereich des Bauwesens ist die Darstellung einer Kurve mit Hilfe von Koordinaten (5-Teilung der Halbkurve mit Angabe des Abstandes von Grundlinie in Ellen) aus der 3. Dynastie, s. B. Gunn, ASAE 25 [1926], S. 197 ff.; Badawy, Architectural design, S. 56.

27. So W. F. Reineke, MIO 8 [1963], S. 56 ff. und W. Helck, LÄ s. v. Maße und Gewichte. A. Pechau, BIE 15 [1932/33] S. 286 ff. gibt für die Elle 520 bis 536 mm an.

28. So auch A. Schlott(-Schwab), Die Ausmaße Ägyptens, Phil. Diss. Tübingen 1968, S. 62; dieselbe mit neuer Literaturübersicht zu Ellenstäben im Vorwort zu: Die Ausmaße Ägyptens nach altägyptischen Texten, Wiesbaden 1981 (=Ägypten und Altes Testament, Bd. 3).

29. Die ausdrückliche Nennung der Elle zu 7 Handbreiten im Pap. Rhind ließe aber auch den Schluß zu, daß es eine andere, eben die kleine zu 6 Handbreiten, gegeben habe. Die ist aber – entgegen Iversen, Canon, S. 18 ff. – Teilmaß und keine selbständige Einheit. Der Ellenstab Turin 6348 zeigt bei normaler Länge 6 Handbreiten und 24 Fingerbreiten. Das Stück ist undatiert. Die Turiner Ellen (neu veröffentlicht von E. Scamuzzi und D. Senigalliesi in: Rivista RIV, Mai 1961, S. 18 ff.) sind teilweise schon von Lepsius publiziert; der obengenannte und der Ellenstab Turin Nr. 6349 sind neuerdings als Fälschungen identifiziert, was Lepsius und alle späteren Autoren nicht bemerkt hatten; s. dazu A. Schlott (-Schwab), a. a. O., S. 64 bzw. S. 55. Das einzige mir bekannte eindeutige Exemplar einer 6-palmigen kleinen Elle von 449,5 mm Länge (anstatt 450 mm) ist von Petrie (Weights and measures, S. 39) veröffentlicht (18. Dynastie, aus Gurob). Alle anderen dort mitgeteilten Ellenstäbe (S. 38 ff.) sind Normalellen. 6-palmige Ellen von rund 525 mm Länge sind aus römischer Zeit bekannt (ebenda S. 38). Sie können als Beweisstücke für die im 19. Jh. geführte Diskussion um eine 6-palmige große Elle in Ägypten gelten, die an die am griechischen System orientierten Bemerkungen der klassischen Autoren anknüpft; das griechische Teilungsschema fand in den Poleis vielleicht Anwendung auf ägyptische Maße: Herodot (II 168) schreibt, die ägyptische Elle sei der samischen gleich; Didymus (nach Hultsch, Metr. Script. I 180) gibt der ägyptischen Elle 6 Handbreiten bzw. 24 Fingerbreiten. Die schematische Übertragung dieser Bemerkungen auf das ägyptische System bereitete im vorigen Jh. erhebliche Schwierigkeiten; man kam mit der Interpretation der schon damals bekannten Ellenstäbe bzw. Nilmesserskalen nicht zurecht. Endgültig wurde der Meinungsstreit erst durch F. Ll. Griffith (PSBA 14 [1892], S. 402 ff.) beigelegt. Hauptliteratur zu diesem Problem: A. Böckl, Metrologische Untersuchungen über Gewichte, Münzfüße und Maße des Altertums, Berlin 1838, S. 223; F. Hultsch, Griechisch-römische Metrologie, Berlin 1862, S. 280; R. Lepsius, Die alt-ägyptische Elle und ihre Eintheilungen, Berlin [1865], S. 55 ff.; ders., ZÄS 22 [1884], S. 6 ff; ders. Längenmaße 18 f.; Iversen, Canon, S. 19 ff.

30. W. F. Reineke, MIO 8 [1963], S. 56 ff.; W. Helck, LÄ s. v. Maße und Gewichte. In der englischsprachigen Literatur finden sich auch Angaben, die umgerechnet etwa 523 mm (20.6 inch) ergeben. Wesentliche Verdienste bei der Längenfestlegung hatten R. Lepsius, der die Länge nach Maßstäben bestimmte (vgl. Anm. 29), W. M. Fl. Petrie, der Bauten und ihre Abmessungen für die Längenbestimmung nutzte (z. B. Pyramids and temples of Gizeh, London 1883, S. 170 ff.) und Mahmud Bey, der die Nilmesserskalen untersuchte, JA, 7. Ser, 1873, S. 67 ff.; schon I. Newton hat die Länge der Elle auf 524,144 mm bestimmt, indem er annahm, die Dimension der Grabkammer in der Cheopspyramide verhielten sich wie 1:20 (Dissertatio de sacro Judaeorum cubito atque de cubitis aliarum gentium nonnultarum..., nach Böckh, Metrol. Unters., Berlin 1838, S. 220 ff.
31. Petrie, Weights and measures, S. 39; ders., Kahun, Gurob and Hawwara, London 1890, S. 27; W. C. Hayes, The scepter of Egypt I, New York–Cambridge 1953, S. 297.
32. Vgl. Anm. 30 und 1. Borchardt, Das Grabdenkmal des *Ne-user-Reᶜ*, Leipzig 1907, S. 155 f.; über Bauwerksmessungen und ihre Auswertung zur Bestimmung der Ellenlänge existiert eine Fülle von Literatur, nicht zuletzt auch von Pyramidenphantasten. An wichtigen ägyptologischen Werken sind (in Auswahl) zu nennen: 1. Borchardt, Längen und Richtungen der vier Grundkanten der großen Pyramide bei Gise, Berlin 1926; ders., Gegen die Zahlenmystik in der großen Pyramide von Gise, Berlin 1922; J.-Ph. Lauer, La pyramide à degrès I – l'architecture, Kairo 1936, S. 238 ff.; ders., BIFAO 79 [1979], S. 369 ff.; ders. Le problème des pyramides d'Egypte, Paris 1948; Badawy, History I, S. 124 ff.; G. Goyon, Die Cheopspyramide, Bergisch Gladbach 1979.
33. L. Borchard, ZÄS 36 [1898], S. 104 f.; das angebliche Grab des Menes bei Negade ist das der Königin Njt-htp, der Frau des Dynastiegründers (Horus Aha ?), vgl. Reisner, Tomb development, S. 27.
34. Bei der Auswahl der Gruppen wurde darauf geachtet, Gräber bzw. Grabteile für die Untersuchung zu benutzen, deren Abmessungen geplant gewesen sein sollten; diese Prämisse liegt den Berechnungen zugrunde. Die für die statistische Auswertung verwendeten Gräber und Maße finden sich in Reisner, Tomb. development, S. 34 (Königliche Gräber von Menes bis Djet, Fußbodenfläche); S. 26 ff. (Palast-Fassaden-Gräber der 1. Dyn. Von Djer bis Djet); S. 131 (2.-Dyn.-Gräber in Nag^{c} ed-Der, substructures) und S. 82 (Beigräber der Djer-Anlage, Gruppe b – im Osten).
35. Gerechnet wurde mit 525 mm; da jeweils auf ganze oder halbe geplante Ellen auf- bzw. abgerundet werden mußte, ändert sich das Bild nur unwesentlich, wenn man von 520 mm ausgeht. Da keines dieser alten Bauwerke eine schriftliche Angabe der Abmessungen (z. B. Nivellementslinien, Dimensionen von Steinblöcken) trägt, gibt es kaum eine andere Methode des Zugangs.
36. Vgl. Anm. 30.
37. Da Messen ein Vergleich des zu Messenden mit dem Maß darstellte und den Ägyptern zu diesem Vergleich nur das Auge als Kontrollorgan zur Verfügung stand, muß man mit einem großen Meßfehlerbereich rechnen, v. Alberti, Maß und Gewicht, S. 193 erklärt „Keinesfalls genügt ... die reine Feststellung (Ablesung) eines Zahlenwertes." Die Meßwerte der Alten wären nach ihm (S. 194) nur „Rohwerte", vgl. auch ebenda S. 195 ff. Daraus folgt, daß ein genauer Wert für ein antikes Längenmaß nicht bestimmt werden kann, denn unsere modernen Forderungen an Meßgenauigkeit sind andere als die, die die Produktionsbedürfnisse der Ägypter an sie stellten. Noch heute wird bei der Produktion von Meßstäben eine „Toleranz" von ± 1% akzeptiert.
38. s. W. Helck, LÄ s. v. Maße und Gewichte. Belege in: W. C. Hayes, Ostraka and name stones, New York 1942, S. 36, Ostr. 62 und 75; B. Gunn in: H. Frankfurt, The cenotaph of Seti I, London 1933 I, S. 92 f, II, Taf. 90, 92, Ostr. MMA 6 A 178. Nach Angaben der anderen Maße im *Sn-n-Mwt*-Grab in Ellen beträgt die Länge des *nbj* ca. 65 cm. Vgl. R. Engelbach, ASAE 29 [1929], S. 19. Nach WB II 343 ist *nbj* ein hölzerner Gegenstand, nach den in den genannten Publikationen veröffentlichten Ostraka ein Stab, kopt. ɴᴀʙɪ-Lanze.
39. P. Lacau–J.-Ph. Lauer, La pyramide à degré V – Inscriptions à l'encre sur les vases, Kairo 1965, S. 26 ff.
40. S. ebenda S. 27 *les originaux n'ayant pu être repérés.*
41. Vgl. die Seilmaßmethode der Nor-Papua, s. Anm. 2.
42. So findet sich im Grab des *Ḥsj-Rᶜ*, das gerade für Meßgeräte wichtige Aufschlüsse gibt, kein Hinweis auf abgebildete Ellenstäbe in den Gerätefriesen. Auch G. Jequier, Les frizes des objects, Kairo 1921, kennt keine Darstellungen. Szenen vom Messen sind aus dem AR nur aus dem Grab des *Nj-ᶜnḫ-Ḫnm* bekannt, wo mit einer Meßlehre die Form einer Statue gemessen wird, s. A. Moussa–H. Altenmüller, Das Grab des Nianchchnum und Chnumhotep, Mainz 1977, Taf. 62 (= Arch. Veröff. des DAI 21).

43. S. dazu die Beschreibungen bei A. Schlott(-Schwab), Die Ausmaße Ägyptens, Darmstadt 1969, S. 62 ff. Der Querschnitt der fünfkantigen Ellen ist zumeist , wobei nach den neuen Messungen von D. Senigalliesi (Révista RIV [Mai 1961], S. 35 ff.) die Abstände zwischen den Kanten keinen Teil bzw. kein Vielfaches der Fingerbreite zeigen, lediglich bei Turin 8647 (18. Dyn.) beträgt der Abstand der beiden oberen Kanten 1 Fingerbreite. Der eckige Querschnitt ist meßtechnischer Natur, nicht aber von der Zeitmessung bestimmt, wie L. Borchardt, Die altägyptische Zeitmessung, Berlin–Leipzig 1920, S. 36, meinte. Vgl. dazu auch A. Schlott(-Schwab), a. a. O.

44. Ein derartiges Knotenseil ist im Ägyptischen Museum Kairo, Nr. 562 828, ausgestellt. Badawy, Architectural design, S. 42, nimmt an, daß ursprünglich ein Seil mit 12 gleichen Einteilungen verwendet wurde, daß man mit derartigen Meßgeräten schon in der 1. Dynastie rechnen kann, legt der Fund eines relativ gut erhaltenen Seils im Grab des Hemaka nahe, s. W. B. Emery–Zaki Y. Saad, The tomb of Hemaka, Kairo 1938, Taf. 23 B.

45. Badawy, Architectural design, S. 42 ff.; S. Berger, JEA 20 [1934], S. 54 ff.; W. F. Reineke, Wissenschaft und Wissenschaftler im Alten Ägypten (AoF IX [1982]), S. 13–31.

46. P. Lacau–J.-Ph. Lauer, La pyramide à degrès V – Inscriptions á l'encre sur les vases, Kairo 1965, S. 27 f und 45 ff. Aus welchen Gründen W. Helck (LÄ s. v. Maße und Gewichte) die Gefäße in die Regierungszeit des Nineter datiert, ist unklar. Nach Lacau–Lauer können sie aus den Grabmagazinen aller Vorgänger des Djoser stammen. Kaplony (IÄF I, S. 38 c) datiert alle Inschriften bei Lacau–Lauer in ein und dieselbe Zeit, die der Könige Sechemib, Peribsen, Chasechemui und Sanacht (entsprechend der in den Texten genannten, auch anderweitig belegten Personennamen).

a) Angegeben sind die Höhe, *ꜥḥꜥ* (wie bei den Gefäßen aus dem Saqqara-Grab 3014, s. Anm. 39) sowie *ḥr*, hier als Durchmesser übersetzt. müßte eigentlich „Angesicht (des Gefäßes)" (=Innenfläche) zu übersetzen sein, dessen Breite (bei einem runden Gefäß dem Durchmesser entsprechend) angegeben wird. Pap. Rhind Nr. 43 verwendet in entsprechendem Zusammenhang folgerichtig *wsḫt* „Breite".

47. Hier gibt es neben der Ellenteilung in 7 bis 28 Teile die dyadische Teilreihe bei den Flächen- und Hohlmaßen sowie eine dekadische bei Hohlmaßen und Gewichten.

48. Vgl. die Ellenskalen bei R. Lepsius, Die altägyptische Elle, Berlin 1866 und die Tabelle bei D. Senigallesi, Rivista RIV [Mai 1961] S. 38 und 39. Vgl. auch Anm. 27.

49. Zählung der Zeilen und Feldernummern nach H. Schäfer, Ein Bruchstück altägyptischer Annalen, Berlin 1902.

50. So nach den Übersetzungen a. a. O., S. 27 ff.

51. Die von W. M. Fl. Petrie (Anc.Eg. 3 [1916], S. 119 f.) vorgelegten, teilweise von C. N. Reeves (GM 32 [1979], S. 47 ff.) revidierten Reste des Fragments aus dem University College London zeigen keine entsprechenden Angaben zum Nilstand.

52. K. Sethe, Unters. III. 3, Leipzig 1905, S. 44 ff.

53. S. a. a. O., S. 47.

54. Daß es sich bei den Vorlagen um sehr alte Schriftstücke gehandelt hat, deren Sinn nicht mehr richtig verstanden wurde, macht P. Kaplony deutlich; Kleine Beiträge zu den Inschriften der ägyptischen Frühzeit, Wiesbaden 1966, S. 65 ff. Daß man offensichtlich derartiges Schriftgut benutzt hat, spricht nicht gegen die Annahme W. Helcks (MDAIK 26 [1970], S. 83 f.), daß der Annalenstein erst in der Äthiopienzeit (8./7. Jh. v. u. Z.) angefertigt worden sei. Der Stein wäre dann eine Kopie eines älteren Originals (aus der 5. Dynastie ?).

55. Vgl. Anm. 48.

56. So J. H. Bondi, ZÄS 32 [1894], S. 132 f. Über die Lesung bestanden lange Unklarheiten. R. Lepsius (die altägyptische Elle, Berlin 1865) las *pḏ*, H. Brugsch korrigierte die Lesung (ZÄS 13 [1875], S. 12, nach dem Zeichen zu *šꜣ* , die dann auch Bondi als Lesung akzeptierte (vgl. Gardiner, Sign-List H 7); E. Naville, Rec-Trav. 25 [1903], s. S. 76 f. übersetzt „spithame". Die Lesung *pḏ* für das nicht im Bestand der Hieroglyphenschrift bewahrte Zeichen (gespreizte Hand mit Daumen und 2 Fingern, vielleicht Ring- und kleiner Finger) ist aber als sicher anzunehmen; s. auch *pḏ* – ausstrecken, spannen (Wb I 567). Ein weiteres Maß „Spanne", die Entfernung zwischen den Händen der ausgestreckten Arme soll ebenfalls auf dem Palermo-Stein vorkommen: (Urk. I, 236.9 = Palermo-Stein 6 Sp. 1); so Ch. Trisson, Bibl. d'Etudes 8 [1919], S. 6. Dieses Zeichen ist nach M. Ch. Boreux, Etudes de nautique égyptienne, Kairo 1925, S. 120 f. *spr* zu lesen; dargestellt sind die Schiffsrippen; vgl. Kaplony, IÄF II S. 971 f. (Anm. 1508).

57. H. Brugsch, ZÄS 2 [1864], S. 41 f.; die Brugsche Lesung *pud* ist vielleicht durch *pꜣd*-Knie (Wb I 500) entstanden.

58. v. Alberti, Maß und Gewicht, z. B. S. 35 und 45; rund 260 mm sind für einen großen Fuß, der ja von einem erwachsenen Menschen abgeleitet sein soll, zu gering.
59. Die Länge von 262,5 mm ist für eine Spanne recht groß; eine normale menschliche Spanne beträgt etwa 220–230 mm (die griechische maß 231,6 mm, v. Alberti, Maß und Gewicht, S. 35). Eine kleine Spanne (*pḏ šrj* der Ellenskalen) mit 3 Handbreiten (225 mm) würde diesem Wert gut entsprechen. Die Belege des Annalensteins können die Auffassung, sei die Spanne von 3 Handbreiten, weder stützen noch entkräften, denn erst in Z. 4 (in der nicht mehr verwendet wird) kommt *šsp* 3 vor (Z. 4 Nr. 7 und 8).
60. In den Schriftfeldern des Palermo-Steines kommt keine andere Meßangabe mit vor; dort, wo man dieses Maß mit Fingerbreiten hätte kombinieren können, z. B. Z. 3 Nr. 5 (anstelle *mḥ* 4 *šsp* 4 *mḥ* 4 *pḏ ḏbꜥ* 2), hat man es nicht verwendet. In Z. 5 Nr. 11 steht anstelle *šsp* 3 *ḏbꜥ* 2; nach K. Sethe, Unters. III 3, Leipzig 1905, S. 50, gehört diese Zeile des Annalensteins noch zur 2. Dynastie.
61. Auf der Rückseite des Palermo-Steins hätte bei Schepseskaf statt *mḥ* 4 *ssp* 3 *ḏbꜥ* 2½ auch *mḥ* 4 *pḏ ḏbꜥ* ½ geschrieben werden können (Rs Z 1 Nr. 2).
62. P. Posener-Krieger–J. de Cenival, Hierat. Pap. BM, V[th] Series, The Abusir Papyri, London 1968, Taf. 63; P. Posener-Krieger, RdE 29 [1977], S. 89 entscheidet sich anhand der Gebelen-Papyri beim Zeichen (in den Abusir-Papyri nur) für die Hälfte der Elle, wobei der Schreiber der Gebelen-Papyri das Zeichen auch dann benutzt, wenn 4 Handbreiten (als Rest nach Lieferung von 3 Handbreiten) gemeint sind; s. auch in: Acts of the First ICE, Berlin 1979, S. 523.
64. Zur Herkunft der Maßangaben auf dem Palermo-Stein und zur möglichen Bezeugung älterer Dokumente, die für die Kompilation des Annalensteines verwendet wurden, vgl. Anm. 54.
65. K. Sethe, Von Zahlen und Zahlworten, Straßburg 1916, S. 82 f., S. 92 und S. 98.
66. Einige der Zeichen sind als deutlich geschriebene Hieroglyphen erkennbar, andere erscheinen als stilisierte hieratische Zeichen, wohl abhängig vom Original, das den Kompilatoren des Steins vorlag. So finden wir für denselben Bruch (1/3) 3 verschiedene Schreibungen.
67. Die Zuordnung der Zeilen mit ungenanntem König erfolgt nach K. Sethe, Unters. III 5, Die Einrichtung des Steins von Palermo, Leipzig 1905.
68. Von Schäfer, Ein Bruchstück altägyptischer Annalen, Berlin 1902, S. 27 fälschlich als ½ gelesen; s. K. Sethe, Von Zahlen und Zahlsorten, Straßburg 1916, S. 82.
69. Deutlich ist bei dem Zeichen die Gliederung des Abstrichs in drei Abschnitte, als hätte man einen Finger (mit drei Fingergliedern) seitlich neben das Zeichen gesetzt; ist aber sicher eine stilisierte Form von (5.4). Die Angabe zur Höhe des Nilstands stammt aus der Zeit des Snofru, ist also für unsere Betrachtungen zur Entwicklung der Brüche bedingt verwendbar.
70. Obwohl entwicklungsgeschichtlich diese Teilungsreihe älter als die in Drittel ist, tritt sie erstmalig auf dem Annalenstein in der 5. Dynastie auf. Im Hohlmaßsystem ist die offenbare Zweiteilung schon in der Frühzeit belegt; vgl. dort.
71. Als Ausdruck für „Hälfte" (neben *rmn*) seit frühem AR in den Schreibungen und , eigentlich „die eine Seite (von zweien)" belegt.
72. Zur Entstehung der Bruchschreibung in der Kursivschrift der Kanzleien s. weiter unten.
73. P. Lacau–J.-Ph. Lauer, La pyramide á degrès V, Kairo 1965, S. 26 ff. Daß immer mit Bruchzahlen Fingerbreitenteile gemeint sind, macht auch P. Posener-Krieger, RdE 24 [1972], S. 147 ff. wahrscheinlich.
74. Ebenda S. 29 „les trois signes de fraction nous paraissent distinctes les uns des autres malgré leurs formes très cursives."
75. Durch Berechnen der Dimensionen der aus der Firth-Grabung stammenden drei Alabasterschalen und Vergleich dieser Werte mit den Messungen, die Firth während der Grabung an den Gefäßen durchführte, haben Lacau und Lauer die dort vorkommenden Brüche als Zeichen für 1/3 nachweisen können; s. ebenda S. 27.
76. Vgl. dazu die Bemerkungen von G. Möller, Hierat. Pal. I S. 1 ff., der besondere das Tempo der Zeichenänderung infolge der Benutzung von Binse und Tusche auf glattem Schreibmaterial hervorhebt. Deutlich ist noch in den Abusir-Papyri der Zusammenhang zwischen Hieroglyphen und hieratischen Zeichen, von denen viele Varianten aufgeführt sind, vgl. die Paläographische Liste in: P. Posener-Krieger–J. de Cenival, Hierat. Pap. British Mus., V[th] Series, London 1968, Taf. I–XVII. Nimmt man an, daß die undatierten Gefäße aus den Djoser-Depots aus dem

gesamten Zeitraum der ersten beiden Dynastien stammen, ist der Unterschied zwischen den einzelnen Varianten des Bruchzeichens 1/3 verständlich.

77. Lacau-Lauer a. a. 0. S. 28.

78. Die hier angegebenen Schreibungen weisen große Ähnlichkeit mit denen auf, die bei Möller, Hierat. Pal. I, Nr. 669 angegeben werden. So darf man die Richtigkeit der These, die hieratische Schreibung des Zeichens für 1/3 stamme von der alten Schreibweise bzw. , annehmen. Lediglich eins der bei Möller aufgeführten Zeichen könnte der normalen hieroglyphischen Schreibung des Bruchs entsprechen (, Bln P 10 005.20, die anderen Stellen desselben Papyrus zeigen die Form , die). Das übliche hieratische Zeichen ist ab MR durchgängig u. a., für das im Text besprochene Zeichen Ausgangsform gewesen sein mag: > , > > > (nach Lacau–Lauer, vgl. Anm. 73, und Möller, Hierat. Pal. Nr. 669). Zur Entstehung dieser Zeichen aus der hieroglyphischen Schreibung des Palermo-Steins s. K. Sethe, Von Zahlen und Zahlworten, Straßburg 1916, S. 82; so nach einer Idee von G. Möller (bei Sethe ist die entsprechende Hieroglyphe von links nach rechts, , geschrieben; der Entstehung der hieratischen Zeichen lag die ursprüngliche Schriftrichtung, von rechts nach links, also , zugrunde).

79. Lacau–Lauer, a. a. O., S. 28 halten diese Zeichen für Teile der Handbreite, da diese auf die Angabe der Handbreite unmittelbar folgen (4 Handbreiten + 2/3 (?)). M. E. sind sie aber dennoch Teile der Fingerbreite, denn nach ägyptischen Gepflogenheiten folgt, jeweils dem letzten Teilmaß (hier also der Fingerbreite) das entsprechende Bruchzeichen. Eine Notierung, daß es sich um Teile der Fingerbreite handelt, war in der ägyptischen Schrift nicht möglich, denn bedeutet 1 Fingerbreite *2/3 Fingerbreite. 2/3 einer Handbreite werden im Ägyptischen nach den Maßangaben auf dem Palermo-Stein mit wiedergegeben.

80. Das hieratische Zeichen scheint bei Möller, Hierat. Pal. I, Nr. 667, aus der jüngeren Form des Bruchzeichens, aus , entstanden zu sein; zur Lesung des Bruches s. J. J. Clère, Arch. Or. 20 [1952], 640 f. Eine Herleitung aus einem angenommenen Bruch 1 1/2, geschrieben , d. h. mit einem langen (=1) und einem kurzen Abstrich (= 1/2) ist nicht haltbar; so K. Sethe, Von Zahlen und Zahlworten, Straßburg 1916, S. 93 f. und F. Hultsch, Elemente der ägyptischen Teilungsrechnung I, Leipzig 1887, S. 30, gegen F. Ll. Griffith, Hieratic Papyri from Kahun and Gurob I, London 1898, S. 15 und G. Daressy, Rec. Trav. 28 [1906], S. 63.

81. Das Vorkommen des Zeichens auf einigen Öletiketten der 1. Dyn. ist nicht als Maß aufzufassen (bei Öl auch schwerlich verständlich, denn ist ein Längenmaß), s. P. Kaplony, IÄF I 291; IÄP II Anm. 1575 und 1641 gegen V. Vikentiev , BIE 36 [1953/54], S. 309 und ASAE 56 [1959], S. 26.

82. So Math. Pap. Rhind Nr. 50, 51 und 52. Die Flächeninhalte werden im AR in (*sṯ3t*) angegeben. In Pap. Rhind Nr. 49 wird nach dem Gang der Rechnung 1 *ḫt* zu 100 Ellen angegeben.

83. Wb II. 223; [b]ϣⲉⲛⲛⲟϩ Kopt. Hand-Wb 201. J. Cerny, Coptic etymological dictionary, Cambridge 1976, s. v. ϣⲉⲛⲛⲟϩ.

84. W. Pleyte–F. Rossi, Les papyrus de Turin II, Leiden 1876, Taf. CL.

85. V. Loret, ZÄS 32 [1894], S. 64. Die Annahme eines *ḫt*-Maßes von 4 Ellen oder 6 Fuß ist als überholt zu betrachten. Literatur zu diesem Problem: K. R. Lepsius, ZÄS 3 [1865], S. 96 ff.; ders., ZÄS 15 1877, S. 7; ders., Über eine hieroglyphische Inschrift am Tempel von Edfu, Berlin 1855, S. 110; F. Hultsch, Griechisch-römische Metrologie, Berlin 1862, S. 361.

86. Vgl. weiter unten, Abschnitt Flächenmaße.

87. Belegt in der Inschrift des *Mṯn*, Urk I 1–7 und LD II, 3–7; M. Goedicke datiert die Errichtung des *Mṯn*-Grabes in die Zeit des Snofru, MDAIK 21 [1966], S. 1 f. Die riesigen Abmessungen der Djoser-Anlage in Saqqara und die durch J.-Ph. Lauer nachgewiesenen, genau eingemessenen Bauteile machen die Existenz des *ḫt*-Maßes schon zu dieser Zeit wahrscheinlich; vgl. Anm. 32.

88. Die Dynastie wird von 2778–2703 v. u. Z. datiert; ihr bedeutender Herrscher Djoser und seine Beamtenschaft unter *Jj-m-ḥtp* haben sicher wesentliches zur Kanonisierung und Entwicklung der Wissenschaft in Ägypten geleistet, aber die entscheidenden, richtungweisenden Anstöße sind zumeist in früherer Zeit erfolgt.

89. Grundeigentum bei Privatleuten ist bislang selten, so bei *Mṯn* nachweisbar, der es teils durch Kauf, teils durch Erbe, teils als Leiter einer Totenstiftung bzw. Belehnung erhielt. Letztere, ob nun zur Eigenversorgung eines Beamten oder als Totenstiftung, ist in der 4. und ersten Hälfte

der 5. Dynastie die normale Form privater Verfügung über den Boden bzw. über dessen Erträge; gegen Ende des AR mehren sich die Usurpierungen von derartigen Anteilen. Vgl. dazu: H. Goedicke, Die privaten Rechtsurkunden aus dem Alten Reich, Wien 1970; T. Mrsich, Untersuchungen zur Hausurkunde des Alten Reichs, Berlin 1968 und K. B. Gödecken, Eine Betrachtung der Inschriften des Meten..., Wiesbaden 1976, bes. S. 304 ff. Die Verfügungsgewalt über den Boden spielte im AR trotz zentralisierter Macht eine solche Rolle, daß darüber Urkunden ausgefertigt wurden, die die Lage der Bodenanteile (Orts- oder Domänenname) und mitunter auch ihre Größe genau definieren. Hierfür war ein Flächenmaßsystem erforderlich.

90. Urk I, S. 1–7, LD II, 4–6, neu übersetzt und kommentiert von K. B. Gödecken, Eine Betrachtung der Inschrift des Meten..., Wiesbaden 1976. Im Unterschied zu allen anderen Nennungen von Flächenmaßen aus dem AR ist das Zeichen für das Hauptmaß, die Arure ( ), den Kurzzeichen und den Zahlenwerten nachgestellt. Die normale Folge, Listenschreibung, ist sonst immer: *ꜣḫt sṯꜣt* x Äcker, Aruren, x.

91. F. Cl. Griffith, PSBA 14 [1892], S. 410 ff.

92. K. Baer, INES 15 [1956], S. 115, wo er seine Theorie der ägyptischen Flächenmaße aufgrund der Inschrift des *Nj-kꜣj-ꜥnḫ* (Urk I 24–26) entwickelt. Danach hätten 2 Aruren 60 *tꜣ* Boden, d. h. 1 *sṯꜣt* = 3 *ḫꜣ* = 30 *tꜣ* = 60 *rmn* = 129 *ḥsb* = 240 *sꜣ* = 3000 *mḥ*, dagegen K. Gödecken, a. a. O., S. 360 f.

93. K. Gödecken, a. a. O., S. 360 f.

94. Die Basis der Arure war eine normale Elle; das geht aus den mathematischen Texten hervor, in denen die Seiten von Flächen in der Maßeinheit *ḫt* gegeben sind, die errechneten Flächen in *sṯꜣt* angegeben werden, so z. B. Pap. Rhind Nr. 50, 51 und 52, bzw. auch Nr. 48 und 53, wo die Angabe *ḫt* fehlt; ein *ḫt* besaß 100 Ellen, so auch Pap. Rhind Nr. 49. Auch die Bezeichnung des kleinsten Maßes als *mḥ*-Elle spricht dafür. Nach Herodot (II 168) besaß die ägyptische Arure eine Seitenlänge von 100 Ellen; ebenso auch bei Horapollon, Hieroglyphika 1.5, s. die neue Übersetzung in: CdE 35 [1943], S. 42 f.

95. Das Flächenmaßsystem des MR und des NR basieren auf der Elle und dem *ḫt*, vgl. die vorstehende Anm. Es ist anders gegliedert als das der Frühzeit. Es fehlen die Zwischenmaße *ḫꜣ* und *tꜣ*, letzteres wird als *mḥ tꜣ* (1 *mḥ* × 1 *ḫt*) anders benannt. Das 10-fache der Arure heißt *ḫꜣ tꜣ* (=1000 *mḥ tꜣ*); vgl. Fl. L. Griffith, PSBA 14 [1892], S. 410 ff. und W. Helck, LÄ s. v. Maße und Gewichte.

96. Eine Zusammenstellung dieser Belege findet sich bei K. Baer, INES 15 [1956], S. 113 ff. Sie stammen größtenteils aus den Spalten des Palermo-Steins (Urk I 235 ff.); nur 5 andere Urkunden (*Mṯn*, *Nj-kꜣj-ꜥnḫ*, *ꜣIntj*, *Kꜣj-m-ḥst*, Koptosdekret, alle in Urk I) nennen hier verwertbare Arurenzahlen.

97. K. Gödecken, a. a. 0. S. 355 ff., faßt die Schreibung bzw. , (Urk I 164, *ꜣIntj*) als „Tausend" (S. 359) auf, das „eine aus dem Hieratischen übernommene Schreibung für die Zahl (in Maßangaben) ‚Tausend'" sei. Ihre Argumentation kann aus mehreren Gründen nicht akzeptiert werden: Zum einen bedeutet der senkrechte Strich (vor einem Maß) allgemein das 100-fache, zum anderen ist dieses Zeichen eine Kurzschreibung für *ḫꜣ tꜣ* (=10 Aruren) seit dem MR – so auch Gardiner, EG § 266.3; Möller, Hierat. Pal. Nr. 494; F. Ll. Griffith, PSBA 14 [1892] S. 410. Dennoch ist Gödeckens Annahme, es handele sich hier um das Maß , wahrscheinlich; die Angabe der Maßbezeichnung fehlt allerdings im Text, es steht nur da: Feld 3 *ḫꜣ*. Diese 3 *ḫꜣ* sind auch die höchste bislang belegte Zahl für dieses Maß.

98. A. a. 0. S. 360, wo sie die schon von F. Ll. Griffith, PSBA 14 [1892], S. 411 geäußerte Meinung genauer ausführt.

99. Die Herkunft des Wortes *sṯꜣt* ist nicht befriedigend erklärt. Das Verb *sṯꜣ* (Wb IV 351 f.) bedeutet „ziehen", auch von einem Seil oder einer Schnur. Nimmt man an, daß die Felder mit dem Knotenseil von 1 *ḫt* Länge gemessen wurden, bedeutete *sṯꜣt* „das (voll) Ausgespannte", d. h. die Fläche, an deren Seite das Knotenseil voll ausgezogen, gespannt, sein mußte. Die Schreibung mit dem Zeichen des Caniden, der wir bei *Mṯn* und auf dem Palermo-Stein begegnen, ist vielleicht darauf zurückzuführen, daß es einen hundegestaltigen Gott namens *sṯ(ꜣ)* gegeben hat, der in Anubis aufgegangen ist. Hinweise darauf liegen vielleicht in den von Kaplony *Sṯjw-ꜣInpw* und *Sṯ-ꜣInpw*(?) gelesenen Namen vor (IÄF I, 641 und 643. Das Zeichen bezeichnet einen Riegel mit der Schnur daran, d. i. *sṯꜣ* – ziehen (Gardiner, EG, Sign-list V 2). Beim Zeichen für Arure ist dieses oft mit den Vorderläufen des Caniden kombiniert. Nach E. Graefe, JEA 59 1973, S. 72 ff. stellt das Zeichen sogar den 100-Ellen-Meßstrick dar.

100. Vgl. Anm. 95.

101. Urk I, 240 ff.

102. S. dazu F. Ll. Griffith, PSBA 14 [1892], S. 410 ff. und K. Sethe, Von Zahlen und Zahlworten, Straßburg 1916, S. 74 ff. Die Arbeiten zur Teilung der Arure durch fortschreitende Halbierung gehören zu den ältesten metrologischen Untersuchungen in der Ägyptologie. Fußend auf den Feldertexten von Edfu (neu ediert von D. Meeks, Le grand texte des donations au Temple d'Edfou, Kairo 1972, bes. S. 157 ff.) wurde das ptolemaische Teilungssystem wiederentdeckt, das nur eine Erweiterung des alten durch Hinzufügen von weiteren Bruchteilen darstellt (1/16 , 1/32 ) und dadurch den Schlüssel zum Erkennen der älteren Arurenteilung bot. Lit. dazu: R. Lepsius, Über eine hieroglyphische Inschrift am Tempel von Edfu, Berlin 1855, S. 98 ff.; F. Hultsch, Griechisch-römische Metrologie, Berlin 1862, S. 357; H. Brugsch, Die Ägyptologie, Leipzig 1891, S. 374 f.; E. Revillout, ZÄS 22 [1879], S. 133 ff.; ders., PSBA 13 [1891], S. 79 ff.; ders., Melanges sur la metrologie, Paris 1895, S. 5 ff.; A. Eisenlohr, Ein mathematisches Handbuch der alten Ägypter, Leipzig 1877, S. 7 ff.; E. Dümichen, ZÄS 8 [1870], S. 1 ff. 1883 entwickelte W. M. Fl. Petrie die Theorie, daß die Benennung der Hälfte der Flächenmaße auf das mathematische Verhältnis 2 *rmn*^{2}=1 *mḥ*^{2} gründe, d. h. in einem Quadrat mit 1 *rmn* Seitenlänge sei die Diagonale die normale Elle. (The pyramids and temples of Gizeh, London 1883, S. 47 ff.). Als Beweisführung dafür nahm Petrie an, daß die Elle und die Fingerbreite unabhängige Maße gewesen seien, eine Elle demnach nicht genau 28 Fingerbreiten besäße, wohl aber ein *rmn* 20 Fingerbreiten ausgemacht habe. Dadurch wird aus der Ungleichung

$2\times 20^2 \neq 28^2 \quad (800 \neq 784)$

die Gleichung

$2\times 20^2 = 28.28^2 (=800)$,

d. h. die von Petrie angenommene Elle ist etwas länger als 28 Fingerbreiten; vgl. auch F. Ll. Griffith, PSBA 15 [1893], S. 301 ff. Diese Theorie ist wohl abzulehnen, denn es besteht kein Grund zu der Annahme, daß Fingerbreite und Elle nicht in dem wohlbekannten Verhältnis 28:1 stehen, *rmn* ist ein gut belegter Ausdruck für „Hälfte" (Wb II 418/419, neben *gs*, WB V 196/197, vgl. auch K. Sethe, Von Zahlen und Zahlworten, Straßburg 1916, S. 74 f.). *rmn* – Hälfte ist etymologisch demnach auch lautlich und graphisch identisch mit dem Ausdruck *rmn* – Oberarm (=5 Handbreiten, WB II 418), der auch als Schriftzeichen für die „eine Seite eines Flusses, eines Rindes" u. ä. benutzt wird.

103. Die dyadische Teilung ist nach K. Sethe, a. a. O., die älteste und ursprüngliche, zu der sich dann noch die Dreiteilung gesellt, die etwas jünger sein soll. Diese Teilungsreihen brachten den Ägyptern das Verständnis der Brüche als Teilmaße bzw. Maßteile, die bei Doppelung oder Halbierung jeweils zu einem anderen (Teil-)Maß wurden; sie traten nur mit dem Zähler 1 auf, waren (bis auf 2/3) Stammbrüche. Diese Brüche sind die von O. Neugebauer als „natürliche Brüche" bezeichnet worden (Die Grundlagen der ägyptischen Bruchrechnung, Berlin 1926, S. 10). Vgl. zum Problem Teilmaß und Bruch auch K. Vogel, Die Grundlagen der ägyptischen Arithmetik, München 1929, S. 22 ff.; S. 26 wendet Vogel sich gegen den Neugebauerschen Begriff der „natürlichen Brüche". S. auch dazu weiter unten den Abschnitt „Die Entstehung der Bruchrechnung".

104. Die Maße von Bauwerken auf den Skizzen des NR (Ramses III, Ramses IX, s. R. Lepsius, Der Grundplan des Grabes König Ramses IV., Berlin 1867; G. Daressy, Ostraca – Cat. Gen., Kairo 1901, Taf. XXXII) geben die Maße in Ellen an, ebenso sind die Dimensionen der Bauteile im Pap. Reisner I (W. K. Simpson, Pap. Reisner I, Boston 1963, Abt. G. H. und J) in Ellen angegeben, aber auch der Rauminhalt berechnet. Die Maßangaben des Rauminhaltes erfolgen in (Raum-)Ellen (superficial cubit), s. R. J. Gillings, Mathematics in the time of the pharaohs, Cambridge/Mass. 1972, S. 218 ff. und Pap. Reisner II, Boston 1969, S. 41. Unabhängig davon darf man aber annehmen, daß bei großen Bauwerken der Aufwand für die Vorbereitung des Baugeländes nach Feldermaßen kalkuliert wurde, entsprechend auch der Materialbedarf für Fußbodenplatten u .a. m.

105. RdE 29 [1977], S. 86 ff.; auch in: Acts of the First ICE, Berlin 1979, S. 523 f. Textilmaße dieser Art kommen auch in den Abusir-Papyri vor: P. Posener- Krieger–J. L. de Cenival, Hier. Pap. BM, 5th series, London 1968, Taf. 47 A, 50–52 A. Diese Zeichen erscheinen auch im Sonnenheiligtum des Niuserre in Abu Gurab im Zusammenhang mit Gaben, die beim Thronen in den vier Himmelsgegenden dargebracht werden, D. Borchardt, ZÄS 61 [1926], Taf.-Blatt II a. Auch die Gegengabe für den Kauf eines Hauses (Urk I 157) besteht teilweise in Textilien, die nach diesen Textilmaßen gemessen sind, aber offenbar unterschiedliche Qualität haben, da 40 und 20 Quadratellen jeweils 3 *šꜥ* entsprechen.

106. ZÄS 71 [1935], S. 134 ff.; dort auch eine Zusammenstellung aller bis dahin bekannter Stofflisten aus dem AR; das ältere Material ist weitergehend bei Kaplony, IÄF passim aufgearbeitet.

107. Interessant ist für die Analyse der Stoffmaße die Magazinliste, in der die Stoffe nach Sorte und Stoffbreite in Registern und Kästen angeordnet sind; die Mengenangabe ist jeweils im Register unter dem Stoffbreitenregister aufgezeichnet.
108. Zu den Stoffqualitäten s. Vandier, Manuel I, S. 768 ff., wo er unter Berufung auf G. Jequier, Des frises d'objets, Kairo 1921, S. 31 und S. 38 f. sowie W. S. Smith, ZÄS 71 [1935], S. 148 f. die Bedeutung der Fransen als Zeichen für Stoffvarietäten und indirekt für die Breite der Stoffbahnen wertet. Letztere Annahme ist das Fazit der Arbeit von Smith über die Stofflisten des AR; vgl. auch Kaplony IÄF I S. 320 f. Die Anzahl der Fransen variiert von 1–9, normalerweise nur von 1–5. Nur ein Beispiel einer voll ausgeführten Magazinliste mit 1–9 Fransen ist bislang belegt: Cairo JdE 68 687, wohl AR; s. Kaplony, Kleine Beitrage zu den IÄF, Wiesbaden 1966, S. 30, Abb. 1117.
109. E. Drioton (in: Zaki Y. Saad, Ceiling stelae in second dynasty tombs from the excavations at Helwan, Kairo 1957, S. XI ff.) hält Opferlisten mit der Idealzahl – 1000 für die jüngsten (d. h. AR), die ohne jede Angabe von Zahlen und ohne Register für die ältesten. Die Exemplare mit niedrigen Ziffern datiert er zwischen beide Gruppen d. h. in die Zeit zwischen Mitte der 1. Dynastie und Beginn der 3. Dynastie. Die Zahl 1000 (oder Vielfache davon) hatte nur noch ideellen Wert, während die älteren Exemplare mit niedrigen Zahlen die tatsächlichen Magazinbestände bezeichnen können; vgl. auch Kaplony, IÄF I, S. 235 ff.
110. S. Anm. 105.
111. P. Posener-Krieger, RdE 29 [1977], S. 94 f. erwägt auch die Breitenangabe der Stoffbahnen in Handbreiten (d. h. 1 Franse=1 Handbreite), verwirft diesen Gedanken jedoch, denn in einem solchen Falle wäre auch ein 9-Fransen-Stoff mit etwa 0,70 m Breite sehr schmal. Die unfertige Aufgabe Nr. 18 des Mathematischen Papyrus Moskau, in der die Maße von Stoffen in Handbreiten angegeben sind, kann hier nicht als beweiskräftig angesehen werden (V. V. Struve, Mathematischer Papyrus ..., Berlin 1930, S. 120 ff.; so auch E. T. Peet, JEA 17 [1931], S. 159 f.)
112. S. Anm. 108.
113. Für dieses Zeichen (Wb III 1.2) gibt es keine Erklärung durch Zahlworte, wie für (oder auch bei dem normalen Flächenmaßen). Das bei der Stoffliste ähnlich wie und verwendete *nfr* könnte ein allgemeiner Begriff „in guter (ausreichender) Menge" sein.
a) Die einzige mir bekannte Stelle, in der deutlich die Fransen ohne Querbalken stehen, ist eine Kleideretikette aus dem Grab des Sechemchet. Dort sind in einem horizontalen Register die Stoffsorten und -breiten angegeben, darunter, anstelle des 2. Registers, ist eine Reihe von Löchern angebracht, in die die Schnüre mit den Zahlentäfelchen gebunden werden konnten; auf diesen stand dann die genaue Quantitätsangabe; s. W. Helck, WZKM 54 [1957], Abb. S. 76. Drei Etiketten als Anhänger (d. h. ohne Namen) zu derartigen Etikettsammelleisten sind bekannt, s. Kaplony, IÄF I, S. 319 und IÄF II S. 1022 (Anm. 1665 und 1666).
114. So auch W. Helck, LÄ s. v. Maße und Gewichte.
115. S. dazu C. H. Johl, Die altägyptischen Webstühle, Leipzig 1924, S. 12 (=Unters. VIII). Nach den Darstellungen (ab. 11. Dyn.) besaßen die Webstühle z. T. erhebliche Breite, wie auch durch Stofffunde bestätigt wird, vgl. P. Posener-Krieger, RdE 29 [1977], S. 92. In Saqqara-Grab der *Ḫnt-kꜣw.s* fand Zaki Y. Saad die Mumie bedeckt mit 43 Stoffstücken, 5 bis 50 m lang, immer aber 1,10 m breit; Z. Y. Saad, Royal excavations at Saqqara and Helwan, Kairo 1947, S. 65, Taf. XXXI.
116. Leider haben sich m. W. bislang keine Stoffbahnen gefunden, die derartige Fransen tragen. Ob die Darstellung Taf. XVII, Fr. 18 und 19, bzw. Farbtafel XII aus dem Grab des *Ḥsj-Rꜥ* (J. E. Quibell, The tomb of Hesy, Kairo 1913) die Fransen an einem Stoffstück zeigt, wage ich nicht zu entscheiden, vgl. auch Vandier, Manuel I, S. 717 und 768.
117. Durch das Schriftzeichen kann durchaus eine alte Sitte, Stoffbreiten durch derart geknotete Fransen aus dem Kettenrest anzugeben, bewahrt worden sein, die in der Praxis dann nicht mehr geübt wurde; vgl. z. B. die Hieroglyphen, die frühzeitliche Waffentypen und Bekleidungssitten zeigen.
118. Nur aus dem Kontext wird bei einer Meßangabe klar, ob es sich um ein Feldermaß oder um die Fläche eines Stoffes handelt. Die Anzahl der Quadratellen ändert sich auch mit dem zu Messenden (100 Quadratellen Feldermaß, aber 10 beim Stoffmaß). Die Annahme von Kaplony, IÄF I, S. 321 beim Zeichen handele es sich um die Zahlenangabe 10, unter Berufung der Feldermaßbezeichnungen bei *Mṯn* ist durch die Arbeit von K. Gödecken (s. Anm. 93) hinfällig geworden.
119. Kaplony, IÄF I, S. 353.

120. Ebenda, S. 318 ff.; ein Etikett für Stoffballen aus der Zeit des Den ist in Saqqara gefunden worden, s. Kaplony, IÄF I, S. 319 nach W. B. Emery, Great tombs of the first dynasty, I, Kairo 1949, S. 107 ff. Es trägt die Stoffmaßbezeichnungen , und .
121. Eine Zusammenstellung der entsprechenden Bezeichnung findet sich bei Kaplony, IÄF III, Abb. 850.
122. So z. B. die Grabplatten mit Speisetischszene Sp. 47, Sp. 51 und Sp. 52 (Numerierung nach Kaplony, IÄF I, S. 230 ff.; ders., Kleine Beiträge zu den IÄF, Wiesbaden 1966, S. 1), alle aus Helwan. Zur Datierung s. Kaplony, IÄF I, S. 237 ff.
123. Belege hierfür sind (ebenfalls nach Kaplony bezeichnet): Sp. 12 obwohl ergänzt, Sp. 16 (s. auch Vandier, Manuel I, S. 733) und Sp. 45. Als Grabplatten mit Speisetischszenen, auf denen reale Zahlenangaben zu stehen scheinen (d. h. geringe Mengenangaben) seien genannt: Sp. 3, Sp. 5, Sp. 7, Sp. 15, Sp. 16, Sp. 28, Sp. 37, Sp. 49 und Sp. 50. Eine gewisse Sonderstellung nimmt die Grabplatte des *Sj-ḥfnr* (Sp. 27) ein, bei der Ausdrücke wie – ausreichend, gut, oder (nicht in einem Hieroglyphenzeichen für Stoff, sondern in einem Registerfeld) mit Zahlenangaben, 1200, 1000, 2000 versehen sind. Hunderte und Tausende, sogar 10 000 stehen hier auch für die anderen Opfergaben. Hier mag ein Übergang von realen Mengenangaben zu Idealzahlen vorliegen, s. Vandier, Manuel I, S. 735; Kaplony, IÄF I, 239 und 350 ff., wo er dieses Exemplar ans Ende der 2. Dyn. datiert.
124. Kaplony, IÄF I, S. 239 „es läßt sich nur sagen, daß der durchgehend verwendete ‚Tausender' das Ende der archaischen Zeit anzeigt."
125. Vgl. v. Alberti, Maß und Gewicht, S. 234 ff., wo er Gewebemaße aufführte: 1 Elle = 2 Fuß = 24 Zoll; 288 Limien; so auch engl. yard.
126. v. Alberti, Maß und Gewicht, S. 10 f.
127. Man vgl. nur die immensen Bestände von Gefäßen oder deren Bruchstücke, die sich in Abydos, Saqqara und in den Magazinen der Djoser-Anlage fanden; s. E. Amélinau, Les nouvelles fouilles d'Abydos I–III, Paris 1899–1905; W. M. F. Petrie, Royal tombs of the first dynasty I–II, London 1900–1901; J. E. Quibell, Archaic mastabas, Kairo 1923; W. M. F. Petrie et all ii Abydos I–III, London 1902–1904; J.-Ph. Lauer, La pyramide à degrès, I–V, Kairo 1936–1965; W. B. Emery, Great tombs of the first dynasty I–III, Kairo–London 1949–1958 u. a. m.
128. Vgl. Anm. 15
129. Dabei waren Gefäße aus Keramik, die in ortsüblicher Technik und in wenig voneinander differierenden Abmessungen bei den verschiedenen Typen produziert wurden, die Regel. Steingefäße, die ebenfalls in großer Stückzahl und mit nahezu gleichen Abmessungen hergestellt wurden, waren wohl nur den Gräbern bzw. den Haushalten des Herrschers und seiner höchsten Würdenträger vorbehalten. Die Inventarlisten der Magazine (auf den Grabplatten mit Speisetischszenen, s. Kaplony, IÄF I, S. 272 ff.) geben sowohl Steingefäße als auch den Inhalt an, so daß man annehmen kann, daß derartige Gefäße bei der Nobilität zum Grundbestand der Frühzeitgräber gehört haben. Als eigentliches Maß werden sie jedoch schwerlich gedient haben, bestenfalls zur ungefähren Angabe der Quantität.
130. S. Kaplony, IÄF I, S. 292 ff., der diese Inschriften als „Steuervermerk" auffaßt. Große Serien mit derartigen Inschriften sind in den Gaufürstengräbern auf der Qubbet el Hawa ausgegraben wurden, s. E. Edel, die Felsengräber der Qubbet el Hawa bei Asswan, II. Abt., Die althieratischen Topfaufschriften, Bd. 1 und 2, Wiesbaden 1967–1971.
131. Kaplony, IÄF I, 291 f., IÄF II, S. 990 f. (Anm. 1577).
132. Kaplony, a. a. O. (Anm. 1579) denkt an ein dekadisches Umrechnungsverhältnis unter Bezugnahme auf die Bandmaße der *Mṯn*-Inschrift, was nach der Arbeit von K. Gödecken (s. Anm. 90) nicht mehr stichhaltig ist.
133. Kaplony, IÄF I, S. 272 ff. (Gefäßfolgen) und S. 301 ff. (Ölnamen).
134. Kaplony, IÄF I, 3. 253 ff.; die gewöhnlichen Vorratskrüge sind die Typen I a–c nach Kaplony, vgl. auch Vandier, Manuel I S. 776 ff. (Gruppe 1 und 2). Der später wie ein Getränkemaß gebrauchte, tassenförmige *ds*-Krug ist hier nicht vertreten (Wb V 485).
135. Vgl. Anm. 15.
136. G. Daressy, ASAE 16 [1916] S. 201, A. Lucas–A. Rowe, ASAE 40 [1940], S. 86 als Belege für *ḏwt* ( ), von dem 2 ein Maß ausmachen, das Lucas-Rowe als ꜥ-Schale (Opferportion ?) auffassen, E. Balcz, MDIK 5 [1934], S. 85 aber als *bꜣḳt*-Gefäß/Maß (Wb I 424), das gern für Öl Verwendung fand. Die Gefäße *ḏwt/ḏw* und *ḏwjw* sind wahrscheinlich identisch. Vgl. auch Kaplony, IÄF II, 8. 992 (Anm. 1579).

137. Nach WbZ wird in den meisten Belegen *ḏwt/ḏw/ḏwjw* mit dem (*ḫnm*-Krug) determiniert, was für eine solche Auffassung spricht.

138. So H. Gödicke, RdE 11 [1957], S. 61 ff.; Gödicke gibt die Aufschrift auf einem Krug aus der Zeit des Isesi, die als Bruchzahl 3/4 *ḏwt* nennt. Da der Krug erhalten ist, berechnete er 1 *ḏwt* auf 133.3 cm³. Die häufige Anfügung oder auf den Topfaufschriften mit Steuervermerken ist nicht als Maß- oder Inhaltsangabe zu werden, sondern eher als eine Kurzschreibung für *spt* – Gau, s. Kaplony, IÄF II S. 1000 (Anm. 1600); solche Striche finden sich auch auf den Etiketten, s. Kaplony, IÄF II, S. 992 (Anm. 1580). Ein Maß für Öl, wie es V. Vikentiev (BIE 36 [1955], S. 309 und ASAE 56 [1959], S. 26) annahm, ist auszuschließen; das Zeichen ist vielmehr als Determinativ für pflanzliche Herkunft zu werten; s. Kaplony, IÄF II, S. 990 (Anm. 1575) und S. 1017 (Anm. 1641).

139. Vandier, Manuel I, S. 785 (3. Gruppe).

140. Kaplony, IÄF I 263 ff. und IÄF III Taf. 143 (Abb. 842). Der zweizipfelige Sack könnte dabei gut und gerne die Ausgangsform für das Zeichen gewesen sein, das in späterer Zeit allgemein als Schreibung für „Sack" (*ḫ3r, ipt*) auftritt; man müßte dabei annehmen, daß eine kursive Form des zweizipfeligen Sackes sekundär zu einer Hieroglyphe geworden ist.

141. W. B. Emery et alii, Great tombs of the first dynasty III, London 1958, S. 60 und Taf. 83.3, Tintenaufschrift für Getreidegefäß (*jt*).

142. Kaplony, IÄF II, S. 966 (Anm. 1497); vgl. auch E. Edel, Die Felsengräber der Qubbet el Hawa bei Asswan, II. Abt., Bd. 1 und 2, Wiesbaden 1967–71; alle Topfaufschriften sind ohne Maßangabe, das Zeichen tritt nur als Determinativ auf, s. Bd. 1, S. 18 ff.

143. S. Kaplony, IÄF II, S. 967 (Anm. 1501). Gute Darstellungen der älteren Form finden sich bei A. M. Moussa–H. Altenmüller, Das Grab des Niaudechnum und Chnumhotep, Mainz 1977, Abb. 24; ein Speichermodell dieses Typs aus der 1. Dynastie ist aus Elfenbein erhalten (Bln 18 031). Im Grab des *Ṯjj* (G. Steindorf, Das Grab des Ti, Leipzig 1913, Taf. 84) ist eine Speicherbatterie abgebildet, aus der ein Mann mit einem kleinen, fast quadratischen Maß Getreide entnimmt, während ein anderer vor einem größeren Maßgefaß kniet; vgl. W. Wreszinski, ZÄS 61 [1926], S. 1 – sollte das ein Hinweis auf doppeltes Messen sein? Die Form stellt vielleicht gar keinen Speicher dar, sondern einen Getreidehaufen auf eingeebnetem Boden mit hochgezogenen Rändern, der dann als Speicher umgedeutet wurde – oder umgekehrt? Vgl. Gardiner, Grammar, Sign-list O 51. Der bislang älteste Beleg für dieses Zeichen mit der Form , d. i. ein Getreidehaufen mit Lehmziegelwall am Fuß auf einem Verschluß aus Nilschlamm aus dem Grab 16 von Abu Roasch, (1. Dynastie), s. Kaplony, IÄF I 135 und F. Montet, Kemi 8 [1946], S. 204 f.

144. Die normale Form der Speicher ist die mit rundem Dach und einem Verschlußstück (oder angedeutetem viereckigen Einfülloch) an der höchsten Erhebung.

145. S. dazu W. Helck, LÄ s. v. Maße und Gewichte; ders., Altägyptische Aktenkunde, Berlin 1974, S. 135 ff.

146. T. G. H. James, The Hekanakhte papers, New York 1962, S. 116 ff. bietet als Lesung für den Sack *ḫ3, ḫ3t* oder *ḫ3r* an. Letzterer Lesung ist wohl nach Ausweis der mathematischen Texte, deren Archetypen wohl ins AR zu datieren sind, der Vorzug zu geben; Pap. Rhind schreibt , dieselbe Schreibung ist Pap. Kahun 22.14 belegt.

147. Das kleine Maß ist wohl *ḥḳ3t* zu lesen. James, a. a. O., und ders., The mastaba of Khentika called Ikhekhi, London 1953, S. 44 , bietet wegen der fem. Form auch die Lesung *jpt/npjt* an. Vielleicht sollte man dort, wo eindeutig das Maßgefäß gemeint ist, nach den *Ḥḳ3-nḫt*-Urkunden (, VI. 12; , VII. 4) *jp(j)t* lesen, das Maß aber *ḥḳ3t*. Die Schreibung tritt nach F. Ll. Griffith, PSBA 14 [1892], S. 425 zwar erstmalig in der 12. Dynastie auf (=ders., The insprιptions of Siut and Der Rifeh, London 1889, Grab I Z. 279), es besteht aber kein Grund, nicht auch in älteren Texten *ḥḳ3t* zu lesen, zumal in derselben Nekropole (Grab V Z. 9, 10. Dynastie) auch die Schreibung belegt ist, wie sie in den Abusir-Papyri und in denen von Gebelen vorkommt, s. P. Posener-Krieger, Les archives de Neferirkare I, Kairo 1976, S. 228 f. Vielleicht deutet die Erwähnung eines in der 5. Dyn. (A. M. Moussa–H. Altenmüller, Das Grab des Nianchchnum und Chnumhotep, Meinz 1977, S. 84) schon auf den Namen des

Maßes hin. Übersetzt wird die Stelle als „halbes Maß meines (Guts-)Leiters", es könnte aber auch gemeint sein: Eine Hälfte des *ḥḳ3(t)*

148. W. F. Reineke, MIO 9 [1963], S. 152 ff., nach Pap. Rhind Nr. 41, 44 und 45 entspricht 1 *ḫ3r* 2/3 Kubikellen.
149. So T. G. H. James, Hekanakhte papers, London 1962, S. 117 und P. Posener-Krieger, Les archives de Neferirkare I, Kairo 1976, S. 229.
150. Ausführlich zum System der Notierung F. Ll. Griffith, PSBA 14 [1892] , S. 425 ff. Die Punkt-Notierung im Hieratischen gilt dabei für die *ḥḳ3t*, die Zahlen für die höhere Einheit (l0-fach *ḥḳ3t* = *ḫ3r*). Dabei bleibt unbezeichnet, ob es sich um Einfach-, Doppel- oder Vierfach-*ḥḳ3t* handelt. Selten wird das Doppel-*ḥḳ3t*  (Pap. Rhind Nr. 82), das Vierfach-*ḥḳ3t* 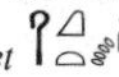 (Pap. Rhind Nr. 69) besonders bezeichnet. Eine interessante Schreibweise für die Vielfachen des *ḥḳ3t* findet sich schon in der 5. Dyn in Saqqara im Grab des *Mḥj* (G. Jequier, Tombeaux de particuliers contemporains de Pepi II, Kairo 1929, S. 74 Abb. 83): Einfache *ḥḳ3t* bleiben unbezeichnet, beim Doppel-*ḥḳ3t* steht vor der Zahl 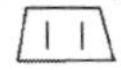, beim Vierfach-*ḥḳ3t*  ; das Zehnfache wird 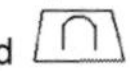, das Hundertfache  geschrieben. Die eigentliche Maßbezeichnung ist das Zeichen , das gleichzeitig das Determinativ zur jeweiligen Getreidesorte darstellt. Eine Notierung mit Punkten ist hier nicht vorhanden; die Inschrift ist rein hieroglyphisch. Bruchzahlen der normalen dyadischen Reihe wie  und × (*gs*, *ḥsb*) gelten für die *ḫ3r*;  = 5 *ḥḳ3t*, × = 2 ½ *ḥḳ3t*.
151. Vgl. Anm. 149. Auch aus Pap. Bln 10 500 (Sharuhen Pap. 6. Dyn.) sind diese Zeichen bekannt, vgl. G. Möller, ZÄS 48 [1911], S. 100 und K. Sethe, Von Zahlen und Zahlworten, Straßburg 1916, S. 80. Ob diese Zeichen von Anfang an als reine Bruchzahlen aufzufassen sind, wie es G. Daressy, Rec. Trav. 28 [1906], S. 62 ff. meint, bleibt fraglich. Die Multiplikation der Maßteile miteinander kommt erst im MR vor (Kairener Rechentafeln JE 25 367 und 25 368), muß aber nicht schon im AR üblich gewesen sein.
152. Zum Benennungssystem s. G. Möller, ZÄS 48 I [1911], S. 99 ff., Gardiner, ²Grammar, S. 197 und W. Helck, LÄ s. v. Maße und Gewichte. Die Lesung der Bruchteile des Maßes *ḥḳ3t* ist unbekannt, doch sollte man sie vielleicht wie die Bruchteile der Arure lesen, die allerdings von 1/2 bis 1/32 erst in ptolemäischer Zeit belegt sind; vgl. F. Ll. Griffith, PSBA 14 [1892], S. 410 ff., K. Sethe, von Zahlen und Zahlworten, Straßburg 1916, S. 74 ff. und die erste Publikation der Aruren-Teile. R. Lepsius, Über eine Hieroglyphische Inschrift am Tempel von Edfu, Berlin 1955, 5. 98 ff., darauf fußend: H. Brugsch, Ägyptologie, Leipzig 1891, S. 373 f. und F. Hultsch, Griechisch-römische Metrologie, Berlin 1864, S. 357. Danach wäre zu lesen: 1/2 – *gs/rmn*; ¼ – *ḥsb;* 1/8 – *s3;* 1/16 – *sw*; 1/32 – *rm*. Für 1/64 des Hohlmaßes läßt sich keine Lesung anbieten. Die unterschiedliche Schreibung der Teilungsreihe von Arure und *ḥḳ3t* wäre demnach nur eine graphische, nicht aber eine sprachliche Unterscheidung. Diese Teilungsreihe gilt für die *ḥḳ3t*, unabhängig davon, ob es sich in der jeweiligen Rechnung um Einfach-, Doppel- oder Vierfach-*ḥḳ3t* handelt.
153. S. W. Helck, LÄ, s. v. Maße und Gewichte; ders., Altägyptische Aktenkunde, Berlin 1974, 3. 135 ff. – nach F. Ll. Griffith, PSBA 14 [1892] , S. 434.
154. T. G. H. James, Hekanakhte papers, London 1962, S. 117 zur Urkunde VI Z. 12, vgl. S. 63 ff. aufgrund einer Summierung zweier Posten verschiedener Getreidesorten; der Rechenfehler beträgt 0.5 *ḫ3r* auf 117. J.-L. de Cenival spricht sich in der Rezension zu James, Hekanakhte, für die durchgängige Verwendung des Doppel-*ḥḳ3t* als Grundmaß in diesen Urkunden aus (RdE 15 [1963], S. 141 f.).
155. So P. Posener-Krieger, Les archives de Neferirkare I, Kairo 1976, S. 229.
156. T. G. H. James, a. a. O. S. 116 f.
157. Vgl. Anm. 153.
158. J. E. Quibell, The tomb of Hesy, Kairo 1913, S. 25 f. und Taf. 17.
159. Die in der Publikation von Quibell abgebildeten Maßgefäße (Farbtafel 13 und Tafel 17) wurden gemessen. Bei Annahme eines runden oder quadratischen Querschnitts und unter Vernachlässigung der Wandstärken ergab sich ein Verhältnis von 1:1.97 zwischen jeweils zwei benachbarten Gefäßen; das entspricht ungefähr dem erwarteten Verhältnis 1:2. Nicht geprüft wurden die Verhältnisse bei den kleinen Maßgefäßen.
160. 1 *r3* (ro) ist 1/320 *ḥḳ3t;* vgl. Anm. 153; wohl als Gewürzmaß aufzufassen, s. O. Neugebauer, ZÄS 68 [1932], S. 122. Offenbar ist 1/320 des jeweils in der Rechnung genannten *ḥḳ3t* gemeint; vgl. Anm. 152. Wir hätten – ähnlich wie bei den Teilen des *ḥḳ3t* – mit jeweils 3 verschiedenen ro zu rechnen. Nimmt man die Einbeziehung des ro in die Reihe, im *Ḥsj-Rʿ*-Grab an, könnten die 14 Maßgefäße folgendes bedeuten:

1 *rꜣ* – 1 Doppel-*rꜣ* – 1 Vierfach-*rꜣ* – 1/64 *ḥḳꜣt* – 1/32 *ḥḳꜣt* – 1/16 *ḥḳꜣt* – 1/8 *ḥḳꜣt* – 1/4 *ḥḳꜣt* – 1/2 *ḥḳꜣt* – 1 *ḥḳꜣt* – 1 Doppel-*ḥḳꜣt* – 1 Vierfach-*ḥḳꜣt* – 8 *ḥḳꜣt* – 16 *ḥḳꜣt*

Das letzte, größte Glied dieser Kette entspräche dann dem *ipt*, das im NR 16 *ḥḳꜣt* Inhalt (4 Vierfach-*ḥḳꜣt*) besaß. Das wäre ein Hinweis darauf, daß durch die dyadische Vervielfachung einer solchen Einheit alt ist und daß *ẖꜣr* und *ḥḳꜣt* vielleicht ursprünglich nicht aufeinander bezogene Maßeinheiten gewesen sind. Schon im AR muß man aber 1 *ẖꜣr* zu 10 *ḥḳꜣt* berechnet haben. *Ḥḳꜣt* könnte sogar von *ḥḳꜣ*–Herrscher (Wb III 170) abgeleitet sein, *ḥḳꜣt* < *ḥḳꜣjt* – das (Maß) des Herrschers; das hieße, ein vom König festgesetztes, gültiges Maß. Ebenso unabhängig vom *ḥḳꜣt* scheint das *rꜣ* (ro)-Maß zu sein. O. Neugebauer, ZÄS 65 [1930], 5. 42 ff., macht wahrscheinlich, daß ein derart kleines Maß vor der Einführung der kleinen *ḥḳꜣt*-Teile (1/16–1/64) existiert hat, denn die hieratischen Schreibungen für diese Teile weisen keine direkten Beziehungen zur Horusaugen-Notierung auf. Sie lassen sich vielmehr mit Ausnahme des 1/64 als Schreibungen von Vielfachen des *rꜣ* deuten:

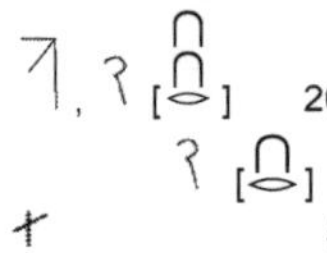

20 r 1/16 *ḥḳꜣt*

10 r 1/32 *ḥḳꜣt*

5 r 1/64 *ḥḳꜣt*

Nur das letzte Zeichen, das schon in den Gebelen-Papyri (vgl. Anm. 147) vorkommt, ist aus dem Horusaugen-Teil ableitbar. Dieser Interpretation stimmt auch K. Vogel, ZÄS 66 [1931], S. 35 zu der den Bruchcharakter dieser Zeichen in der Rechnungspraxis unterstreicht; das hieße, spätestens seit dem MR wäre die Entstehung der Zeichen für 1/16 und 1/32 *ḥḳꜣt* aus den Gruppen für 20 und 10 ro nicht mehr verstanden worden.

161. Flache Schalen und Teller tragen Angaben zur Höhe (*ꜥḥꜥ*) und zur Breite (*ḥr*-Angesicht, Fläche) als Identifikationsvermerk für Revisionen u. ä. Die Maßangaben haben Spannen, Handbreiten und Fingerbreiten als Einheiten; vgl. Anm. 46.
162. P. Lacau–J.-Ph. Lauer, La pyramide à degrès V, Kairo 1965, S. 29 f. (Nr. 36 ff.) Leider werden von diesen Gefäßaufschriften nur Facsimile-Zeichnungen, keine Fotos, veröffentlicht. Aus dem Text geht nur hervor, daß es sich um Tintenaufschriften auf Keramikgefäßen handelt, nicht, auf welchem Typ (zylindrisch und kugelig/bauchig stehen zur Auswahl).
163. S. Anm. 46 a
164. Einen eigenen Terminus für Volumen kennen die mathematischen Texte des MR nicht; als Umschreibung dienen „*rẖt m* (+ Maßbezeichnung) Betrag an..." oder mit *ẖꜣj* „hineingehen" gebildete Ausdrücke. Das *stj* der Reisner-Papyri ist keine Bezeichnung für „Volumen", sondern für „Produkt".
165. J. E. Quibell, The tomb of Hesy, Kairo 1913, Taf. XIII und XVII; S. 26 wird für die obere Reihe der Maße die saubere Böttgerarbeit hervorgehoben.
166. Die Darstellungen des Getreidemaßes bei G. Steindorf, Das Grab des Ti, Leipzig 1913, Taf. 84 und 86 (schlecht erhalten); H. Junker, Giza IV, Wien–Leipzig 1940, Taf. XII; L. Borchardt, Das Grabmahl des *Ne-user-Reꜥ*, Leipzig 1907, Abb. 103 a (Grab des *Ḏꜣḏꜣ-m-ꜥnẖ*); LD II 51 (Grab des *Jj-mrj*), Wreszinski, Atlas III 51 (Grab des *Sẖm-ꜥnẖ-Ptḥ*/Boston) zeigen alle die normale gedrungene Form des Scheffels mit Mitteldauben und mehr oder weniger deutlicher Andeutung der Böttgerarbeit. Lediglich bei LD II 103 a (Grab des *Ptḥ-ḥtp*) und T. G. H. James, The mastaba of Khentika, London 1953, Taf. IX, sind die Maßgefäße etwas schlanker; in den Inschriften des Khentika sind die Hieroglyphen für das *ḥḳꜣt* den Frühzeitzeichen sehr ähnlich (bes. Text 30).
167. Alle mir bekannten Darstellungen zeigen bei den Meßgefäßen glatte Seiten, keinen Griff. Sollte die Sitte, Griffe an den Maßgefäßen anzubringen, nur in der Frühzeit üblich gewesen sein, als man das einfache *ḥḳꜣt* zu 4,805 l benutzte, das mit einer Hand mühelos gehalten werden konnte? Die Zahlenangaben auf den Krügen sprechen dafür, daß ein einfaches *ḥḳꜣt* als Normalmaß galt.
168. Vgl. dazu die Zeichenformen des bei H. Petrie, Egyptian Hieroglyphs of the first and second dynasties, London 1927, Taf. XXVIII.
169. S. Möller, Hierat. Pal. I 470 (u. ä.) und E. Edel et alii, Die Felsgräbernekropole der Qubbet el Hawa bei Assuan, Abt. II, Paläographie, Opladen 1980, Taf. 86. Dort tritt sowohl die übliche Form auf, aber auch . Letztere Form ließe sich vielleicht als Maß mit Griff

deuten. Im Totenbuch des frühen MR, Pap. Bln 10 483, hat das Maß die Gestalt , die der 6. Dyn.-Hieroglyphe und den Frühzeitzeichen (ohne Griff) sehr ähnelt; s. Möller, Hierat. Pal. Ergänzungen, Nachträge zu Bd. I 470. In der Inschrift des *'Innj* (Kairo JE 57 139), Urk I 164, ist das Zeichen als Hieroglyphiesierung der hieratischen Form aufzufassen.

170. Quibell, a. a. O., Taf. XIII und XVII. Im Text S. 26 wird die Verwendung dieses Gegenstandes als Abstreichbrett beschrieben; vgl. auch A. Badawy, JNES 15 [1956], 177 f., der es nach einem Fund in Medinet Habu auch als Werkzeug zum Abstreichen von Nilschlamm bei der Ziegelherstellung beschreibt (oder , Gardiner, Sign-list Aa 28 und 29, *ḳd*).

171. So Quibell, a. a. 0. S. 26. Ein genaues Messen mit größeren Maßgefäßen ist ohne Instrument zum Abstreichen des gehäuft gefüllten Maßes unmöglich.

172. Für derartige Gefäße vgl. die Darstellungen bei W. M. F. Petrie, Abydos I, London 1902, Taf. XXXVII 14 (Außenmaße des zylindrischen Gefäßes: 21 × 48 cm) und ders., Royal tombs I, Taf. XXXIX 1 (Außenmaße des hohen, bauchigen Gefäßes: 33 × 84 cm).

a) P. Lacau–J.-Ph. Lauer, La pyramide à degrès V, Kairo 1965, S. 29 schreiben dazu: „Il serait indispensable ... de compléter tous ces vases, pour évaluer leur capacité réelle." Nur wenige der so markierten Gefäße waren allerdings zum Publikationstermin greifbar.

173. Unter den in den Magazinen der Djoser-Anlage gefundenen Gefäßen befinden sich auch 4, in deren Seitenwand das Zeichen als Beginn einer senkrechten Zeile eingraviert ist. Die Inschrift ist vor dem Brennen in den weichen Ton eingeritzt worden; Lacau–Lauer (La pyramide à degrès V, Kairo 1965, S. 29) meinen, daß diese Form der Topfaufschrift die endgültige, Tintenaufschriften aber nur provisorisch seien. Die Editoren der Gefäßaufschriften geben 3 oder 4 Inschriften (ebenda, S. 30, Abb. 42–44) als Facsimile:

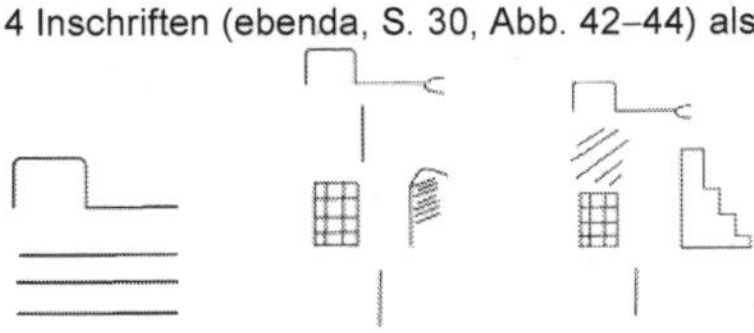

Diese Inschriften erklären sie als ein Hohlmaß *rmn* und die Teilmaße *ḥtp* („Korb", , Wb III 195) und *jpt* (Wb I 67), das im NR als großes Hohlmaß von 76,8 l wohlbekannt ist. Gegen diese Annahme sprechen mehrere Gründe. Ein Gefäß mit einem Volumen von mindestens 3 *jpt* (nach dem NR-Standard) – d. h. 1 *rmn* besitzt mindestens 2 *jpt*, wenn *jpt* als Teilmaß des *rmn* gelten soll – wäre unverhältnismäßig groß; dasselbe gilt bei Annahme eines Teilmaßes *ḥtp*, denn *ḥtp* müßte ja dem *jpt* irgendwie entsprechen bzw. ein Teilmaß des *jpt* sein. Das Zeichen ist bestenfalls im NR als Oberarm mit Unterarm , zu lesen. In den früh- und althieratischen Texten (Möller, Hierat. Pal. I 101; P. Posener-Krieger–J.-L. de Cenival, Hierat. Pap. BM, V[th] series, London 1968, Pal. Taf. II– *mḥ*-Hieroglyphe; E. Edel et alii, Die Felsgräbernekropole der Qubbet el Hawa, II. Abt., Paläographie der althieratischen Gefäßaufschriften, Opladen 1980, Taf. 13 = ʿ) wird das *rmn*-Zeichen immer mit besonderer Hervorhebung der Hand gezeichnet; das Zeichen könnte nach diesen Listen (Möller, Hierat. Pal. I 99) viel eher als Arm (ʿ) interpretiert werden. Wir hätten damit in dem ersten Zeichen aller drei Inschriften die Bezeichnung des Gefäßes , (Wb I 158) zu sehen, das für Opferportionen bes. an Flüssigkeiten verwendet wurde. Die erste der Inschriften zeigt hinter dem ʿ drei Striche, die oft in den Gefäßaufschriften vorkommen (vgl. Anm. 138). Bei den beiden anderen könnte es sich um *jrp*-Wein (nach Koplony, IÄF I, S. 259 einmal geschrieben) und um *sḫp*-Wein bzw. *spḫ*-Wein (letztere Form als *spḫt* im AR üblich, geschrieben , vgl. Kaplony, IÄF I 262 und 313, =) handeln. Dadurch ließen sich alle Inschriften erklären, ohne in ihnen Termini für Maße sehen zu müssen. Eine Angabe des Volumens vor dem Brennen ist technisch damals auch kaum möglich gewesen, denn das noch weiche Gefäß hätte gefüllt werden müssen. Hätte man dennoch so das Volumen auszumessen gewußt, wäre der Schwund beim Brennen unberücksichtigt geblieben. Die vor dem Brennen eingeritzten Zeichen beziehen sich vielmehr auf Inhalt, Eigentümer (Nutzer) und Herkunft.

174. P. Lacau–J. Ph. Lauer, La pyramide à degrès V, Kairo 1965, S. 36, Abb. 36, Taf. 18.2. Das Gefäß ist nicht das einzige mit Abrechnungen aus der Frühzeit. In der Djoser-Anlage fanden sich zwei Schalen mit Abrechnungslisten (ebenda, S. 22, Abb. 34 und 35, Taf. 17.1–2) und in Abydos fand Petrie eine Abrechnung auf dem Boden eines Tellers (Petrie, RT, I, S. 43, Taf. XIX 11). Die Abrechnung befaßt sich mit Opferbroten für ein Fest; in der letzten Zeile könnte die Getreidemenge als 100 *ḥḳ3t* () angegeben sein.

175. Lacau–Lauer, a. a. O. S. 31 sprechen nur von 1/2 und 1/4.

176. G. Möller, ZÄS 48 [1911], S. 99 ff., beschrieb erstmalig genau die Teile des Horusauges, deren Summe 63/64 ausmacht, die von Thot magisch zu 64/64 ergänzt wurden.

177. Der Mythos vom im Kampf gegen Seth verlorenen und wiedergewonnenen Auge des Horus gehört zum Mythenkreis um Osiris. Dadurch wird die Verwendung des Horusauges zur Schreibung der *ḥḳ3t*-Teil erst im AR möglich, da die Ausformung der Osirismythos aller Wahrscheinlichkeit nach auch im AR (d.h. nach Djoser) erfolgte, s. H. Kees in: S. Mercer, The Pyramid Texts IV, New York–London–Toronto, S. 139.

178. Außer 1/2 kommen die *ḥḳ3t*-Teile als Hieroglyphen erst seit der XX. Dynastie vor, s. Gardiner, Grammar S. 198, F. Ll. Griffith, PSBA 14 [1892], S. 426 (19. Dynastie – Kalenderinschriften Medinet Habu). Die Annahme von S. Hassan (Excavations at Giza V, Kairo 1944, S. 87 und 94 f.), auch 1/4 ○ existiere schon im AR, ist ein Interpretations- bzw. Lesungsfehler; vgl. Kaplony, IÄF I. S. 248.

179. Nach P. Posener-Krieger–J. L. de Cenival, Hierat. Pap. BM, V[th] series, London 1968, Pal. Taf. XVI.

180. Möller, Hierat. Pal. I 708–710; unter den Gefäßinschriften der Qubbet el Hawa bei Assuan fanden sich keine Maßangaben mit *ḥḳ3t*-Teilen.

181. Deutlich sichtbar bei Möller, Hierat. Pal. I, 711–713; vgl. auch O. Neugebauer, ZÄS 65 [1930], S. 46 f. Neugebauer erklärt die Teile 1/16 und 1/32 *ḥḳ3t* aus den hieratischen Gruppen 20 *r3* und 10 *r3*; s. Anm. 160. Der oberägyptische Ursprung der Horusaugen-Notierung (ebenda S. 46; K. Vogel, ZÄS 66 [1931], S. 35) erscheint mir wenig wahrscheinlich. Die Einbindung der Maßteilschreibung in den Mythenkreis um Osiris spricht eher für Heliopolis (vgl. Anm. 117). Die von Neugebauer für die Stützung seiner Theorie herangezogene Schreibung von Scheffelteilen bei unterägyptischem Getreide durch normale Brüche ist wenig beweiskräftig. Diese Zeichen sollte man als Teile der größeren Einheit (*ḫ3r* oder *jpt*) werten.

182. Eine andere Variante des Zeichens sieht eher wie eine kursive Form des -Zeichens aus. Keinesfalls handelt es sich jedoch um eine runde Hieroglyphe, die dem Hieratischen zugrunde liegt. Nach Möller, Hierat. Pal. I, werden alle runden Zeichen auch im Hieratischen deutlich rund geschrieben, z. B. Nr. 303 (⊙ Ra), Nr. 329 (○ Sandkügelchen, am ähnlichsten der Pupille des Horusauges), Nr. 339 (⊗ *nwt*), Nr. 403 (*sp*), Nr. 572 (O *dbn*) und Nr. 574 (*ḫ*).

a) Vgl. Anm. 160.

183. Vgl. unter „Längenmaße“ und Anm. 102. V. G. Childe (Der Mensch schafft sich selbst, Dresden 1959, S. 198) hält es sogar für möglich, daß man in der Schrift Bruchzeichen formte, ohne für sie einen sprachlichen Ausdruck zu haben. Die Verwendung von in der Drittelreihe und von bei den Flächenmaßen (die gekreuzten, geviertelten Stäbe) als 1/4 sprechen für die ägyptischen Verhältnisse gegen diese Vermutung.

184. Nach F. Ll.Griffith, PSBA 14 [1892], S. 425 ist die Unterscheidung erst ab MR festzustellen; diese Aussage gilt als kanonisch, ist aber durch die Publikation der Abusir-Papyri überholt, d. h. in der 5. Dyn. war die Einführung eines 10-fach- *ḥḳ3t*-Maßes (*ḫ3r*) und die damit verbundene Differenzierung der Schreibweise vollzogen. Auch im unveröffentlichten Pap. Bln 10 500 (Šaruna-Pap., Ende AR), den ich dank des Entgegenkommens von Dr. habil W. Müller, Direktor des Ägyptischen Museums und Leiter der Papyrus-Abteilung der Staatlichen Museen zu Berlin, einsehen durfte, wird die Punktschreibung für die einzelnen *ḥḳ3t* verwendet.

185. In der hieroglyphischen Inschrift über die Totenstiftung des *'Innj* (Kairo JE 57 139, Urk I 164) werden beim aus dem Hieratischen übernommenen Zeichen (*ḥḳ3t*, vgl. Anm. 169) Zahlen geschrieben. Allerdings sind auch im hieratischen bisweilen *ḥḳ3t*-Punkte, sehr klein geschriebene Zahlen und das Determinativ ∘ ∘ ∘/I I I kaum zu unterscheiden, so daß diese Zahlenschreibung nur bedingt als Zeugnis gegen eine Punkt-Notierung gewertet werden kann.

186. In den Abusir-Papyri ist die Verwendung dieses Vielfachen des *ḥḳ3t* ganz deutlich. Nach jeweils 9 Punkten wird auf das *ḫ3r* übergegangen; vgl. dazu auch Anm. 149.

187. Petrie, Prehistoric Egypt, S. 27–29; dort sind auch die genauen Fundorte der Stücke angegeben. In den Wagestücken normaler Form zählt Petrie auch kegelförmige Steine. Als Wagestück interpretiert er auch eine kleine Schildkröte aus Porphyr.
188. London: Petrie, Weights and measures, Dieses Werk umfaßt, der Größe des angenommenen Standards nach geordnet, mehr als 2750 Wägestücke, von denen 106 eine Angabe ihrer Masse tragen. A. E. Berriman (JEA 41 [1955], S. 48–50) veröffentlichte einige markierte Wagestücke dieser Sammlung erneut; die von ihm gegebenen neuen Wägungen differieren gegenüber den von Petrie gegebenen nur um die Größenordnung von einigen Zehnteln *grain*. Für die in Exkurs 2 vorgenommene statistische Analyse wurden diese neuen Werte deshalb nicht benutzt; sie würden das Ergebnis auch kaum beeinflußt haben. Vgl. auch J.-P. Corteggiani, BIFAO 73 [1973], S. 144. Für die Sammlung in Kairo s. Weigall, Weights. Publiziert sind hier 301 Wagestücke aus pharaonischer Zeit.
189. LD II 13, II 49, II 74. Vgl. auch L. Klebs, Die Reliefs des Alten Reichs, Heidelberg 1915, S. 84. Die Waagen sind zum Abwiegen von Rohmetall eingesetzt; sie werden entweder freischwebend mit der Hand gehalten oder in ein Gestell eingehängt, wie später allgemein üblich.
190. Nach Petrie, Prehistoric, Egypt, S. 36 und Taf. XLVI. Die auf der Tafel sichtbaren Seile zur Befestigung der Wagschalen sind eine moderne Ergänzung. Vgl. auch Vandier, Manuel I, 3. 408.
191. J. E. Quibell, The tomb of Hesy, Kairo 1913, Taf. XII; vgl. Vandier, Manuel I, S. 716 f.
192. Vgl. die Darstellungen mit wohlgeformten, senkrecht neben der Aufhängung des Balkens am Ständer befestigtem Lot in LD III 39 a, LD III 78 oder aus dem Totenbuch des Kenna (*Ḳnnꜣ*), C. Leemans, Aegyptische hieroglyphische lijkpapyrus T. 2 van het Nederlandsche Museum van Oudheden te Leyden, Leiden 1882.
193. Die Darstellungen im Grab des *Ḥsj-Rꜥ* zeigen keine derartigen Lochungen.
194. Alle mir bekannten dargestellten Waagen zeigen einen an einem Ständer befestigten Waagebalken, mit der Hand gehaltene Waagen sind aber noch heute in der Praxis häufig anzutreffen, bes. auf orientalischen Märkten.
195. Zur Benutzung der Wagestücke nahezu ausschließlich für Metalle s. F. Ll. Griffith, PSBA 14 [1892], S. 435 ff. Auch Aufgabe Nr. 62 des mathematischen Pap. Rhind handelt von einem Sack mit Edelmetallen (Gold Silber, Blei). Zum Problem der Metallwägung auch F. Chabas, Recherches sur les poids, mésures et monnaies des anciens Egyptiens, Paris 1876, der auch auf die Rolle der Metalle als allgemeines Äquivalent hinweist.
196. F. Ll. Griffith, PSBA 13 [1891], S. 528 f.; ders., PSBA 14 [1892], S. 436; G. Ebers, Papyrus Ebers – Die Masse und das Kapitel über die Augenkrankheiten, Leipzig 1889, S. 33 ff. (=Abh. der kngl. sächs. Ges. der Wiss., Phil. hist. Kl.); Bei Deines–Grapow–Westendorf, Grundriß IX, S. 1 ff. gilt 1/64 *ḥḳꜣt* = 5 *rꜣt* als Masseeinheit für Drogen.
197. Gold und Kupfer sind die ersten gezielt gewonnenen und bearbeiteten Metalle in Ägypten. Die ältesten kupfernen Gegenstände stammen aus Badari; s. Lucas–Harris, Materials, S. 200. Vgl. z. B. auch den Hortfund Hunderter Metallwerkzeuge in einem Grab aus der 1. Dynastie in Saqqara. W. B. Emery, Great tombs of the first dynasty, Kairo 1949, S. 19 ff., Taf. 9 A, 9 B und 10. Goldvorkommen in der Ostwüste von der Höhe von Qena und Quft (Koptos) an südwärts bis nach Nubien brachten schon für die vordynastische Zeit eine entwickelte Goldindustrie; s. Lucas–Harris, Materials, S. 224 ff. und E. J. Baumgartel, Cultures of prehistoric Egypt II, Oxford 1960, S. 3 ff. Erste Perlen- und Goldcolliers sind für die Badari- und Gerzeh-Kultur belegt, S. Brunton, Mostagedda, S. 85–86, Taf. XXXIX; W. M. Fl. Petrie–G. A. Wainwright–E. Mackay, The Labyrinth, Gerzeh and Mazguneh, London 1912, 8. 15 ff.; vgl. auch Vandier, Manuel I, S. 440.
198. Die Anwendung einer Volumenbestimmung durch Flüssigkeitsverdrängung als Alternativlösung zur Massebestimmung durch Wiegen entfällt nach dem damaligen Entwicklungsstand der Produktivkräfte.
199. Eine große Zahl der in den Anm. 194 und 195 genannten Publikationen aufgelisteten Wagestücke besteht aus Hartstein.
200. Die Herstellung gebohrter Steingefäße ist eine Besonderheit der spätprädynastischen Zeit und der Periode der ersten zwei Dynastien, s. Vandier, Manuel I, S.216 f., 484 ff., 782 ff. Materialpublikationen: Ali A. H. el-Kholi, Egyptian stone vessels I–III, Mainz 1978 und P. Kaplony, Steingefäße mit Inschriften der Frühzeit und des Alten Reichs, Brüssel 1968. Trotz der großen Tradition der ägyptischen Steinbearbeitung muß dennoch mit Schwierigkeiten bei der Eichung und einer hohen Streuung der Massewerte in den Wagestückserien gerechnet werden. Auch mit mutwilliger Fehleichung sollte man nach Ansicht des englischen Metrologen F. G. Skinner (nach A. S. Helmy, JEA 23 [1937], S. 40) rechnen; vgl. dazu auch die entsprechende Erwähnung im sog. negativen Bekenntnis (Totenbuch Kap. 125).

201. Vgl. W. Helck, LÄ s. v. Maße und Gewichte; Wb V 79 und 438. Das Wort *dbn* bezeichnet dabei das Wagestück bzw. dessen Einheit und ist seit dem AR belegt, gilt also auch für den sog. älteren Standard.

202. Die ägyptischen Ausdrücke *š‛tj*, später *šn‛* (Wb IV 418 und Helck–Otto, Kl. Wb, s. v. Maße und Gewichte; W. Helck, LÄ, s. v. Maße und Gewichte) sind offenbar Bezeichnungen für allgemeine Wertmesser (unabhängig vom Metall?). Sie werden wie Preisangaben verwendet (z. B. Urk I 157, J. Černy, Arch.Or. 6 [1973], S. 173 ff.; Pap. Rhind Nr. 62).

203. In der Aufgabe Nr. 62 des Pap. Rhind geht es um die Berechnung eines Sackes voller Edelmetall mit 84 *š‛tj* Inhalt. Davon gehen 12 *š‛tj* auf 1 *dbn* Gold, 6 auf 1 *dbn* Silber und 3 auf 1 *dbn* Blei. Errechnet werden soll, wieviel *š‛tj* für jedes Metall, von denen gleiche Massen im Sack enthalten sind, zu veranschlagen sind. Aus diesen Angaben gehen die Relationen für die einzelnen *dbn*-Massen hervor: Gold : Silber : Blei wie 4 : 2 : 1 (gültig für die Hyksoszeit; eine andere Relation ist die bei J. Vercoutter, in: Ägypten und Kusch, S. 437 ff., beschriebene: Gold : Kupfer wie 2 : 1). Literatur zur Aufgabe Pap. Rhind Nr. 62: Cantor, Vorlesungen, S. 77; Chace, Pap. Rhind, S. 101; Eisenlohr, Math. Handbuch, S. 133 ff.; A. H. Gardiner, ZÄS 43 [1906], S. 46, F. Ll. Griffith, PSBA 14 [1892], S. 437 f.; ders., PSBA 15 [1893], S. 307; F. Hultsch, Die Elemente, der ägyptischen Teilungsrechnung, Leipzig 1887, S. 68 f.; Peet, Pap. Rhind, S. 104 ff.

204. Silber kommt in Ägypten nur gediegen als Beimengung zu Gold vor; mit den damals vorhandenen technischen Möglichkeiten ließ sich das Metall aus der erschmolzenen Legierung nicht scheiden. Metallisches Silber war deshalb importiertes Silber, das erst seit dem NR in Ägypten in größeren Mengen zur Verfügung stand. Für das MR, das AR und die Frühzeit waren Gold und Kupfer daher die einzigen Metalle, denen man Masse-Standards zuzuordnen hatte. Zur Herkunft und Verwendung von Silber s. Lucas–Harris, Materials, S. 245 ff.

205. Daher rühren auch die äußerst unterschiedlichen Massen bei Wagesteinen mit gleicher Markierung; sie sind entweder Gold- oder Kupfer-Standards. Vgl. dazu die Exemplare der Stichprobe III im 2. Exkurs zur Statistik. Von den 25 dort aufgelisteten markierten Stücken aus dem AR sind 7 Kupfer-Standards (Univ. Coll Nr. 2066, 2803, 3746, 4149, 4354, 4415 und 4671). Petrie übersah bei der Anordnung der Wagesteine in seinem Katalog dieses Verhältnis und schloß auf die Existenz sehr unterschiedlicher, z. T. auch nichtägyptischer Standards im Niltal.

206. F. Ll. Griffith, PSBA 14 [1892], S. 535 ff., basierend auf markierten Wagestücken aus der Zeit von der 4. bis zur 18. Dynastie. Bei den unterschiedlichen Standards für verschiedene Metalle werden von Griffith noch eine unterägyptische und eine oberägyptische Variante unterschieden, 12,7 g und 13,4 g. Diese Varianten haben aber nicht existiert; sie liegen innerhalb des Streubereichs der Serien; vgl. Exkurs 2.

207. Mit der 18. Dynastie setzt sich in Ägypten ein neues System (*dbn* zu 91 g; 1/10 *dbn* = 1 *ḳd.t*) durch, das keine unterschiedlichen Standards für die verschiedenen Metalle kennt. Die Herkunft des neuen Systems ist noch unklar, doch dürfte ein fremder Einfluß oder die Übernahme nichtägyptischer Standards wenig wahrscheinlich sein.

208. J. Vercoutter, De poids de Mirgissa et le „standard-cuivre“ en Moyen Empire, in: Ägypten und Kusch, Berlin 1977, S. 437 ff.

209. Vercoutter, a. a. O., bezog in seine Rechnungen auch eine Reihe unmarkierter Wagestücke ein, deren Anzahl an Einheiten er geschätzt hat. Im Interesse eines „möglichst schönen Ergebnisses“ kommt er dabei auf Werte wie 17, 38, 23 und 46 Einheiten. Demgegenüber stehen bei größeren Wagestücken (> 15 Einheiten) nach dem bisher auswertbaren Material immer 0 oder 5 als Endzahl (vgl. Stichproben IV und V). Eine Korrektur der Einheitszahlen ergab für alle 29 von Vercoutter der Berechnung zugrunde gelegten Exemplare einen Gold-Standard von 13,54 g; d. h., daß sein Kupfer-Standard von ca. 27,5 g (= Gold-Standard 13,75 g) stark von dieser Idealisierung geprägt ist. W. C. Hayes, The scepter of Egypt I, Cambridge 1953, S. 72, 195 und 297 berechnete den älteren Gold-Standard zu ca. 13,6 g; er benutzte jedoch nur die Exemplare aus der Sammlung des Metropolitan Museum. Die Überprüfung seiner Berechnung anhand der genauen Massen konnte nicht vorgenommen werden, da die Originalpublikation (B. M. Carthand, BMMA 12 [1917]) nicht beschaffbar war. Der Hayes'sche Wert ist auch bei W. Helck (LÄ, s. v. Maße und Gewichte) verzeichnet.

210. Vgl. Exkurs 2. Eine statistische Analyse einer großen Serie von Wagesteinen liegt für Ägypten schon lange vor: A. J. Hemmy, An analysis of the Petrie Collection of Egyptian weights, in: JEA 23 [1937], S. 39ff. Entsprechend einer Untersuchung, die er für die Wagesteine aus Sumer und dem Industal unternommen hatte (ders., Anc. Eg. [1935], S. 83 ff.) unterzog er sämtliche Exemplare der ca. 2750 Wagesteine der Petrie-Sammlung einer Analyse mit dem Ziel, die jeweiligen Standards und die wahrscheinliche Abweichung von diesen innerhalb einer Serie festzustellen. Er gruppierte die Exemplare nach Zeit oder Form und ermittelte durch Teilung der

exakt von Petrie (Weights and measures) in *grain* angegebenen Masse durch die angenommene Anzahl der Einheiten die Masse der zugrundeliegenden Einheit. Für diese Operation legte er die von Petrie postulierten Standards („Khoirine, Beqa, Sela, Peyem, Darie, Stater, Qedet und Necef") zugrunde. Dadurch erhielt er zwangsläufig mehrgipfelige Verteilungskurven für jede der einzelnen Serien. Die Gipfel dieser Verteilungskurven entsprechen dem Standard (=höchste Anzahl von Individuen gleicher Masse). Für diese Standards errechnete Hemmy schließlich die prozentualen Anteile innerhalb jeder Serie. Diese statistische Analyse ist jedoch für unsere Belange ohne Wert, da sie von Standards ausgeht und diese in der Masse der Einzelexemplare wiederzufinden sucht, die im pharaonischen Ägypten (außer dem später, ab Dyn. 18, benutzten *dbn*) nicht vorhanden waren. Da die meisten der Wagesteine unbeschriftet sind, muß eine Teilung durch eine angenommene Anzahl von Einheiten eines postulierten Standards dazu führen, daß diese sich auch in den Verteilungskurven und den Kurven für die Wahrscheinlichkeit einer Abweichung vom gegebenen (hier postulierten) Standard innerhalb einer Probe (Serie) zeigen.

211. Bei den Schätzungen der Masse-Einheiten wurde bei Werten über 15 darauf geachtet, daß nur 0 und 5 als Endzahlen auftreten.
212. Exemplare aus dem University College London, nach Petrie, Weights and measures, Taf. XXVII ff.
213. Nach Petrie, Prehistoric Egypt, S. 27 ff.
214. Nach Petrie, Weights and measures, Taf. XXVII; Ägyptisches Museum Berlin–Staatliche Museen, Preußischer Kulturbesitz, Berlin 1967, S. 28; F. Ll. Griffith, PSBA 14 [1892], S. 442.
215. Nach Petrie, Weights and measures, Taf. XXVII ff.
216. Nach J. Vercoutter, a. a. O., S. 438 ff.
217. Nach Weigall, Weights.
218. Zur Korrekturbedürftigkeit der Berechnung Vercoutters vgl. unter Anm. 209. H. Brugsch (ZÄS 27 [1889], S. 85 ff.) veröffentlichte einen Kupferstandard mit 27,26 g pro Einheit.
219. Brugsch, Thesaurus VI, S. 1452; P. Ll. Griffith, PSBA 14 [1892], S. 445 f.; Berliner Ägyptisches Museum–Staatliche Museen, Preußischer Kulturbesitz, Berlin 1967, S. 28 und Taf. (Ausstellungs-Nr. 244).
220. Griffith, a. a. O., S. 442.
221. T. G. H. James, The Hekanakhte papers, New York 1962, S. 44, Taf. 7; Papyrus Kahun (F. Ll. Griffith, Hieratic papyri from Kahun and Gurob I, London 1958, Account LVII 4,1) schreibt 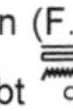 ; Papl Boulaq 18 hat  (nach WBZ).
222. F. Ll. Griffith, PSBA 14 [1892], S. 442 f.
223. W. K. Simpson, The papyrus Reisner II – Accounts of the dockyard workshop at This, Boston 1965, S. 24 f. (Section A, B, C, F und H).
224. Die Exemplare University College London Nr. 2624 (1/5), 3276 und 3363 (1/3); nach Petrie, Weights and measures, Taf. XXVII ff.
225. Die Stücke Kairo, CG-Nr. 415 (1/2), 464 und 601 (1/3), 475 (1/10); nach Weigall, Weights.
226. Ein solcher Zusammenhang existierte ursächlich nicht, ist aber im 2. Jt. v. u. Z. rechnerisch nachvollzogen worden. Danach entsprach eine Kubikelle 1½ *ḫ3r* = 30 *ḥḳ3t*). Damit waren die Relationen zwischen Längen-, Flächen- und Hohlmaßen sekundär hergestellt, ohne daß sich an der inneren Gliederung der Einzelsysteme etwas geändert hatte. In Beziehung gesetzt wurden nur Elle und Sack (*ḫ3r*), nicht aber Teilmaße (wie Handbreite und *ḥḳ3t*); vgl. dazu W. F. Reineke, MIO 9 [1963], S, 152 ff. Für den Zusammenhang zwischen Hohlmaßen und Masseeinheiten gibt es erst aus griech. römischer Zeit einen Beleg, der ein *hnw* Wasser 5 *dbn* (des jüngeren Standards) gleichsetzt; s. dazu H. Brugsch, ZÄS 27 [1889], S. 4 ff.
227. S. dazu im Vorstehenden unter „Längenmaße" und „Flächenmaße".
228. Dieses ist in Exkurs 1 und 2 versucht worden; die Ergebnisse der statistischen Tests machen es wahrscheinlich, daß alle geprüften Bauwerke und alle Serien von Wagestücken jeweils Teile derselben Grundgesamtheit sind, d. h. sie stammen von derselben Längenmaßeinheit bzw. derselben Einheit für die Masse.
229. Das entspricht völlig dem Bild, das wir von der Entstehung der ägyptischen Beamtenschaft besitzen, auf deren Aktivität die Standardisierung der Maße zurückzuführen ist; dazu zuletzt E. Endesfelder, AoF 9 [1982], S. 5 ff.
230. Für die Masseeinheiten existiert ab 18. Dynastie ein neuer, der sog. jüngere Standard (91 g = 1 *dbn*, 1/10 *dbn* = 1 *ḳdt*); s. W. Helck, LÄ, s. v. Maße und Gewichte.
231. S. W. Helck, a. a. O.
232. S. W. Helck, a. a. O.; W. F. Reineke, MIO 9 [1963], S. 145 ff. Derartige Gefäße sind sicher in ortsüblicher Ausprägung in noch weit höherem Maße als Quasihohlmaße in Gebrauch gewesen, als es unsere Textbelege deutlich werden lassen. Von diesen Opfer- bzw.

Transportgefäßen existiert m. W. nur ein einziges Gefäß aus der Frühzeit, das vollständig erhalten, nachmeßbar und beschriftet ist. Es ist ein zylindrisches Alabastergefäß aus Helwan (Z. Y. Saad, Royal excavations at Helwan (1945–1947), Kairo 1951, S. 13, Taf. 10 a). Es faßt 4 Einheiten unbekannter Art; das zugrundeliegende Maß beträgt ca. 1,3 l, gehört also kaum in das hier referierte Maßsystem.

233. Zur „Entdeckung" der Multiplikation als mehrfach vollzogene Addition mit demselben Faktor s. das Kap. „Mathematische Elemente in den Gefäßdarstellungen". Portionenverteilungsrechnungen kommen mehrfach im Pap. Rhind vor, so z. B. Nr. 1–6.

234. Die Multiplikation als mehrfach vollzogene Addition ist Ausgangspunkt für das Charakteristikum der ägyptischen Mathematik, das allgemein als Additivität bezeichnet wird; vgl. dazu W. R. Reineke, LÄ, s. v. Mathematik, dort auch die entsprechende Literatur.

235. S. dazu Kap. „Das Zahlensystem"; dort ist auf die Existenz von Zählgebärden eingegangen. Mnemotechnische Hilfsmittel waren vielleicht nicht nur Rechenstäbchen, sondern auch einfache, in den Sand geritzte Striche. Solche Striche waren möglicherweise der erste Schritt zur Entwicklung der Zahlzeichen 1...9; vgl. W. F. Reineke, ZÄS 105 [1978], S. 73.

236. Solche tabellarischen Abrechnungen sind in 3 Exemplaren aus der Frühzeit bekannt: Petrie, Royal tombs 1, S. 43 und Taf. XIX 11 (wohl Abrechnungen über verschiedene Brotlieferungen zu einem bestimmten Fest; Mengenangabe des Getreides in *ḥḳꜣt*) und 2 Abrechnungen bei: P. Lacau–J.-Ph. Lauer, La pyramide à degrès V, Kairo 1965, S. 22 ff. und Taf. 17.1–2. (Über die Bestimmung dieser Abrechnungen lassen sich keine genauen Aussagen machen; es scheint sich u. a. um die Aufstellung von Gerätschaften zu handeln).

237. Solche Aufgaben finden sich im Pap. Rhind (Nr. 39, 40, 62 –65, 67 und 68).

238. Das sind die sog. *psw*-Aufgaben: Pap. Rhind (Nr. 69–78), Pap. Moskau (Nr. 5, 8, 9, 13, 16, 20–22 und 24).

239. Im satirischen Brief des Pap. Anastasi I soll der Schreiber z. B. den Bedarf an Lebensmitteln für eine militärische Expedition berechnen; A. H. Gardiner, Egyptian hieratic texts, Papyrus Anastasi I, and Papyrus Koller, Leipzig 1911, S. 19 f. Ähnlichen Zwecken gelten auch einige Abrechnungen von Pap. Reisner: W. K. Simpson, Papyrus Reisner I, II, III, Boston 1963, 1965, 1969. Pap. Reisner I Sekt. G, H, I, J und K; Pap. Reisner III, Sekt. E, H und J geben den Bedarf an Tagewerken für Bauteile an. Die Liste K 5 von Pap. Reisner II enthält die Anzahl der Tagewerke und die entsprechende Getreidemenge. Vgl. auch W. F. Reineke, OLZ 76 [1981], Sp. 338 ff.

240. Vgl. dazu Kap. „Mathematische Elemente" in den Gefäßdarstellungen, wo das Abzählen von Flechtrastern beim geflochtenen Master als Ausgangspunkt für das Erkennen der Flächenberechnung diskutiert wird.

241. S. unter „Flächenmaße".

242. Körperberechnungen finden sich im Pap. Rhind (Nr. 48–55), Pap. Moskau (Nr. 4, 6, 7, 10, 17 und 18) und Pap. Bln 6619.

243. Siehe dazu auch die Massenberechnungen der Pap. Reisner (Pap. Reisner I Sekt. G, H, I, J und K; Pap. Reisner III Sekt. E, H und J) und die Ziegelberechnung des Pap. Anastasi I für eine gemauerte Transportrampe; s. W. F. Reineke, AoF 2 [1975], S. 5 ff.

244. Bestes Beispiel sind wohl die Dimensionsangaben auf den Decksteinen des Sonnenbootschachtes in Giza; Maßangaben in Ellen und Handbreiten für Länge (*ꜣw*), Breite (*wsḫ*) und Höhe (*ꜥḥꜥw*); Mohammad Zaki Nour–Mohammad Salah Osman–Zaki Iskander–Ahmad Youssif Moustafa, The Cheops Boats I, Kairo 1960, S. 6 f., Taf. XI; s. auch A. Fakhry, The pyramids, Chicago–London [2]1969, Fig. 30 und 62. Auch die Reihenfolge (?) der Decksteine scheint an einer Wand mit roter Tinte vermerkt zu sein.

245. Pläne dieser Art sind aber bislang nicht erhalten. Die genauen Maßangaben von Räumen eines *ḥwt nṯr* im Pap. Reisner I und III (vgl. Anm. 242) macht es wahrscheinlich, daß man genaue Detailpläne angefertigt hat. Die bislang erhaltenen Bauzeichnungen (durchweg aus späterer Zeit) bringen nur Grundrisse o. ä. Ansichten und Bauteile mit rohen Maßangaben, s. L. Borchardt, ZÄS 34 [1896], S. 69–74.

7 Die Entstehung der ägyptischen Bruchrechnung

In der mathematikhistorischen Literatur wird allgemein die ägyptische Bruchrechnung als wesentliches Charakteristikum der Mathematik im Pharaonenreich gewertet.[1] Ihre besonderen Kennzeichen sind die Verwendung von Stammbrüchen, die Zerlegung jedes allgemeinen Bruches in eine Reihe von Stammbrüchen mit ansteigendem Nennerwert[2] und die Vertafelung der Stammbruchreihen für alle Brüche mit dem Zähler 2 und einer ungeraden Zahl als Nenner (die sogenannte $^2/n$-Tabelle; eindeutiger müßte man $\frac{2}{2n+1}$ schreiben).[3] Die Verwendung der voll ausgebildeten Form dieser Bruchrechnung läßt sich durch die mathematischen Texte für den Beginn des 2. Jt. v. u. Z. sichern.[4] Für die früheren Epochen liegen bislang keine Dokumente vor, die Hinweise auf die Art geben, in der die Ägypter mit Brüchen zu rechnen pflegten. Es läßt sich lediglich konstatieren, daß sie in der Lage waren, einfache Brüche auszudrücken, wie z. B. die Abrechnungstabellen und Inspektionslisten aus dem Totenstiftungsarchiv des Neferirkare in Abusir zeigen.[5] Das umfangreiche urkundliche Schrifttum des Alten Reichs, die Texte aus den Beamtengräbern und königliche Dekrete enthalten nur Bruchbezeichnungen für Teile von Maßen; sie bieten daher kein Material, das über die Befunde dieser Papyri hinausgeht.[6] Die Pyramidentexte, die größte zusammenhängende Textgruppe des Alten Reichs, bieten keinerlei Belege für Bruchbezeichnungen, weder allgemeine Ausdrücke (wie Hälfte, Viertel), noch Brüche als Maßteile.[7] Die Texte des Alten Reichs zeigen aber, daß – zumindest innerhalb der Maßsysteme – die Teilmaße, Bruchteile der Standards, souverän gehandhabt wurden, man addierte sie, rechnete mit ihnen. Die Periode der Herausbildung von Bruchbezeichnungen und der zögernden Rechnung mit Brüchen scheint im Alten Reich schon überwunden gewesen zu sein.

Aus sachlichen und sprachlichen Gründen ist man der Ansicht, daß die Archetypen der mathematischen Texte des Mittleren Reichs auf die Pyramidenzeit zurückgehen.[8]Das hieße, daß man – trotz spärlicher Belege in den verschiedenen Textgruppen des Alten Reichs – in dieser Periode wesentliche Stadien in der Entwicklung der Bruchrechnung anzusetzen hat. Das Grundinventar der Rechnung mit Stammbrüchen, einschließlich der zugehörigen rechentechnischen Hilfsmittel, wie der $^2/n$-Tabelle und der Umrechnungstabellen von allgemeinen Brüchen in Teile des Getreidemaßes[9], hätte sich in den wenigen Jahrhunderten des Alten Reichs herausgebildet. Die nachfolgenden Generationen hätten demzufolge dieses Grundinventar weiter verfeinert, hätten z. B. die $^2/n$-Tabelle bis zum Bruch $^2/101$ weitergeführt und nach vielen Versuchen die kanonischen Zerlegungsreihen ermittelt[10] und in die Praxis eingeführt[11], die sich dann zu Beginn des 2. Jt. v. u. Z. in den mathematischen Texten vertafelt finden.

Die Richtigkeit dieser These vorausgesetzt, muß nun versucht werden, aus den frühesten Belegen für Bruchbezeichnungen in der Hieroglyphenschrift Material für eine Entstehungsgeschichte der ägyptischen Bruchrechnung zu gewinnen. Nur zwei Textgruppen bieten hierfür Material: Die Topfaufschriften aus den Magazinen der Djoseranlage in Saqqara und die Register der Annalen des Alten Reichs, des Palermo-Steines. Die Tintenaufschriften auf den Gefäßen sind originale Zeugnisse aus den ersten beiden Dynastien, denn offensichtlich hat Djoser bei der endgültigen Fertigstellung seiner Grabanlage die Magazininhalte der Saqqaragräber seiner Vorgänger sammeln und in seinen eigenen Speicherräumen deponieren lassen.[12] Die Inschriften des Palermo-Steines sind sekundäre Zeugnisse. Die genaue Herstellungszeit des Annalensteins ist unklar und umstritten[13], doch konnten im Kapitel „Metrologisches" gute Gründe dafür gefunden werden, daß den Kopisten bzw. Fertigern des Steins originale Annalen aus der Zeit der ersten beiden Dynastien vorgelegen haben.[14] Die Meßbezeichnungen auf dieser Urkunde dürften deshalb ebenfalls als Zeugnisse aus den Zeiten betrachtet werden, deren Herrscher in den jeweiligen Registern bzw. Feldern genannt werden.

Aus den genannten Zeugnissen lassen sich folgende Bruchbezeichnungen (für Teile des Längenmaßes „Fingerbreite") gewinnen:

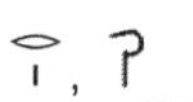 1/3

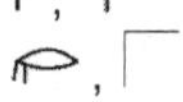 2/3

Die Zeichen 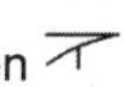 1/2 und

 3/4 sind erst in den Feldern der 4. bzw. 5. Dynastie des Palermo-Steines belegt, gehören aber zu den echten Bruchbezeichnungen. Weitere Zeichen dieser Art gibt es im Material der Frühzeit und des Alten Reichs nicht.[15]

Neben diesen Schriftzeichen für Brüche als Teile der Fingerbreite sind unter den Tintenaufschriften auf Gefäßen der Frühzeit noch Teile des Hohlmaßes *ḥḳ3t* belegt, die die Ausgangsformen für die in späterer Zeit kanonisierten Hieroglyphen der sogenannten Horusaugennotierung sein dürften.[16] Folgende Zeichen lassen sich ermitteln:

Tintenaufschriften	Horusaugennotierung	Bedeutung
		1/2 *ḥḳ3t*
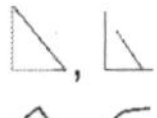		1/4 *ḥḳ3t*
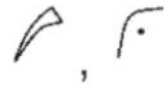		1/8 *ḥḳ3t*[17]

Die ältesten erhaltenen Hinweise auf die Benutzung von Brüchen belegen die Teilung eines Ganzen in Hälften, Drittel, Viertel und Achtel. Dabei erscheinen als Komplementbrüche nur 2/3 und – allerdings durch ein einziges Beispiel erst ab der 4. Dynastie bezeugt – 3/4. Für alle höheren Nenner sind nur Stammbrüche bekannt.[18] Zu den Bezeichnungen für Teilmaße können auch die Teile der Elle, 7 Handbreiten zu je 4 Fingerbreiten, gerechnet werden, die in derselben Weise wie die Teile des *ḥḳȝt* das Rechnen mit Teilen eines Ganzen befördert und entwickelt haben.

Das Inventar der Brüche stellt sich also folgendermaßen dar:

Nenner 2	1/2		
Nenner 3	1/3	2/3	
Nenner 4	1/4		3/4 – [Fingerbreiten der Handbreite]
Nenner 7	[Handbreiten der Ellen]		
Nenner 8	1/8		

Alle diese Brüche kamen in der Praxis häufig vor. Bei der Messung der Nilstandshöhe oder der Verteilung von Getreideportionen, im Bauwesen und im primitiven Tauschhandel war man gewohnt, hatte man gelernt, eine Menge (ein Ganzes) in verschiedene gleiche Teile zu teilen. Dabei war die Teilung in zwei Hälften die einfachste Form. Diese Hälften bezeichnete man mit *gs* oder *rmn*, beides Ausdrücke für „Seite". Nach Ausweis der ägyptischen Sprache empfand man die Halbierung – sie war in der ägyptischen Mathematik immer eine bevorzugte Rechnungsweise – nicht als eigentliche Teilung. Vielmehr galt die Herstellung dreier gleicher Teile den Ägyptern als die einfachste wirkliche Teilung.[19] Das Drittel hieß nämlich *rȝ* „Teil", 2/3 wurden durch den Dual *rȝwj* „die beiden Teile"[20] benannt. Teilte man eine Hälfte wiederum in zwei gleiche Teile, erhielt man Viertel, eine Prozedur, die sich – ebenso wie die Teilung in Drittel – einfach nach dem Augenmaß vornehmen ließ. Vierteln war gleichbedeutend mit „zerbrechen"; der Bruch 1/4 wird zu allen Zeiten mit zwei gekreuzten, gevierteilten Stäben geschrieben. Das Viertel war der Bruch *par exellence*, wie K. Sethe schrieb[21], war aber nicht allgemeiner Ausdruck für „Bruch" geworden. Halbierte man ein Viertel nochmals, erhielt man ein Achtel, vielleicht *sȝ* genannt. Diese Art der fortschreitenden Teilung in immer wieder zwei Hälften ist ein Verfahren, das sich leicht handhaben läßt und sicher in der Praxis, besonders beim Teilen von Getreidehaufen auf Matten oder flachen Tellern, oft geübt wurde.[22] Es ist der Ausgangspunkt für die dyadische Teilungsreihe des Getreidemaßes, die in der Frühzeit bis zu einem Achtel belegt ist. Die Halbierung von Dritteln führte ohne Schwierigkeiten zu Sechsteln, die allerdings als eigene Bruchbezeichnung im Material aus den ersten beiden Dynastien nicht vorkommen. Siebtel schließlich wurden durch die Teilung der Elle in 7 Handbreiten in der Praxis oft benutzt. Zwar wird man normalerweise die Handbreiten als eigene Maßeinheit gewertet haben, man war sich aber darüber im klaren, daß 7 Handbreiten eine Elle ergaben.[23]

Von diesen Brüchen dürften die Hälfte, das Viertel, drei Viertel, das Achtel und die Dreiteilung, das Drittel und zwei Drittel das höchste Alter besitzen. Sie sind von Beginn der dynastischen Periode an belegt, also sicher älter. Von allen übrigen Brüchen unterscheiden sie sich durch eigene, nicht aus dem entsprechenden Zahlwort des Nenners ableitbare Bezeichnungen.[24] Sämtliche Belege für diese Brüche stammen aus dem Meßwesen, vielfach wurden sie als eigenständige Teilmaße und weniger als Meßteile bezeichnet. So steht am Beginn des nachweisbaren Rechnens mit Teilen vom Ganzen eindeutig die Quantitätsangabe durch Maße und ihre Teile, der konkrete Bezug auf meß- oder wägbare Mengen.[25] Die Abstrahierung von diesen konkreten Mengen, die Herausbildung einer allgemeinen Vorstellung vom Bruch als Teil eines Ganzen, läßt sich in der Periode bis zum Ende der 2. Dynastie nicht nachweisen. Durch den steten Gebrauch von Brüchen/Teilmaßen in der Verwaltung wird man jedoch sicher dieses Wesen des Bruchs erkannt haben, es schlägt sich jedoch noch nicht in faßbaren Belegen nieder. Die Entstehung eines abstrakten Bruchbegriffs wird man als Prozeß betrachten müssen, der lange Zeit währte und wohl erst in der Pyramidenzeit abgeschlossen war, als die Archetypen der mathematischen Texte entstanden. Dieser Prozeß ist vielleicht mit der Abstraktion des Mengenbegriffs vom Konkreten vergleichbar, verlief aber ungleich schneller, da die Zwänge der Verwaltungspraxis in einer sich stürmisch entwickelnden neuen Gesellschaft neue, höhere Anforderungen an die Rechentechnik stellten.

Die beschriebenen Brüche besaßen alle die Qualitäten, die O. Neugebauer für die einfachen Brüche forderte, die am Beginn der Entwicklung der ägyptischen Bruchrechnung standen.[26] Die Übersehbarkeit, Anschaulichkeit, waren seiner Meinung nach das Entscheidende; die Vervollständigung zu einem Ganzen mußte unkompliziert, auf einen Blick möglich sein. Neugebauer nannte diese ältesten, ursprünglichen Brüche auch „natürliche Brüche", im Gegensatz zu den „algorithmischen", die erst mit der Festigung von Rechenfertigkeiten durch die ägyptischen Schreiber quasi sekundär zur Vervollständigung des Systems entwickelt worden sind[27], eine Terminologie, die nicht unwidersprochen blieb[28], wenn auch der Gedanke allgemein akzeptiert wurde. Der Bereich, den Neugebauer für die „natürlichen Brüche", die aufs Engste mit dem Meßwesen verknüpft waren, beschrieb, umfaßt die dyadische Teilungsreihe und die Reihe der Drittel sowie die Kombination beider bis zu 1/12. Durch das dekadische Zahlensystem ist ebenfalls 1/10 zu den „natürlichen Brüchen" zu rechnen. Alle übrigen Brüche mit einem Nenner unter 12 zählte er zwar auch zu dieser Kategorie, hält sie nach dem Material der mathematischen Texte des 2. Jt. v. u. Z. aber für unbedeutend.[29]

Neugebauer, der diese Einstellung aufgrund allgemeiner, entwicklungsgeschichtlicher Überlegungen traf und am Material der mathematischen Texte überprüfte[30], erfährt durch das neu hinzugekommmene Schriftgut aus der Frühzeit eine deutliche Bestätigung. Zwar geht die Reihe der frühestbelegten Brüche nicht bis 1/12[31], doch ist die Richtigkeit seiner Ideen zur Entstehung der Bruchrechnung in Ägypten nunmehr durch entsprechende schriftliche Zeugnisse belegbar. Stärker als von Neugebauer beschrieben ist lediglich die Bindung der Brüche an die Maße, die Identität vieler Bruchbezeichnungen mit Teilmaßen.[32] Als eindeutig gekennzeichneter Bruch tritt nur 1/3 auf, das eigentliche „Teil" (*rꜣ*), dessen Dual *rꜣwj* „zwei Drittel" bedeutet. Von diesem wirklichen Bruch, der nicht Meßteil/Teilmaß ist – wenn er in frühester Zeit auch nur für Teile der Fingerbreite belegt werden kann – nimmt die Bezeichnungsweise für alle anderen Brüche den Ausgang: Durch Hinzufügen einer Zahl (einer Kardinalzahl in der Funktion einer Ordinalzahl) zum Wort *rꜣ* (Teil) werden die Ausdrücke für alle Brüche im Ägyptischen gebildet.[33] Mit dem Einsetzen dieser Weiterentwicklung ergibt sich die Notwendigkeit, die Schreibung des Bruches 1/3 als , zu der auch das hieratische Zeichen für 1/3 die entsprechende kursive Variante ist, aufzugeben und durch , die seit der Pyramidenzeit normale Form, zu ersetzen.[34]

Ein Problem stellt nach wie vor die Entstehung der ausschließlichen Verwendung von Stammbrüchen in Ägypten dar. Sethes Untersuchungen haben ergeben, daß die Ägypter – mit Ausnahme von 2/3 – nur die Stammbrüche eindeutig benennen konnten, daß sie für andere Brüche keinen entsprechenden Ausdruck in ihrer Sprache besaßen.[35] Versuche, dennoch eine Bezeichnung für einen Bruch mit einem Zähler größer als eins vorzuschlagen bzw. zu erfinden, lassen sich durch keinerlei Belegmaterial stützen.[36] Auch in der Schrift gibt es nur die Möglichkeit, Stammbrüche wiederzugeben.[37] Wenn auch im Rechnungswesen bei vielen Operationen allgemeine Brüche bzw. entsprechende Divisionsaufgaben vorkamen und vom ägyptischen Rechner bewältigt wurden[38], darstellen und benennen konnte er sie nur als Reihung von Stammbrüchen mit ansteigendem Nennwert, die additiv miteinander verbunden waren und als Summe den entsprechenden Bruch ergaben.[39] Offenbar alten Traditionen folgend, wurde dabei weitgehend – sofern überhaupt möglich – versucht, als ersten Bruch einer solchen Stammbruchreihe einen der oben beschriebenen sogenannten natürlichen Brüche zu wählen, also im Bereich des Vorstellbaren, des Übersichtlichen zu bleiben.[40]

Die Entwicklung des Maßsystems, das auch Teile dieser Maße einschließt , und die triviale Teilung eines Ganzen in mehrere, im Anfang wohl drei gleiche Teile, dürften wohl weit früher anzusetzen sein als die

Herausbildung der Schrift, die die Möglichkeit brachte, das Gesprochene dauerhaft zu fixieren. Die Schrift, die um die Wende vom 4. zum 3. Jt. entstand, konservierte nur, was im lexikalischen Bestand der ägyptischen Sprache vorhanden war. So kann man annehmen, daß am Ende des 4. Jt. in Ägypten Ausdrücke für Brüche/Maßteile vorhanden waren, die Hälfte, Viertel, Achtel, Drittel und zwei Drittel bezeichneten. Alle diese Ausdrücke stellten eigenständige, auch in anderer, ähnlicher Bedeutung in der Sprache häufig benutzte Wörter dar, wie

rmn/gs	Hälfte, Seite
ḥsb	Viertel, Gebrochenes
sꜣ	Achtel, – ? –
rꜣ	Drittel, Teil (Mund?)
rꜣwj	Zwei Drittel, zwei Teile (Münder?).

Keine dieser Bezeichnungen wird mit dem entsprechenden Zahlwort gebildet.[41]

Alle Ausdrücke für Brüche bzw. Meßteile der dyadischen Reihe bilden, verdoppelt man sie, den nächsthöheren Wert, der im Maßsystem ein eigenes „Individuum", um mit Neugebauer zu sprechen, darstellt:

zwei Hälften	–	ein Ganzes
zwei Viertel	–	eine Hälfte
zwei Achtel	–	ein Viertel;

für die Halbierung gilt entsprechendes. Bei der Dreiteilung, der Operation, die die Ägypter offenbar als primitivste Art des Teilens, als eigentliche „Teilung" empfanden, führt das Verdoppeln des „Teils" (d. i. des Drittels) zu „zwei Teilen"; ein weiteres hinzugefügtes Teil macht das Ganze voll (*mḥ*, wie es später in den mathematischen Texten heißt).

Da die Notwendigkeit der Abgabenverwaltung wahrscheinlich schon am Ende des 4. Jt. ein Rechnen mit Teilen des Hohlmaßes für Getreide und ähnliche Produkte erforderte und die am einfachsten handhabbare Art der Teilung die Halbierung war[42], erscheint es denkbar, daß diese bewährte Teilungsart wesentlichen Einfluß auf die Entwicklung des Rechnens mit Brüchen gehabt hat. Vielleicht hat die Anwendung der dyadischen des Kornmaßes auch dazu beigetragen, die wirkliche Vorstellung davon zu erhalten, daß die früher nur konkret gebrauchten Ausdrücke für Hälfte, Viertel usw. eigentlich Bezeichnungen für Teile eines Ganzen waren[43], denn die Hälfte eines Rindes oder ein Viertel eines Brotes waren konkret und anschaulich, die Hälfte eines Hohlmaßes war schon ein mehr abstrakter Begriff, denn die mit ihm gemessenen Dinge konnten sehr verschieden sein – Korn, Dörrobst, Salz u. a. m. Tatsächlich spielte die Halbierungsteilung, ausgehend von den dyadischen Maßteilreihen, im ägyptischen Rechnungswesen dann auch immer eine bestimmte Rolle. Sie ist die

Grundoperation aller Bruchrechnungen. Die Berechnung eines Drittels, zweier Drittel oder eines Zehntels eines Wertes ist schon weniger häufig anzutreffen; die übrigen Teilungsreihen im Bereich von 5...12 spielen dagegen eine untergeordnete Rolle.[44]

Sieht man die dyadische Teilung als primäre Art der Bruchrechnung an, die sich in einer Zeit herausgebildet hat, in der die Abstraktion des Bruchbegriffs vom Konkreten noch nicht vollzogen war, sich in der Entwicklung befand, wird eindeutig, warum weder Sprache noch späteres Schriftsystem eine Bezeichnung für einen Bruch mit einem Zähler größer als eins hervorbringen konnten: Verdoppelung führte stets zu einem neuen, eigens benannten Wert, Halbierung ebenfalls. Komplettiert wurde dieses System durch die „Teilung“, die Drittelung, für die ebenfalls Bezeichnungen entstanden waren, die keinerlei Bezug zur Zahl des Nenners aufwiesen.[45] Brüche waren deshalb in Ägypten von Anbeginn an Stammbrüche. Die Werte 2/3 und – in ganz vereinzelten Fällen 3/4 – spielten eine besondere Rolle als Ausnahme von dieser Regel; sie lagen aber im klar überschaubaren Bereich der Neugebauerschen natürlichen Brüche.

Diese älteste Stufe der Bruchrechnung ist für die Zeit der ersten beiden Dynastien nachweisbar. Es existieren keinerlei Hinweise, daß schon andere Bruchbezeichnungen vorhanden waren; die Teilung der Elle in 7 Handbreiten förderte zwar das Rechnen mit Teilmaßen[46], hat aber nicht zur Entstehung eines belegbaren Ausdrucks für 1/7 geführt. Es erscheint deshalb gerechtfertigt, die Entwicklung der für die pharaonische Zeit typischen Bruchbezeichnungen in Wort und Schrift als einen Prozeß zu fassen, der in der Frühzeit seinen Anfang nahm und in der Pyramidenzeit im Wesentlichen abgeschlossen war. Durch die Praxis des Messens und Wägens und des Rechnens mit Teilmaßen/Brüchen gelangten die Ägypter zu der Erkenntnis, daß z. B. ein Viertel der vierte Teil eines Ganzen, ein Siebtel der siebte Teil usw. waren. Die bisherige Anschauung, daß das Drittel der „Teil“ war, mußte nun durch die Erfahrung als revisionsbedürftig erscheinen. Um die anderen, inzwischen klar erkannten Teile (Brüche) eindeutig zu benennen, benutzte man nunmehr das Wort *rꜣ* „Teil“, fügte ihm aber die Kardinalzahl des Nennerwertes bei, z. B. für 1/5 *rꜣ* 5 „Teil 5“ in der Bedeutung „fünfter Teil“, wie man auch bei der Datierung „fünftes (Jahr) nach dem ersten Mal (der Zählung)“ (*ḥꜣt sp* 5) zu schreiben pflegte. Für das Drittel behielt man das Wort *rꜣ* „Teil“ bei, glich es aber in der Hieroglyphenschrift den übrigen Bruchschreibungen an; gegenüber dem alten . Für zwei Drittel, dem Bruch, der eine Sonderstellung im ägyptischen System besaß, bedurfte es keiner Änderung in der Schreibweise. In der hieratischen Schrift blieben die alten Schreibungen für die Brüche der Dreiteilung immer bestehen.[47] Das legt die Vermutung nahe, daß die Brüche dieser Reihe ebenso den Charakter von Ziffern erhalten hatten wie die kursiv geschriebenen Zahlen, bei denen durch

Ligatur der additiv aneinandergesetzten Zahlzeichen ebenfalls Ziffern entstanden waren.[48] Den Schreibern in der Praxis war die herkömmliche, allgemein akzeptierte Ziffer der Kursivschrift das entscheidende Symbol für den Bruch- bzw. Zahlbegriff; seine Rückführung auf Hieroglyphen, sein historischer Werdegang, waren für die Schreiberpraxis ohne Belang.

So gewinnt man bei Betrachtung des uns aus der Frühzeit vorliegenden Materials den Eindruck, daß während der Herausbildung des Staatswesens im Alten Ägypten im wesentlichen nur die einfachen, natürlichen Brüche, die der dyadischen Reihe, die Dreiteilung und – da an das Maßsystem gebunden – die Siebenteilung in der Praxis ständig verwendet worden sind. Dabei hatte die dyadische Teilungsreihe entscheidenden Einfluß auf die Herausbildung der Bruchrechnung als Rechnung mit Stammbrüchen, Komplementbrüche, wie 2/3 und 3/4, blieben als Sonderformen innerhalb des überschaubaren Systems der Teilungsrechnung erhalten. Mit diesen im täglichen Leben ständig verwendeten Brüchen/Meßteilen entwickelten die Ägypter Rechenmethoden, die dem Wesen dieser Teile eines Ganzen gerecht wurden, denn der Charakter dieser natürlichen Brüche war auf einen Blick mühelos überschaubar. Die Praxis war außerdem als Kontrolle immer gegenwärtig, da man annehmen muß, daß das Rechnen mit Brüchen Anforderungen ebendieser Praxis erfüllte.

Wann jedoch der Schritt zur Erweiterung des Systems auch auf Fünftel, Sechstel, Neuntel und Zehntel erfolgte, läßt sich schwer sagen. Sicher ist nur, daß in den Urkunden von Abusir derartige Brüche auftreten. Dieses Archiv stammt allerdings aus einer Periode, als die Blütezeit des Alten Reichs, die des Pyramidenbaus, bereits Vergangenheit war.[49] Man wird deshalb berechtigt sein anzunehmen, daß in dieser Epoche des Pyramidenbaus die wesentlichen Denkanstöße und Versuche erfolgt sind, um auf den einfachen, natürlichen, an das Maßsystem gebundenen Brüchen die typisch ägyptische Stammbruchrechnung zu errichten, einschließlich der entsprechenden Algorithmen, Rechenvorschriften und Rechenhilfsmittel. Die Erfordernisse dieser Zeit zwangen zu einer Erweiterung des bisherigen Recheninventars – man denke nur an die diversen Aufgaben zur Rationenverteilung, zur Speicher- und Pyramidenberechnung aus den mathematischen Texten.[50] Derartige praxisnahe Aufgaben sind ohne Kenntnis einer universell handhabbaren Bruchrechnung nicht lösbar.

Schwierig dürfte es allerdings sein, den Weg vom natürlichen Bruch bis zur voll ausgearbeiteten Stammbruchrechnung, die zu Beginn des 2. Jahrtausends in den mathematischen Texten auftritt und nahezu unverändert bis in die hellenistische Zeit im Niltal in Gebrauch blieb, nachzuvollziehen. Hierzu wird man das gesamte Material aus der Pyramidenzeit einer genauen Analyse unterziehen müssen, eine Aufgabe, die der Zukunft vorbehalten bleiben muß.

Anmerkungen

1. Außer in den einschlägigen Publikationen der ägyptischen Originaldokumente erfuhr die ägyptische Bruchrechnung mehrfach eine ausführliche Bearbeitung: F. Hultsch, Die Elemente der ägyptischen Teilungsrechnung, Leipzig 1887; V.V. Bobynin, Bibl. Math. NF 10.4 [1896], S. 67 ff.; Q. Vetter, Egyptsk e dĕleni, Prag 1923; O. Neugebauer, Die Grundlagen der ägyptischen Bruchrechnung, Berlin 1926; O. Gillain, La science égyptienne, Brüssel 1927; K. Vogel, Die Grundlagen der ägyptischen Arithmetik und Rechentechnik der Ägypter, in: QuS B 1 [1931], S.301 ff.; ders., Vorlesungen I, S. 147 ff., B. L. van der Waerden, Die Entstehungsgeschichte der ägyptischen Bruchrechnung, in: QuS B 4 (1938), S. 359 ff.; S. A. Janowskaja, K teorii egipeteskich drobej, in: TIIE 1 [1947], S.269 ff.; R. J. Gillings, Mathematics in the time of the Pharaohs, Cambridge/Mass.–London 1972 (S. 48 ff., Bibliographie dazu). Auch in den Mathematikgeschichten wird diesem Komplex allgemein breiter Raum als Charakteristikum der ägyptischen Mathematik gewidmet, so z. B. bei Cantor, Vorlesungen I, S. 61 ff.; M. Simon, Geschichte der Mathematik im Altertum, Berlin 1909, S. 33 ff.; J Troepfke, Geschichte der Elementarmathematik, Berlin–Leipzig [2]1921, S. 94 ff.; Neugebauer, Vorlesungen S. 86 ff.; A. Rey, La sience dans l`antiquité 1, Paris 1930, S. 222 ff.; O. Becker–J. E. Hoffman, Geschichte der Mathematik, Bonn 1951, S. 19 f.; O. Becker, Grundlagen der Mathematik in geschichtlicher Entwicklung, München 1954, S. 5 f.; Smith, History S. 209 ff.; A. E. Raik, Istoriko-matematičeskije issledovanija 12 [1959], S. 276 ff.; H. Wußing, Vorlesungen zur Geschichte der Mathematik, Berlin 1979, S. 36 u. a. m.
2. Es existiert bislang m. W. nur ein einziges Beispiel einer trivialen Auflösung eines solchen Bruchs $\frac{2}{2n+1}$ in $\frac{1}{2n+1}+\frac{1}{2n+1}$, nämlich in der Angabe von Zerstörungen inspizierter Gefäße in Abusir; s. D. P. Silverman, JEA 61 [1975], S.248 f. Als Maßangabe steht jeweils für Länge und Breite anstelle des normalen, der kanonischen Zerlegung. Ähnliche Schreibungen sind im NR in den Ostraka Petrie und Gardiner für das Viertel des *ḥkȝt* (*jpt*) belegt. Hier wird mehrfach für 1/2 Vierfach-*ḥkȝt* 1/4 *ḥkȝt* + 1/4 *ḥkȝt* geschrieben: Ostr. Petrie 82 n. 3; Ostr. Gardiner 48 v. 5.
3. In der Literatur hat sich für diese Tabelle die Bezeichnung $^2/n$-Tabelle eingebürgert.
4. Das größte Dokument, das eine vollständige $^2/n$-Tabelle von 2/3 bis 2/101 enthält, ist der Pap. Rhind (Pap BM 10057 und 10058), der unter dem Hyksos-König Apohis I. (etwa 1594–1550 v. u. Z.) als Abschrift eines Originals aus der Zeit Amenemhet III. (1798–1789 v. u. Z.) gefertigt worden ist.
5. Publiziert von P. Posener-Krieger–J.-L. de Cenival, Hieratic papyri in the British Museum, 5th series, London 1968; zu den mathematischen Operationen in den Dokumenten vgl. W. F. Reineke, L`Egyptologie en 1979 II, Paris 1982, S. 159 ff.
6. Überliefert sind aus diesen Texten nur Bezeichnungen für Teile der Längen- und Flächenmaße; vgl. dazu das Kapitel „Metrologisches", besonders auch Anm. 66 ff.; Anm. 101.
7. In den Pyramiden erscheint lediglich an zwei Stellen ein Ausdruck, in dem K. Sethe (Von Zahlen und Zahlworten, Straßburg 1916, S. 94 f.) die Bruchbezeichnung für 2/3 sehen möchte: (PT 706 b = Spruch 406) *sȝwj* „Zweidrittelgold", ein Ausdruck, der in griechisch-römischer Zeit völlig geläufig ist, aber im übrigen Textgut des Alten Reichs, des Mittleren Reichs und der Spätzeit lt. WbZ fehlt (Wb IV 13). Daß an dieser Stelle ein Ausdruck für Gold benutzt wird, wird aus der Determination klar: „Zu sagen, Gruß dir, Re in deiner Schönheit, in deinen Schönheiten, in deinen Plätzen und in deinem Zweidrittelgold" (so nach Sethe, Übersetzung PT III S. 296 und nach Mercer, PT I S.137). Mit Gold ist der Stoff der Sonne gemeint. Andernorts wird auch Gold oder Weißgold als Sonnenmaterie genannt, s. Sethe, Übersetzung PT III S. 297. In PT 1416 a wird ein *swḥ*-Schurz aus -Gold erwähnt (Sethe, Übersetzung PT V, S. 336). Nach J.-J. Clère, Arch. Or. 20 [1952], S. 629 ff., sollte man jedoch größte Vorsicht bei der Gleichsetzung von *sȝwj* der Pyramidentexte mit Zweidrittelgold walten lassen, zumal auch für das griechisch-römische die Lesung *sȝwj* keinesfalls sicher ist. Clère (ebenda S. 641) hält eine Lesung *rȝwj* neben *r ḫmt* für ein Drittel für möglich. Der Bruch 2/3 lautete sicher *rȝwj,* so daß die beiden PT-Stellen als Belege für Bruchbezeichnungen entfallen.
8. Vgl. Geschichte des wissenschaftlichen Denkens im Altertum, Berlin 1982, S. 106.
9. Solche Umrechnungstabellen sind der Inhalt der mathematischen Akhmim-Täfelchen; dort ist die Teilung des Getreidemaßes *ḥkȝt* und seiner Teile (dyadisch von 1/2 bis 1/6) durch 3, 7, 10, 11, 13, und 15 vertafelt. Diese Holztafeln befinden sich im Ägyptischen Museum Kairo unter der Nr. 25367 und 25368; sie stammen vom Beginn des Mittleren Reichs (zu datieren

zwischen 2000 und 1800 v. u. Z.). Publiziert sind die Dokumente in: G. Daressy, Cat. Gèn. 25367/8; ders. Rec. Trav. 28 [1908], S. 62 ff.; E. T. Peet, JEA 9 [1923], S. 91 ff.

10. Unterschiedliche Zerlegungsmethoden bei einzelnen Vielfachen ungerader Zahlen, für die in den ^{2}/n-Tafeln sonst immer nach derselben Zerlegungsweise verfahren wird, deuten daraufhin, daß die Ausarbeitung dieser Tafeln das Ergebnis einer längeren Zeit und vieler Schreiber war. Die ^{2}/n-Tafeln stellen kein einheitliches System dar; so F. Hultsch, Bibl. Math. 2.3 [1901], S. 177 ff.; J. Troepfke, Geschichte der Elementarmathematik I, Berlin–Leipzig ^{2}1921, S. 119; K. Vogel, Die Grundlagen der ägyptischen Arithmetik, München 1929, S. 175 ff.; O. Neugebauer, Die Grundlagen der ägyptischen Bruchrechnung, Berlin 1926, S. 38 ff.; ders., QuS B 1 [1931], S. 377; ders., Vorlesungen I, S. 153 ff.; B. L. van der Waerden, QuS B 4 [1938], S. 376 ff.
11. Die Praxisbindung dieser Berechnungstafeln zeigt sich am sinnfälligsten bei den in größerer Zahl im Pap. Rhind und im mathematischen Papyrus Moskau auftretenden Aufgaben zur Verteilung von Getreidemengen bzw. den *psw*-Aufgaben.
12. Veröffentlicht bei P. Lacau–J.-Ph. Lauer, Le pyramide à degrès V – Inscriptions à l'encre sur les vases, Kairo 1963, S. 26 ff.; vgl. auch Kap. „Metrologisches“, Anm. 46.
13. W. Helck, MDAIK 26 [1970], S. 83 f. datiert dieses Stück in die Äthiopienzeit (8./7. Jh. v. u. Z.), während sonst allgemein eine Fertigung im Alten Reich, am Ende oder nach der 5. Dynastie angenommen wird. Vgl. Kap. „Metrologisches“, Anm. 49–54.
14. Die Verwendung des Maßes *pḏ* (*ˁ3*) in den Registern vor der Regierungszeit des Nineter in der Schreibung 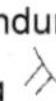, die später nie wieder auftritt, spricht dafür, daß den Fertigern des Palermo-Steins Originale vorgelegen haben, von denen sie die Maßbezeichnungen exakt kopieren konnten.
15. Es ist in diesem Zusammenhang unerheblich, daß diese Bruchzeichen als Teile eines Maßes (der Fingerbreite) stehen, das keine weiteren, dem Maßsystem inhärenten Unterteile mehr besaß. Die Zeichen bleiben echte Brüche.
16. Siehe hierzu im Kapitel „Metrologisches“.
17. Auch die Papyrusurkunden von Abusir zeigen keine anderen Teile des Hohlmaßes *ḥḳ3t*. Im Pap. Berlin 10500 (Sharuna-Papyrus, 6. Dynastie) kommt schon das hieratische Zeichen für 1/16 *ḥḳ3t* vor; es ähnelt stark dem normalen Zeichen für 20 und ist vielleicht ein Hinweis darauf, daß die *ḥḳ3t*-Teile von 1/16 bis 1/64 sekundär auf der Grundlage des Gewürzmaßes Ro (1/320 *ḥḳ3t*) gebildet wurden; vgl. O. Neugebauer, ZÄS 65 [1930], S. 46 f. Für die Möglichkeit, den Pap. Berlin 10500 durchsehen zu dürfen, möchte ich dem Direktor des Ägyptischen Museums und Leiter der Papyrus-Abteilung der Staatlichen Museen zu Berlin, Herrn Dr. habil. W. Müller, herzlich danken. Im Material der Frühzeit tauchen keine Teile der Arure, des Ackermaßes, auf. Der erste mir bekannte Beleg für einen Teil der Arure, 1/4 und 1/8 Arure, stammt aus der Zeit des Sahure, Urk. I 244.14 (Palermo-Stein).
18. In den Papyrusurkunden von Abusir und im Pap. Berlin 10500 wird ¾ *ḥḳ3t* durchweg durch 1/2 + 1/4 *ḥḳ3t* ausgedrückt, wobei unklar ist, ob man *ḥsb* oder *ḫmtw* gesprochen hat. Beide Zeichen stehen zumeist übereinander und bilden eine Ligatur, die aber kein gemeinsames Graphem für 3/4 ist. Der von K. Sethe (Von Zahlen und Zahlworten, Straßburg 1916, S. 100) genannte Komplementbruch 5/6 ist erst im Demotischen bezeugt. Das Sethische Postulat zweier sprachlich unterschiedlich ausgedrückter Bruchreihen im Ägyptischen (ebenda S. 91 ff.), der Stammbrüche (benannt mit dem Ausdruck *r3* und folgender Kardinalzahl in der Funktion einer Ordinalzahl) und der Komplementbrüche (benannt mit der Kardinalzahl und *r3* als Gezähltem) ist nicht haltbar. Neugebauer (Vorlesungen I S. 93 und 137 ff.) hat wohl am deutlichsten die Beschränkung der ägyptischen Brüche auf Stammbrüche herausgearbeitet. Die oben genannten Ausnahmen tragen den Charakter selbständiger Quantitätsangaben, ähnlich dem ganzer Zahlen. Sie sind entstanden, als das System der Stammbrüche noch nicht existierte und haben sich, da es sich um überschaubare, in der Praxis oft gebrauchte Werte handelt, auch dann noch gehalten, als das Rechnen mit Stammbrüchen allgemein üblich geworden war. Aus diesem Grunde erscheint es wenig angebracht, von der Existenz von Komplementbrüchen zu reden (so K. Vogel, Grundlagen der ägyptischen Arithmetik, München 1929, S. 27; ders. Vorgriechische Mathematik I, S. 37; Gardiner, EG^2 S. 197; Edel AÄG S. 178 f.). Die aufgeführten Brüche, natürlich *de facto* Komplementbrüche, sind aber Ausnahmen im ägyptischen System. Andere Komplementbrüche gab es nicht, Komplementbrüche sollte man daher nicht als Pendant zu den Stammbrüchen aufführen.
19. Es wird allgemein angenommen, daß das Wort *r3* „Teil“ bedeutete, die Teilung einer Menge in drei Teile (im Unterschied zur dyadischen Teilung, die Hälften, Viertel usw. liefert, die durch eigene Wörter benannt sind) die einfachste und ursprünglichste Teilung sei. Auch das Zeichen für 1/3 ist in ältester Zeit , nicht – wie später – . Aus dem alten Schriftzeichen für 1/3,

eigentlich als „das Teil“ aufzufassen, ist auch das hieratische Symbol für 1/3 entstanden, das keinesfalls eine kursive Form von ııı ist. In der Kanzleischrift benutzte man das Bruchzeichen für 1/3 so oft, daß sich die Schrifttradition der Rechnungsschrift als zäher erwies als die der Hieroglyphen, die seit der Pyramidenzeit 1/3 wie jeden normalen Bruch, also mit untergesetzter Zahl des Nenners, schreiben. Zum Ausdruck für 1/3 und zur Schreibung vgl. K. Sethe, Von Zahlen und Zahlworten, Straßburg 1919, S. 81 f. Die hieratische Schrift der Abusir-Papyri zeigt ebenfalls deutlich, daß 1/3 nicht das Kursivzeichen von ııı sein kann.

20. Vgl. Anm. 7.
21. K. Sethe, von Zahlen und Zahlworten, Straßburg 1919, S. 76.
22. W. F. Reineke, ZÄS 105 [1978], S. 72.
23. Zur Herleitung der kanonischen Zerlegung von 2/7 aus der Praxis der Rechnung mit den Teilen der Elle siehe B. L. van der Waerden, QuS B 4 [1938], S. 367.
24. Vgl. K. Sethe, Von Zahlen und Zahlworten, Straßburg 1916, S. 72 ff. Die Wörter für Hälfte, *rmn* und *gs*, sind dabei wohl allgemeine Bezeichnungen mit der Grundbedeutung „Seite“, d. h. eine Seite von zweien. Das Viertel war der „Bruch“; vgl. Anm. 21. Die weiteren Ausdrücke der dyadischen Teilungsreihe sind möglicherweise keine allgemeinen Bezeichnungen, sondern stammen von eigens benannten Maßteilen; sie waren wohl ursprünglich nur Teile des Hohlmaßes, wurden aber sekundär auch für die Ackermaßteile verwendet. Nur bei diesen – und dort verhältnismäßig spät – liegen sie ausgeschrieben vor (vgl. F. Ll. Griffith, PSBA 14 1892, S. 410 ff.), während die Hohlmaße immer mit den Zeichen der Horusaugenteile geschrieben werden.
25. Diesen untrennbaren Zusammenhang zwischen Meßwesen und Entwicklung der Rechentechnik, speziell der Bruchrechnung, hat deutlich K. Vogel herausgearbeitet (Grundlagen der ägyptischen Arithmetik, München 1929, S. 22 ff.; vgl. auch Neugebauer, Vorlesungen I, S. 151). Dieser Zusammenhang bestand auch in Vorderasien, wo am Beginn der Entwicklung von Brüchen auch Maßteile standen.
26. Hierzu O. Neugebauer, Grundlagen der ägyptischen Bruchrechnung, Berlin 1926, S. 10 ff. Danach sind „natürliche Brüche“ Begriffe, die im Leben eine besondere Rolle spielen, überschaubar und „in ihrer Beziehung zu den Maßen und Gewichten (auch heute noch) völlig selbständige, anschauliche Begriffe sind“ (ebenda S. 10).
27. „Alle jene Bruchzahlen..., deren Nenner über die durch die natürlichen Brüche gesetzte Schranke hinausgehen, will ich (d. i. Neugebauer) als algorithmische Brüche bezeichnen.“ (ebenda S. 10).
28. K. Vogel, Grundlagen der ägyptischen Arithmetik, München 1929, S. 26.
29. O. Neugebauer, Grundlagen der ägyptischen Bruchrechnung, Berlin 1925, S. 19.
30. Neugebauer, a. a. O. und Vorlesungen, S. 147 ff.
31. Belegt sind nur Brüche im Bereich 1/2...1/8.
32. Vgl. Anm. 21 und 24; so auch schon H. Hankel, Zur Geschichte der Mathematik im Altertum, Leipzig 1874, S. 57.
33. K. Sethe, Von Zahlen und Zahlworten, Straßburg 1916, S. 84 ff. Ob das Wort *r3* „Teil“ identisch mit *r3* „Mund“ ist, wie Sethe und mit ihm das Wb (II 392) es annehmen, läßt sich nicht klären.
34. Vgl. dazu Anm. 19.
35. K. Sethe, a. a. O. S. 84 ff. Sethes Bemerkung, daß beim alten Ausdruck für das Drittel eine Angabe des Zählers mit 1 bzw. 2 (bei zwei Dritteln) vorliegt, (ebenda S. 83), ist wohl eine zu moderne Interpretation. Das alte Wort für Drittel ist das „Teil“, dessen Dual für zwei Drittel gebraucht wird; eine besondere Angabe des Zählers mit 1 bzw. 2 liegt hier für ägyptisches Verständnis nicht vor. Die Bruchbezeichnung für die Drittel stammt aus einem zeitlichen Horizont, auf dem es keine anderen Ausdrücke für Teile des Ganzen als die Halbierungsteilung und die eigentliche „Teilung“, die Drittelung, gab.
36. So z. B. K. Vogel, Grundlagen der ägyptischen Arithmetik, München 1929, S. 46. Er hält eine Lesung *r3* 6 *sp* für den Bruch 2/6 für denkbar und auch für andere Brüche mit einem Zähler, der größer als zwei (d. i. die normale Verdoppelungsrechnung) ist, anwendbar.
37. Vgl. Sethe, a. a. O. S. 84 ff. Es wäre außerdem widersinnig, einen Unterschied zwischen der gesprochenen Bruchbezeichnung und ihrer schriftlichen Spiegelung zu errichten. Für die Entstehungszeit der ägyptischen Schrift muß man mit der Übereinstimmung von Sprache und graphischer Form rechnen. Später, als die Schrift eine gewisse Tradition besaß, ist ein Auseinanderklaffen von Wort und Graphem eher verständlich; man denke nur an die sog. Listenschreibung bei Datierungen und Maßangaben.
38. K. Vogel (Grundlagen der ägyptischen Arithmetik, München 1929, S. 39 f., ders. Vorgriechische Mathematik I, S. 37) nimmt mit Bestimmtheit an, daß die Ägypter das Wesen eines allgemeinen Bruchs $^{m}/_{n}$ gekannt haben. Dabei fußt er auf dem Material der

mathematischen Texte des 2. Jt. v. u. Z. Daß bei einer Reihe von Aufgaben dieser Texte allgemeine Brüche als Zwischenresultat entstanden, steht außer Frage. M. E. sind sie aber für den ägyptischen Schreiber nur nicht beendete Divisionsaufgaben gewesen, denn er konnte sie weder sprachlich ausdrücken – was ja auch in Art eines dialektischen Wechselverhältnisses für den entsprechenden Denkprozeß wichtig ist – noch schreiben; F. Hultsch (Elemente der ägyptischen Teilungsrechnung, Leipzig 1897, S. 6) hält ebenfalls die allgemeinen Brüche für nicht beendete Divisionsaufgaben. So wird man letztlich die Ansicht K. Sethes (a. a. O. S. 60 und 107) und A. Eisenlohrs (Mathematisches Handbuch, Leipzig 1877, S. 30) – gegen A. Favaro, M. Simon, G. Loria, E. T. Peet u. a. – unterstützen müssen, daß ein allgemeiner Bruch $^m/_n$ für die Ägypter „undenkbar", aber auch unbenennbar und unschreibbar war, wie es uns allerdings auch unvorstellbar ist, daß sie die abstrakte Form $^m/_n$ nicht erfaßt haben. Neugebauer (Vorlesungen I, S. 150) meint sogar, es sei „geschichtlich gesehen eine Absurdität, die Frage zu stellen, ob etwa die Ägypter den „Begriff" des gemischten Bruches gekannt haben oder nicht, ... und auch der Umfang einer auf diese Frage gerichteten Literatur kann noch nicht die Berechtigung dieser Frage erweisen." Daß für die ägyptische Frühzeit, als die Rechenfertigkeiten noch nicht voll ausgebildet waren, diese Feststellung besonders zutrifft, dürfte außer Frage stehen. Daß vielleicht in späterer Zeit gelehrte Schreiber eine Vorstellung eines allgemeinen Bruches $^m/_n$ gehabt haben, läßt sich durch nichts beweisen; benennen konnten auch sie ihn nicht. Für die Frühzeit jedenfalls darf man annehmen, daß ein Unterschied zwischen dem Rechnen der Gebildeten und dem der einfachen Schreiber und Handwerker noch nicht bestanden hat, ein solcher Unterschied wird von H. Wieleitner (Mitt. zur Geschichte der Medizin und der Naturwissenschaften 25, 1926, S. 2) für die Zeit der Abfassung der mathematischen Texte für möglich gehalten.

39. Eine Auflösung einer Divisionsaufgabe durch eine Reihe von Stammbrüchen mit demselben Nenner war unüblich und ist nur ein einziges Mal belegt; vgl. Anm. 2.
40. Deutlich wird diese Tendenz besonders bei der kanonischen Zerlegung der $^2/_n$–Tabelle. Diese „natürlichen Brüche" werden auch dort ausgespart, wo in den mathematischen Texten mit den roten Hilfszahlen gerechnet wird; vgl. Neugebauer, Vorlesungen I S. 147 und 158. Sie fungieren des Öfteren sogar selbst als Hilfszahlen.
41. Hierin entspricht das Ägyptische dem, was aus vielen anderen Sprachen bekannt ist: die Ausdrücke für einfache (die Neugebauerschen natürlichen) Brüche sind eigenständig entstanden und nicht an die Zahlwörter gebunden. Vgl. K. Sethe, a. a. O. S. 72 ff.; Sethe spricht dabei von einer älteren Strate von Bruchbezeichnungen, die in den Namen für die Teile von Hohl- und Ackermaß bewahrt blieb.
42. Halbierung und Verdoppelung stellen nach Sethe (a. a. O. S. 73) offenbar „eine Vorstufe zur Multiplikation und Division mit beliebigen Größen" dar. Diese Operation läßt sich auch bei größeren Zahlen im Kopf, ohne schriftliche Hilfsrechnung, durchführen. Die leicht handhabbare dyadische Vervielfachung und Teilung war auch außerhalb Ägyptens bei Griechen, Römern und Arabern in Gebrauch. Sie wurde in Europa bis ins Mittelalter als eigenständige Rechenoperation verwendet; K. Vogel, Grundlagen der ägyptischen Arithmetik, München 1929, S. 187; K. Sethe, a. a. O. S. 72 f.
43. Zum Entwicklungsgang von Teilmaß zum Bruch vgl. auch K. Vogel, a. a. O. S. 22; O. Neugebauer, Grundlagen der ägyptischen Bruchrechnung, Berlin 1926, S. 10; K. Sethe, a. a. O. S. 135. Neugebauer (Vorlesungen I, S. 150) schreibt dazu, daß der ursprünglich anschauliche Kern „aller Zahlbegriffe und vor allem der Bruchbegriffe in ihrer Verkoppelung mit metrologischen Dingen" zunächst ein Bereich „gleichberechtigter Individuen" gewesen sei, ohne Verknüpfung durch einen Rechenalgorithmus. Die Praxis erst lehrte das Verständnis für das Verhältnis von ganzer Zahl und Bruch.
44. O. Neugebauer , a. a. O. S. 19.
45. Nach Neugebauer (Vorlesungen I, S. 152) bilden Halbierungsreihe und Drittelreihe den Kern der ägyptischen Bruchrechnung.
46. Vgl. Anm. 23.
47. Siehe dazu die paläographischen Tafeln bei Möller, Hierat. Pal.; P. Posener-Krieger–J.–L. de Cenival, Abusir-Papyri, London 1968; K. Sethe, Von Zahlen und Zahlworten, Straßburg 1916.
48. Die historischen Zahlzeichen waren Ligaturen, denen man die Herkunft aus additiv zusammengeschriebenen Einzelzeichen oft nicht mehr ansah, sie hatten den Charakter von Ziffern erlangt. Siehe dazu H. Wußing, Mathematik in der Antike, Leipzig 1962, S. 20 f.; Vogel, Vorgriechische Mathematik I, S. 28 f.
49. Vgl. Anm. 5; Die Dokumente stammen aus der Zeit des Neferirkare (2460–2440 v. u. Z.)
50. Allgemein wird die Praxisnähe der ägyptischen Mathematik hervorgehoben; dieser Gedanke ist eine Art Leitmotiv aller Darstellungen über ägyptische Mathematik. Er dient vielfach dazu, einen Mangel an theoretischem Interesse in der altorientalischen Wissenschaft zu begründen.

Daß diese nicht mit der griechischen vergleichbar ist, steht außer Frage, doch ebenso deutlich ist m. E., daß z. B. zur Entwicklung von Rechenalgorithmen und tabellarischen Hilfsmitteln Forschung, Suchen nach dem theoretischen Hintergrund, vorgelegen haben muß. Diese Arbeit wurde im alten Orient jedoch nicht losgelöst von der Praxis, sondern als Teil der Leistung entsprechend der Aufgabenstellung durch den Herrscher vollbracht. Aufzeichnungswürdig waren dabei nur die verwertbaren Ergebnisse; alle Versuche und theoretischen Erwägungen fielen dem Vergessen anheim. Entsprechend sind auch die Texte aus dem alten Orient praxisnahe Aufgabensammlungen, sie sollten die Beamten befähigen, den Rechenweg zur Berechnung eines genau beschriebenen Problems rasch aufzufinden bzw. zu erlernen. Der entsprechende theoretische Hintergrund oder auch allgemeine Rechenregeln waren dabei traditionsgemäß nicht erforderlich. Siehe dazu auch W. F. Reineke, AoF 9 [1982], S. 15 ff. Nach diesen Erwägungen erscheint es mir auch verfehlt, aus dem Fehlen von Beweisen und allgemeinen Regeln in den sog. wissenschaftlichen Texten auf einen die Theorie vernachlässigenden Charakter der altorientalischen Wissenschaft zu schließen. Auch der alte Orient besaß seine Theorien, die in den erwähnten Texten jedoch nicht *expressis verbis* genannt werden und auch in anderen Dokumenten nur schwer zu fassen sind. Sie waren – von religiösen Systemen abgesehen – für die unmittelbaren Belange der Praxis nicht erforderlich und deshalb auch nicht wert, aufgezeichnet zu werden.

8 Mathematisch-Statistische Exkurse

8.1 Tests zum Nachweis, daß zu Beginn des 3. Jt. v. u. Z. die königliche Elle schon als Standard in Gebrauch war.

Metrologische Untersuchungen sind mit besonderen Schwierigkeiten behaftet, wenn keine archäologischen Zeugnisse der Standards oder schriftlichen Überlieferungen über die Größe der Meßeinheiten vorhanden sind. In solchen Fällen ist der Metrologe gezwungen, wahrscheinliche Standards aus den Abmessungen von Gebäuden und Bildwerken zu errechnen, von denen er glaubt, sie seien nach einem Plan mit vorher genau festgelegten Abmessungen gebaut bzw. hergestellt. worden. Bei diesem Verfahren spielen nicht nur die Meßungenauigkeiten z. B. an Gebäudeteilen als Fehlerquelle eine besondere Rolle, sondern auch die subjektive Meinung des Forschers in der Auswahl der zu vermessenden Gebäude oder Kunstwerke – waren deren Abmessungen geplant oder sind sie zufällig, Ergebnis des Produktionsprozesses. Um trotz dieser unvermeidbaren Schwierigkeiten ein möglichst hohes Maß von Exaktheit zu garantieren, bieten sich für die metrologischen Untersuchungen Methoden der mathematischen Statistik an.

Als erster führte W. M. Flinders Petrie solche Methoden in der Ägyptologie (und antiken Metrologie) ein, als er 1877 seine „Inductive Metrology" veröffentlichte.[1] Anliegen dieser Arbeit war es, aus den Abmessungen von Gebäuden auf die bei ihrem Bau verwendeten Standards zu schließen. Zwei wesentliche Verfahren wendete er dabei an. Beim ersten Verfahren werden von einem Bauwerk (oder Kunstgegenstand), alle als geplant angesehenen Maße genau abgenommen; kleine Abmessungen sind daher für die induktive Metrologie günstiger als große, mitunter mehrere Hundert Meter messende.[2] Die so gewonnenen Meßwerte sind paarweise zu ordnen. Von jedem Wert werden wahrscheinlichste Verhältnisse (*most likely ratios*) zum vorhergehenden und nachfolgenden Wert ermittelt. Sind die vermessenen Werte (geplante und ausgeführte) Vielfache eines Standards, müssen unter den angegebenen Verhältniszahlen auch Vielfache (bzw. Teile) der gesuchten Maßeinheit vorkommen. Im günstigsten Falle kann einer der Meßwerte sogar die Maßeinheit selbst sein. Ordnet man die Meßwerte nach der Größe, lassen sich die immer größer werdenden Vielfache des Standards verdeutlichen. Durch Division des Meßwertes durch das zugehörige Vielfache der Maßeinheit gewinnt man die in diesem Meßwert repräsentierte Größe dieser Einheit.[3] Für ein so vermessenes Gebäude ergibt sich eine Anzahl von Standard-Repräsentationen, aus denen sich mit statistischen Methoden der Individual-Standard für das betreffende Gebäude errechnen läßt. Petrie verwendete zu diesem Zweck das arithmetische Mittel ($\bar{x}$) und die Irrtumswahrscheinlichkeit der Stichprobe (*probable error*), aus denen er den Konfidenzbereich (p) nach den Formeln

$$p = \bar{x} \pm \frac{\sqrt{\sum_{i=1}^{n}(x_i - \bar{x})^2}}{n} \times 0{,}674^4 \tag{1.1}$$

herleitet. Dabei sind: x_i die einzelnen Meßwerte
$\bar{x}$ das arithmetische Mittel der
n Meßwerte der Beobachtungsreihe.

Petrie berechnete p in der Praxis durch eine stark vereinfachte Rechenformel

$$p = \bar{x} \pm \frac{\frac{\sum_{i=1}^{n}(x_i - \bar{x})}{n}}{\sqrt{n}} \times 0{,}7^5 \tag{1.2}$$

die nach seinen Angaben normalerweise höchstens 1/6 Differenz als Ungenauigkeit gegenüber der ersten Formel besitzen soll.

Für die rasche Berechnung des individuellen Maßstandards eines Bauwerks vereinfachte Petrie diese Methode weiter, indem er aus der Stichprobe (den Meßwerten) zuerst das arithmetische Mittel $\bar{x}$ bestimmt, und dann ermittelte, welche Unterschiede die Meßwerte zu diesem $\bar{x}$ besitzen. Alle positiven Werte und alle negativen Werte summierte er getrennt, stellte die Differenz dieser beiden Summen fest und dividierte sie durch die Quadratwurzel der Anzahl der Meßwerte. Den so erhaltenen Wert multiplizierte er mit 0.7, um die Irrtumswahrscheinlichkeit zu berechnen.
Diese Berechnungsmethode entspricht der Formel

$$p = \frac{\frac{\sum(x_1 - \bar{x}) - \sum(x_2 - \bar{x})}{n}}{\sqrt{n}} \tag{2}$$

Wobei x_1 alle Werte darstellen, die $\bar{x}$ und
x_2 alle Werte, die < $\bar{x}$ sind. Die Summe der Anzahlen von x_1 und x_2 ergibt n.[6]

Um die bei Messungen zwangsläufig auftretenden Ungenauigkeiten zu eliminieren, wichtete Petrie die Meßwerte entsprechend ihrer Zuverlässigkeit und ordneten den Meßwerten das Quadrat (bzw. einen entsprechenden, das Rechnen vereinfachenden Wert, z. B. 50 anstelle von 49) der Wichtungszahl zu.[7] Anstelle von n in der obigen Formel verwendete er die Summe der Quadrate der Wichtungszahlen, als $\sqrt{n}$ die Quadratwurzel der Anzahl von Meßwerten mit hoher Wichtung. Auf diese Weise beeinflussen Meßwerte mit großer Meßungenauigkeit das Ergebnis weniger als genaue.

Nach Überprüfung der Einzelserien für ein Gebäude bzw. ein Denkmal berechnete Petrie aus den Individualwerten den jeweiligen Standard. Für die

Zeitspanne von der griechisch-römischen Zeit bis zur 4. Dynastie erhielt er auf diese Weise 14 verschiedene Standards von Längenmaßen, die in Ägypten alle in Gebrauch gewesen sein sollen. Von diesen verdienen die

königliche Elle zu 525 mm Länge und die

königlich persische Elle zu 638 mm besondere Erwähnung, denn sie spielten lange als die wesentlichen Maße der Ägypter (neben der Lepsius'schen kleinen Elle zu 450 mm) in der metrologischen Literatur eine große Rolle.[9]

Die zweite der Petrie'schen Methoden geht davon aus, daß – unter der Annahme, die Meßwerte seien einfache, ganzzahlige Vielfache einer Maßeinheit – die Differenzen zwischen den nach der Größe geordneten Meßwerten kleine, überschaubare Vielfache des Standards sein müßten.[10] Bei genügend großer Zahl von Meßwerten sollte die am häufigsten auftretende Differenz als Basis, entweder als die Meßeinheit selbst oder als ein im betreffenden Bauwerk beliebtes Vielfaches der Maßeinheit sein. Die Differenzwerte lassen schließlich mit der zuerst geschilderten Methode der Verhältniszahlen die Berechnung des Standards zu. Auch die zweite Methode ist mit einer Reihe von Fehlerquellen behaftet. Wenn z. B. bedeutende Meßungenauigkeiten (bei Ellen in Dezimetergröße) vorliegen, können diese Fehler zu Aberrationen von ± 1/5 Elle führen. In einem derartigen Fall ist die Berechnung der Maßeinheit stark erschwert bzw. sind die Einzelergebnisse kaum brauchbar. Die Differenzen zur Bildung von Verhältniszahlen zu benutzen, bringt schließlich die schon geschilderten, auch subjektiven Fehler in die Rechnung ein. Die Summierung der Meßfehler ist sicher die gravierende Fehlerquelle; das ist vielleicht auch der Grund dafür, daß Petrie selbst weitestgehend die Methode der Verhältniszahlen (*most likely ratios*) verwendet hat.[12]

Die große königliche Elle zu 525 mm und die persische zu 638 mm Länge waren auch für O. H. Myers der Ausgangspunkt für die Untersuchung der Abmessungen in zwei prädynastischen Gräbern in Erment. Die beiden benachbarten Grabbauten (Nr. 1207 und 1208) waren nach den Berechnungen Myers nach diesen beiden unterschiedlichen Standards erbaut. Für die entsprechenden Untersuchungen nahm er alle erreichbaren bzw. meßbaren Längen auf: Gesamtabmessung, Raumdimensionen, Mauerstärken). Die gemessenen Längen teilte er durch die angenommene, geplante Ellenzahl, um die jeweiligen Individualwerte der Einheit zu erhalten. Aus diesen berechnete er das arithmetische und ein nach den Quadraten der Einzelwerte gewichtetes Mittel.

Das von Myers angewendete Verfahren kann prinzipiell für die Rückrechnung von Maßeinheiten aus Bauwerken verwendet werden. Allerdings ist dabei zu berücksichtigen, daß man nur solche Meßwerte in die Berechnungen einbezieht, die mit hoher Wahrscheinlichkeit als geplante

Abmessungen anzunehmen sind. Das sind im allgemeinen Außenabmessungen von Baukörpern bzw. Bauflächen (in Ägypten z. B. durch Umfassungsmauern begrenzt) oder die Maße wichtiger Innenräume.[13] Die Stärken von Ziegelmauern sollte man – zumindest für frühe Perioden – nicht in die Untersuchungen einbeziehen, da sie weitgehend vom Ziegelformat diktiert sind. Gerade diese bilden aber den Hauptteil der von Myers benutzten Maßwerte. Für das Grab 1207 sind Ziegelformate angegeben: 23 × 11 × 8; 26 × 13 × 6; 26 × 11,5 × 6 (alles in cm).[14] Aus diesen Ziegelformaten lassen sich die Wandstärken von Grab 1207 bestimmen, wobei die Technik des Mauerns, die nach den Angaben der Ausgräber noch völlig ohne Regel war, kaum Möglichkeiten zur vorherigen Planung der Mauerstärken gab. Leider sind in der Publikation keinerlei Angaben über die Zuordnung der verschiedenen Ziegelformate zu bestimmten Mauern zu finden. Dennoch soll im folgenden versucht werden, aus der Mauerstärke auf die Lage der Ziegel und auf Kombinationsmöglichkeiten zu schließen; dabei ist bei allen Ziegelformaten der Ersatz eines Läufers durch zwei Binder nicht besonders angegeben.

Grab 1207	Mauerstärken (in cm)	Ziegelverband (in cm)
	68	2 × 26 (Länge) + 13 (Breite)
	72	3 × 23 (Länge)
	53	2 × 26 (Länge)
	43	26 (Länge) + 13 (Breite)
	34	23 (Länge) + 11 (Breite)
	119	4 × 26 (Länge) + 11 (Breite)

Unter Einrechnung der Fugen lassen sich so die meisten Mauerstärken anhand der Ziegelformate erklären.

Aus den Hauptabmessungen der Räume in den Gräbern 1207 und 1208 kann man nun, unter Zugrundelegung einer Elle von 525 mm, durchaus wahrscheinliche, geplante Ellenwerte gewinnen:
(Maße in mm)

		geplante Ellen	Länge der Elle
Innenlänge	5115	10	511,5
Innenbreite	3860	7 1/2	514,6
Länge Raum A	2960	5 1/2	538,2
Länge Raum H	3020	5 1/2	503
Länge Raum M	2075	4	517,5

Für diese Abmessungen, die nach dem Grabungsplan die einzig eindeutig geplanten zu sein scheinen, ergibt sich ein durchschnittlicher Wert für die Ellenlänge von 526,16 mm. Die Streuung ist jedoch sehr hoch (Standardabweichung s = 16,51, bei 95% Sicherheit ist der Stichprobenfehler nach Formel (3) 12,92; d. h. der Konfidenzbereich nach Formel (5) liegt zwischen 512,07 und 537,92 mm), so daß diese Berechnung kaum als Argument für die Verwendung der königlichen Elle in Erment z. Zt. des ausgehenden 4. Jt. v. u. Z. gelten kann. Da die von Myers gemessenen Gebäudeteile sehr stark zerstört sind, die Meßwerte deshalb mit einer hohen Fehlerquote behaftet sein dürften, und die von ihm in die Untersuchung einbezogenen Abmessungen für die Errechnung der Ellenlänge mit statistischen Methoden zumeist ungeeignet sind (Mauerstärken), sollte man konstatieren, daß die Verwendung verschiedener Ellen-Standards beim Bau der prädynastischen Gräber 1207 und 1208 unbewiesen ist. Die Benutzung von verschiedenen Ellen-Standards ist bei zeitgleichen und unmittelbar benachbarten Gräbern allerdings unwahrscheinlich.

Im folgenden soll nach demselben Verfahren die Verwendung der königlichen Elle bei prä- und frühdynastischen Bauwerken untersucht werden. Ausgangsmaterial für die Tests sind Abmessungen von Grabbauten aus der 1. und 2. Dynastie.[15] Die Dimensionen dieser Bauwerke sind in Meter (m) angegeben, stellen aber vielfach Umrechnungen aus inch in m dar.[16] Ausgewählt wurden 4 Gruppen (A, B, C, D) von Grabbauten (Oberbau sowie Innenräume), die aufgrund ihres Erhaltungszustandes die Gewähr für eine relativ hohe Zuverlässigkeit der von Reisner gegebenen Meßwerte bieten. Bei der Auswahl der Gruppen wurde auf ein ausgewogenes Verhältnis zwischen königlichen Bauten (bei denen mit großer Wahrscheinlichkeit ein genormtes Maß verwendet wurde) und Grabanlagen von Privatleuten sowie von ober- und unterägyptischen Anlagen geachtet.

Prämisse für die Errechnung wahrscheinlicher Ellenlängen war die Annahme, daß für die großen Bauwerke (über 10 Ellen) Abmessungen in ganzzahligen Vielfachen der Elle (fallweise auch halbe Ellen) geplant waren, für kleinere (unter 10 Ellen) Abmessungen in Ellen und Handbreiten. Als große Gebäude wurden auch solche behandelt, deren eine Dimension 10 Ellen übertrifft. Die Gruppenzuordnung entspricht dem Bautyp der Gräber nach Reisner (Bauform und Zeit des Baus).

Unter Verwendung der normalen ägyptischen Ellenlänge von 525 mm wurden die Reisnerschen Maße durch 525 geteilt, um die ungefähre Anzahl der geplanten Ellen für jeden Meßwert zu erhalten. Die so errechneten Werte wurden auf ganze bzw. auch halbe Ellen gerundet. Bei kleinen Gebäuden wurden auch Handbreiten als geplante Längen angesehen. Die Rundungen auf jeweils ganze geplante Ellenzahlen (bzw. halbe Ellen oder Handbreiten bei kleinen Gebäuden) erfolgte völlig mechanisch, um für jeden Meßwert dieselbe rechnerische Voraussetzung zur Gewinnung individueller Maßrepräsentationen zu schaffen. Dabei mußten auch Rundungen in Kauf genommen werden, die wahrscheinlich eine als geplant angenommene Ellenzahl zeigen, die in der Praxis sicher nicht vorgesehen war, wie z. B. bei Stichprobe B die Nr. 1 und 2: geplant waren wohl 100 × 50 Ellen, gerechnet wird aber mit 102 × 51 Ellen (obwohl 100 × 50 günstigere Individualwerte erbracht hätten). Der so gewonnene, gerundete Faktor diente nochmals als Divisor für die Reisnerschen Maße. Der Quotient gilt als die individuelle Repräsentation des zugrundeliegenden Standards, der Elle.

Deutlich wurde bei der Berechnung, daß diese Individualmaße oft bei den beiden verwendeten Dimensionen eines Gebäudes oder Gebäudeteils stark differieren, d. h. nur grobe Näherungen an den Standard darstellen. Meßfehler sind in den meisten Fällen der Grund dafür, mitunter wohl auch nicht plangerechtes Bauen.[17] Ziel der Tests war, für jede Stichprobe den Konfidenzbereich für den Standard der Gruppe zu ermitteln. Durch einen Doppel-t-Test zwischen jeweils 2 Gruppen und die Varianzanalyse aller vier Stichproben wurde errechnet, ob alle Mittelwerte der Stichproben einander gleichen. Der x-Test nach van der Waerden diente dazu festzustellen, ob alle Stichproben aus derselben Grundgesamtheit stammen können.

Entsprechend diesem Vorgehen bedeuten die Spalten der Tabellen:

1. Spalte laufende Nr. der × innerhalb der Stichprobe
2. Spalte Nummer des Grabes, aus dem die Meßwerte stammen[18]
3. Spalte Meßwerte in m nach Reisner
4. Spalte Meßwerte geteilt durch Standardellen (525 mm)
5. Spalte Anzahl der geplanten Ellen
6. Spalte Länge der Ellen für den jeweiligen Meßwert (×)

Die in den statistischen Tests verwendeten Werte stellen aus Meßwerten (Spalte 2) errechnete, also abgeleitete Werte, die individuellen Repräsentationen des Standards, dar.

Stichprobe A

Tabelle: Ellenberechnung nach Gräbern der 1. Dynastie, Menes bis Djet (innere und äußere Abmessungen)

Nr.	Grab-Nr.	Meßwerte	Meßwerte Elle (525mm)	geplante Ellen	x_1 Länge der Ellen
1	B 19	11,7 m	22,2	22	531,81
2	B 19	9,4	17,9	18	522,22
3	B 15	10,8	20,5	20,5	526,82
4	B 15	8,4	16,0	16	525,00
5	B 10	11,0	20,9	21	523,81
6	B 10	9,4	17,9	18	522,22
7	B 6	6,6	12,5	12,5	528,00
8	B 6	5,2	9,9	10	520,00

9	B 14	5,8	11,0	11	527,27
10	B 14	4,4	8,4	8,5	517,65
11	*Ḏr*	17,00	32,3	32,5	523,08
12	*Ḏr*	18,3	34,8	35	522,85
13	*Ḏt*	11,3	21,5	21,5	525,58
14	*Ḏt*	13,6	25,9	26	523,07
15	*Mr.t-Nj.t*	16,5	31,4	31,5	523,81
16	*Mr.t-Nj.t*	13,9	26,4	26,5	524,53

$\sum x_i = 8\,387{,}72$

Aus den Werten wird der Stichprobenfehler (jeweils zu 95% statistischer Sicherheit) nach folgender Formel berechnet: $\bar{x} = 524{,}23$ mm

$$a_{\bar{x}} = \frac{t \times r}{\sqrt{n}} \tag{3}$$

Dabei bedeuten

$a_{\bar{x}}$ Stichprobenfehler
t Quantile der t-Verteilung
r ≈ Standardabweichung s

Für die Stichprobe wird der der Stichprobe relative Stichprobenfehler $a_{(\bar{x}r)}$ nach der Formel

$$a_{(\bar{x}r)} = \frac{a_{(\bar{x}r)}}{x} \tag{4}$$

berechnet. Der Konfidenzbereich wird berechnet als

$$p = \bar{x} \pm a_{(\bar{x}r)} \tag{5}$$

Bei der vorliegenden Stichprobe betragen

$a_{(\bar{x})}$ = 1,44
$a_{(\bar{x}r)}$ = 0,003 (≙ 3%) und
p = 522,79 mm ... 525,67 mm

Die Länge der ägyptischen Elle (525 mm) liegt innerhalb dieses Bereichs.

Stichprobe B

Tabelle: Ellenberechnung nach Gräbern der 1. Dynastie mit Nischenarchitektur (Außenmaße)

Nr.	Grab-Nr.	Meßwerte	Meßwerte Ellen (525mm)	geplante Ellen	X_1 Länge der Ellen
1	1-XLVIII	53,4 m	101,70	102	523,52
2	1-XLVIII	26,7	50,85	51	523,52
3	1-XLIX	42,0	80,00	80	525,00
4	1-XLIX	16,1	30,66	31	519,35
5	1-L	48,2	91,80	92	523,91
6	1-L	22,0	41,90	42	523,80

7	1-LI	34,3	65,33	65,5	523,66
8	1-LI	15,7	29,90	30	523,33
9	1-LIX	35,7	68,00	68	525,00
10	1-LLX	15,15	28,85	29	522,41
11	1-LX	57,3	109,14	110	520,90
12	1-LX	26,0	49,52	49,5	525,25
13	1-LXI	41,5	79,04	79	525,31
14	1-LXI	22,0	41,9	42	523,80
15	1-LXII	36,5	69,52	69,5	525,17
16	1-LXII	20,5	39,04	39	525,64
17	1-LXIII	24,9	47,42	47,5	524,21
18	1-LXIII	10,9	20,76	21	519,05
19	1-LXIX	32,25	61,42	61,5	524,39
20	1-LXIX	12,75	24,28	24	531,25

$\sum x_i = 10\,478{,}47$

$\bar{x} = 523{,}92$ mm

$s = 2{,}52$

Stichprobenfehler (nach Formel 3)

$a_{(\bar{x})} = 0{,}9692$

relativer Stichprobenfehler (nach Formel 4)

$a_{(\bar{x}r)} = 0{,}002$ ($\triangleq$ 2 %)

Konfidenzbereich (nach Formel 5)

$p = 522{,}95$ mm ... $524{,}89$ mm

Die Länge der ägyptischen Elle (525mm) liegt nahe diesem Bereich. Die Wahl geplanter Ellen mit auf 10 gerundeten und ganzzahligen Vielfachen ergäbe für diese Berechnung etwas andere Werte:

Tabelle: Korrigierte Werte geplanter Ellen der Stichprobe B

Nr.	Meßwerte	Meßwerte 525	geplante Ellen	Länge der Elle (x_i)
1	53,4	101,7	100	534,0
2	26,7	50,85	50	534,0
7	34,3	65,33	65	527,6
12	26,0	49,52	50	520,0
15	36,5	69,52	70	521,4
17	24,9	47,42	47	529,7

19	32,25	61,42	61	528,6
				$\bar{x}$ = 527,9

Die so korrigierten Werte ergeben für die gesamte Stichprobe B $\bar{x}$ = 525,2 mm, also einen wesentlich günstigeren Betrag; dennoch wird aus weiter oben erwähnten Gründen die Stichprobe in ihrer ursprünglichen Form beibehalten, da für alle Individualwerte der Ellenlänge dieselben Operationen garantiert werden sollen.

Stichprobe C

Tabelle: Ellenberechnung nach den Kammerabmessungen (substructure) von Gräben der 2. Dynastie in Nag[C] ed-Deir

Nr.	Grab-Nr.	Meßwerte	Meßwerte Ellen (525mm)	geplante Ellen u. Handbreiten	x_i Länge der Ellen
1	N 1571	8,57	16,32	16–2 (16,28)	526,40
2	N 1571	4,20	8,00	8	525,00
3	N 1515	8,50	16,19	16–1 (16,14)	526,64
4	N 1515	4,90	9,33	9–2 (9,28)	528,01
5	N 1513	8,15	15,52	15,5	525,80
6	N 1513	4,10	7,80	7–6 (7,85)	522,29
7	N 1514	8,18	15,58	15–4 (15,57)	525,36
8	N 1514	4,52	860	8–4 (8,57)	527,42
9	N 1586	7,83	14,9	15	522,00
10	N 1586	4,20	8,00	8	525,00
11	N 1572	4,30	8,19	8–1 (8,14)	528,25
12	N 1572	5,80	11,04	11	527,27
13	N 1605	6,20	11,80	11–6 (11,85)	523,20
14	N 1605	3,45	6,57	6–4 (6,57)	525,11
15	N 1584	4,90	9,33	9–2 (9,28)	528,01
16	N 1584	3,30	6,28	6–2 (6,28)	525,47
17	N 1626	4,10	7,81	7–6 (7,85)	522,29
18	N 1626	2,10	4,00	4	525,00
19	N 1611	2,30	4,38	4–3 (4,42)	520,36
20	N 1611	4,35	8,28	8–2 (8,28)	521,17

$\sum x_i$ = 10 500,05

$\bar{x}$= 525,0025 m

$s = 2{,}18$

Stichprobenfehler (nach Formel 3)

$a_{(\bar{x})}$ = 0,8530

relativer Stichprobenfehler (nach Formel 4)

$a_{(\bar{x}r)}$ = 0,0018 (≙ 1,8%)

Konfidenzbereich (nach Formel 5)

p = 524,15 mm ... 525,85 mm

Die Länge der ägyptischen Elle (525 mm) liegt in diesem Bereich.

Bei Stichprobe C wurde auch versucht, mit geplanten Verhältnissen von Länge und Breite zu den entsprechenden Ellenzahlen für diese Abmessungen zu gelangen; diese Verhältnisse werden auch von Reisner angeführt, variieren aber zu stark, um als Grundlage für die Planung der unterirdischen Kammern ein klares Verhältnis, z. B. 1 : 2, anzunehmen.

Stichprobe D

Tabelle: Ellenberechnung nach Beigräbern der Djer-Anlage

Nr.	Grab-Nr.	Meßwerte	Meßwerte Ellen (525mm)	Geplante Ellen	x_i Länge der Ellen
1	E 1	2,64	5,02	5	528,00
2	E 2	2,76	5,25	5–2(5,28)	522,72
3	E 3	2,76	5,25	5–2 (5,28)	522,72
4	E 4	3,16	6,02	6	526,66
5	E 5	2,84	5,40	5–3(5,42)	523,98
6	E 6	2,80	5,40	5–3(5,42)	523,98
7	E 7	2,60	4,95	5	520,00
8	E 8	2,60	4,95	5	520,00
9	E 9	2,70	5,14	5–1(5,14)	525,29
10	E 10	2,50	4,76	4–5(4,71)	530,78
11	E 11	2,40	4,57	4–4(4,57)	525,16
12	E 12	2,44	4,64	4 4(4,57)	533,91
13	E 13	1,60	3,04	3	533,33

$\sum x_i$= 6 836,53

$\bar{x}$= 525 886,92 m

$s = 4,53$

Stichprobenfehler (nach Formel 3)

$a_{(\bar{x})}$ = 2,12

relativer Stichprobenfehler (nach Formel 4)

$a_{(\bar{x}r)}$ = 0,005 (≙ 5 %)

Konfidenzbereich (nach Formel 5)

p = 523,76 mm ... 528 mm

Die Länge der ägyptischen Elle (525 mm) liegt in diesem Bereich.

Durch einen doppelten t-Test mit dem Vergleich zweier Mittelwerte soll nun geprüft werden, ob jeweils zwei Stichproben zu zwei Grundgesamtheiten mit gleichen Mittelwerten gehören können.

Der doppelte t-Test wird nach der Formel

$$t = \frac{\overline{x_1} - \overline{x_2}}{\frac{\sqrt{(n_1-1)s_1^2+(n_2^1-1)s_1^2}}{n_1 \times n_2 - 2}} \sqrt{\frac{n_1 \times n_2}{n_1+n_2}} \tag{6}$$

durchgeführt. Dabei sind die beiden zu verwendenden Stichproben (durch Indices 1 und 2 bezeichnet) mit folgenden Werten und statistischen Maßzahlen vertreten:

$\overline{x}$	arithmetisches Mittel
n	Anzahl der Meßwerte
s	Standardabweichung

Die errechnete Testgröße t ist mit einem Tafelwert t_m; q zu vergleichen. Dabei ist m die Anzahl der Freiheitsgrade $(n_1 + n_2) - 2$ und $q = 1 - \frac{\alpha}{2}$; bei einer statistischen Sicherheit von 99,9% beträgt q = 0,975.

Liegt beim doppelten t-Test der errechnete Wert für die Testgröße t unter dem Tafelwert t_m; q, ist gegen die Annahme, daß die Mittelwerte beider Grundgesamtheiten gleich sind, nichts einzuwenden.

Stichproben:

A	1. Dyn.-Gräber von Menes bis Djet
B	1. Dyn.-Gräber mit Palastfassade
C	Gräber in Nag^c-ed-Deir, substructures
D	Beigräber der Djer-Anlage

Werte:

A	n	=	16			
	$\overline{x}$	=	524,23 mm			
	s^2	=	10.9533;	s	=	3.3095 ≈ 3,31
B	n	=	20			
	$\overline{x}$	=	523,92 mm (Min.)			
	s^2	=	6,3837;	s	=	2.52
C	n	=	20			
	$\overline{x}$	=	525,0025 mm			
	s^2	=	4,7631;	s	=	2,18
D	n	=	13			
	$\overline{x}$	=	525,88 mm (Max.)			
	s^2	=	20,5858;	s	=	4,53

Doppelter t-Test H: $\mu_A = \mu_B$ (nach Formel 6)

$t = 0,9792477 \approx \underline{\underline{0,98}}$
$T_{34}; 0,9995 = \underline{\underline{1,69}}$
$t_{AB} = 0,98 < t_{34}; 0,9995 = 3,60$
d. h. die Gleichheit beider Mittelwerte der Grundgesamtheiten ist nicht auszuschließen.

Doppel-t-Test H: $\mu_C = \mu_D$ (nach Formel 6)
$t_{CD} = 2,1534$
$t_{S1}; 0,9995 = 3,64$
$t_{CD} = 2,1534\ t_{31}; 0,9995 = 3,64$
d. h. die Gleichheit beider Mittelwerte der Grundgesamtheiten ist nicht auszuschließen.

Doppel-t-Test H: (nach Formel 6)
$t_{AD} = 3,12$
$t_{27}; 0,9995 = 3,69$
$t_{AD} = 3,12\ \ t_{27}; 0,9995 = 3,69$
d. h. die Gleichheit beider Mittelwerte der Grundgesamtheiten ist nicht auszuschließen.

Schlußfolgerung:
Die Möglichkeit ist gegeben, daß alle Stichproben (A; B; C; D) aus Grundgesamtheiten mit gleichen Mittelwerten stammen.
Um die Zusammengehörigkeit aller 4 Stichproben zu prüfen, sei durch einen Fischer-Test die Gleichheit der Streuung von je zwei Stichproben x_1 und x_2 (hier später durch Indices A; B; C; D bezeichnet) getestet.

$$H : \sigma^2_{x_1} = \sigma^2_{x_2}$$

Errechnet wird dazu eine Testgröße t nach der Formel

$$t = \frac{s^2 x_1}{s_{x_2^2}} \qquad (7)$$

Diese Testgröße wird verglichen mit einer vertafelten Größe
$F_{m_1}; m_2; q;$ dabei ist m_1 die um 1 verminderte Anzahl der ersten Stichprobe $(n_1\text{-}1)$
m_2 die um 1 verminderte Anzahl der zweiten Stichprobe $(n_2\text{-}1)$
$q = 1\text{-}\frac{\propto}{2}$; bei 95 % Sicherheit 0,975.

Die Hypothese wird abgelehnt, wenn

$t > F_{m_1}; m_2; q$ ist.

Folgende Stichprobenpaare wurden auf diese Weise miteinander verglichen:

A und B

A und D

C und D

Fischer-Test zwischen A und B (nach Formel 7)

t	=	1,7158	$F_{15;19;0,975}$	=	2,62
$t_{A;\,B}$	=	1,7158	$F_{15;19;0,975}$	=	2,62

Fischer-Test zwischen C und D (nach Formel 7)

t	=	0,2313	$F_{19;12;0,975}$	=	3,09
$t_{C;D}$	=	0,2313	$< F_{19;12;0,975}$	=	3,09

Fischer-Test zwischen A und D (nach Formel 7)

t	=	0,532	$F_{15;12;0,975}$	=	3,18
$t_{A;\,D}$	=	0,532	$< F_{15;12;0,975}$	=	3,18

Die Stichproben unterschieden sich nach dem Ergebnis der Fischer-Tests in ihrer Streuung untereinander nicht.

Zur Erhärtung der Zusammengehörigkeit aller vier Stichproben soll durch eine Varianzanalyse geprüft werden, ob die weiter oben ermittelte Hypothese

$H : \mu_A = \mu_B = \mu_C = \mu_D$,

die durch mehrfache zweiseitige Tests wahrscheinlich gemacht werden konnte, akzeptabel ist. Zu ermitteln ist eine Testgröße t nach der Formel

$$t = \frac{\frac{\sum_{i=1}^{k} n_i(\bar{x}_{i.}-\bar{x}_{i..})^2}{k-1}}{\frac{\sum_{i=1}^{k}\sum_{j=1}^{n_1}(x_{ij}-\bar{x}_{i.})^2}{N-k}} \qquad (\underline{8})$$

Dabei ist

k die Anzahl der Stichproben

N die Anzahl aller Meßwerte

$N = \sum_{i=1}^{k} n_1$

$\bar{x}_{i.}$ das arithmetische Mittel der i-ten Stichprobe

$\bar{x}_{i.} = \frac{1}{11_i}\sum_{j=1}^{n_i} x_{ij}$

$\bar{x}_{i..}$ das Gesamtmittel

$\bar{x}_{i..} = \frac{1}{N}\sum_{i=1}^{k}\sum_{j=1}^{n_i} xij$

Die Testgröße t ist zu vergleichen mit einer vertafelten Größe
F_{m_1}; m_2; 1-α; dabei ist $m_1 = k - 1$

$m_2 = N - k$.

Als Signifikanzniveau wurde α = 0,01 (99 %) gewählt. Die Hypothese wird abgelehnt, wenn t größer als F_{m_1}; m_2; 1-α ist.

Für die vorliegenden Stichproben (A; B; C; D) ergeben sich folgende Werte:

k = 4
N = 69
$\bar{x}_{i.}$ für Stichprobe A = 524,23 mm
B = 523,92 mm
C = 525,00 mm
D = 525,88 mm
$\bar{x}_{i..}$ = 524,67 mm

Mit diesen Werten ergibt sich für die Größe t ein Betrag von t = 0,081.
Der Tafelwert für
$F_{3;65;0,99}$ ist $\approx$ 4,95.
$t_{A;\,B;\,C;\,D}$ = 0,081 < $F_{3;\,65;\,0,99}$ 4,95

Die Hypothese über die Gleichheit der Mittelwerte aller vier Stichproben kann angenommen werden.

Schließlich seien noch die Stichproben B und D einem X-Test nach van der Waerden unterzogen, um zu prüfen, ob die beiden Stichproben aus derselben Grundgesamtheit stammen können. Beide Stichproben (x und y genannt) werden vereinigt und nach der Größe geordnet. Entsprechend der dadurch vermittelten Rangzahlen n können den Elementen jeder der beiden Proben reziproke Werte (ψ) der Verteilungsfunktion zugeordnet werden

$\psi(\frac{r_{xi}}{n_r+n_y+1})$ für Stichprobe B und

$\psi(\frac{r_{yi}}{n_r+n_y+1})$ für Stichprobe D. (9)

Stichprobe B (n_x)

No. x_i	r_{x_i}	$\psi\,(\frac{r_{x_i}}{34})$
1	11	- 0,4579
2	12	- 0,3774
3	20	+ 0,2230
4	2	- 0,5647
5	15	- 0,1480

6	14	- 0,2230
7	13	- 0,2993
8	9	- 0,6289
9	21	+ 0,2993
10	6	- 0,9289
11	5	- 1,0491
12	24	+ 0,5414
13	26	+ 0,7215
14	10	- 0,5414
15	23	+ 0,4579
16	27	+ 0,8208
17	18	+ 0,0738
18	1	+ 0,1480
20	31	+ 1,3517
		- 3,4707

Stichprobe D (n_y)

No. y_i	r_{y_i}	$\psi\left(\frac{r_{y_i}}{34}\right)$
1	29	+ 1,0491
2	7	- 0, 8208
3	8	- 0,7215
4	28	+ 0,9289
5	16	- 0,0738
6	17	±0
7	3	- 1,3517
8	4	- 1,1868
9	25	+ 0,6289
10	30	- 1,1868
11	22	+ 0,3774
12	33	+ 1,8895
13	32	+ 1,5647
		+ 3,4707

Diese Testwerte sind zu vergleichen mit dem Tafelwert

x' für $n_x + n_y3 = 33$

$n_x - n_y = 7$

$\alpha = 0{,}01$

Die Hypothese, daß beide Stichproben aus derselben Grundgesamtheit stammen, wird abgelehnt, wenn der errechnete positive Wert von x und y größer als der Tafelwert x' ist.

Da $Y_{B;\,D} = 3{,}4707$ $x'_{20;\ 13;\ 0{,}01} = 6{,}52$ ist, ist gegen die Hypothese, daß beide Stichproben zur selben Grundgesamtheit gehören, nichts einzuwenden.

Die Stichproben A, B, C und D gleichen einander, haben einander entsprechende Mittelwerte und Streuungen, so daß man annehmen darf, daß – wie für B und D nach van der Waerden positiv getestet – alle zur selben Grundgesamtheit gehören. Deshalb wurden alle Stichproben vereinigt und die Standardabweichung aller Einzelwerte ermittelt:

$$\bar{x} = 524,6778 \text{ mm}$$

Der daraus resultierende Stichprobenfehler (nach Formel 3, wobei anstelle von t die Größe n der Verteilungsfunktion der Normalverteilung als Genauigkeitsfaktor gesetzt wird, da die Anzahl der Meßwerte größer als 30 ist) beträgt bei 95 % Sicherheit $a_{\bar{x}} = 0,619$ Daraus ergibt sich ein Streubereich

$$p = 524,05 \text{ mm} \dots 525,29 \text{ mm}.$$

Der für die altägyptische königliche Elle ermittelte und gesicherte Wert von 525 mm liegt innerhalb dieses Bereiches, so daß gegen die Annahme, daß man diese Elle schon seit dem Ende des 4. Jt. v. u. Z. benutzt hat, nichts einzuwenden ist.

In der Literatur ist ein weiteres statistisches Verfahren zur Errechnung eines Maß-Standards aus Meßwerten beschrieben.[19] Es ist die einfache Anwendung der Monte-Carlo-Methode (*poor man's Monte Carlo*) zur Simulation von Meßwertreihen. Von 33 Druiden-Kreisen Westschottlands hatte man die Durchmesser berechnet und angenommen, daß 27 Meßwerte Vielfache von einer Maßeinheit 11.1 engl. Fuß seien.[20] Um die Wahrscheinlichkeit dieser Hypothese zu überprüfen, nahmen Hammersley und Morton 13 Experimente mit je 33 Zufallszahlen (ganze Zahlen) im Bereich von 1 bis 100 vor, für die sie eine Einheit (x) in der Umgebung von 11 (Standard der Druiden-Kreise) ansetzten. Innerhalb jedes Experimentes stellten sie die Anzahl der Zufallszahlen fest, die im Bereich x...x (n + 1) liegen [21] Für diese sog. *successful random integers* war die Standardabweichung und das arithmetische Mittel zu berechnen. Die Standardabweichung dieser Zufallszahlen für die 13 angegebenen Simulationsreihen liegt nahe der t-Verteilungsgröße für 27 im Bereich von 0,95...0,99.[22] Man könnte – so folgerten die Autoren – also annehmen, daß das $\bar{x}$ für die angenommenen Werte der Einheit von 10,15 nahe der erwarteten Größe des Standards liegt.[23]

Auch dieses Verfahren, angewandt, weil das Problem *„beyond analytic resolution"* liegt, ist eher als Methode zur Prüfung der Wahrscheinlichkeit einer subjektiv angenommenen Hypothese über die Größe eines Maßstandards, der sich in Meßwerten verbirgt, anzusehen. Es ist die Simulation von in der Meßwertreihe angenommenen Verhältnissen mit Hilfe von Zufallszahlen, keine rechnerische Lösung des Problems.

Eine rechnerische Methode zur Schätzung des Quantums, das einer Meßreihe hinterliegt, legte 1955 S. R. Broadbent dar.[24] Er warnt davor, eine statistische Hypothese auf einer Sichtung der Beobachtungswerte zu gründen;

vielmehr müsse die Charakteristik der entsprechenden Kurve geprüft werden. Diese müssen Besonderheiten aufweisen, wenn die Hypothese wahrscheinlich sein soll.[25] Demzufolge ist für das vorliegende Problem eine Häufigkeitskurve zu zeichnen. Sind die Meßwerte tatsächlich – wie angenommen – Vielfache eine Maßeinheit, muß die Häufigkeitskurve dort Gipfel zeigen, wo oft benutzte runde bzw. andere ganzzahlige Vielfache[26] der Maßeinheit vorliegen. Bei einer genügend großen Zahl von Meßwerten, die Meßfehler eingerechnet, muß theoretisch eine Kurve entstehen, die bei jedem Vielfachen der Maßeinheit einen Gipfel zeigt:

Abbildung: mehrgipfelige Häufigkeitskurve von Vielfachen eines Quantums.

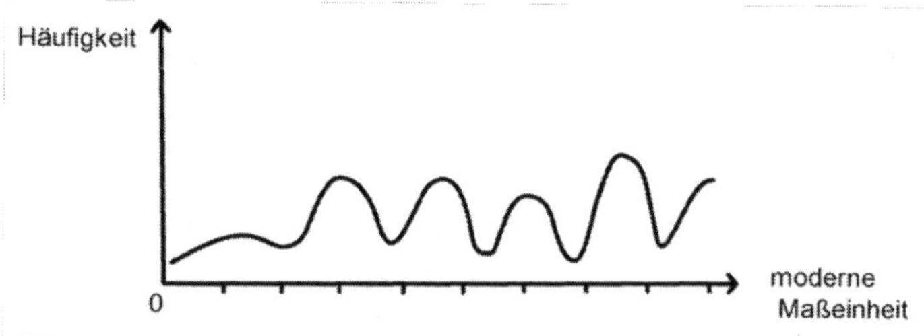

Die zugrundeliegende Maßeinheit (das Quantum) muß nach einer solchen Kurve die Entfernung von Gipfel zu Gipfel oder von Tal zu Tal sein.[27] Hat die graphische Darstellung der Meßwerte eine Kurve mit derartigen regelmäßigen Gipfeln ergeben, ist man berechtigt anzunehmen, daß hier ein Quantum zugrundeliegt. Ziel der Untersuchung ist es, dieses Quantum rechnerisch zu ermitteln.

Das von Broadbent beschriebenen Verfahren erfordert dazu die Einteilung der Häufigkeitskurve in gleiche Abschnitte (subdivisions), die jeweils einen Gipfel enthalten. Alle um diesen Gipfel liegenden Meßwerte von Tal zu Tal gehören zu diesem Abschnitt. Im Idealfall gehorchen alle zu einem Abschnitt gehörigen Beobachtungsdaten der Normalverteilung, streuen um den Gipfelwert, der ein einfaches Vielfaches des zugrundeliegenden Standards sein soll. Der erste Abschnitt (Gipfel) der Kurve – genügend Meßdaten vorausgesetzt – enthält den Standard, der zweite seinen Doppelten, der Dritte seine Dreifaches usw. Broadbent nennt den Abstand von Beginn der Kurve bis zum ersten Gipfel β (eine unbekannte Konstante) und gibt folgende schematisierte Kurve:

Abbildung: schematisierte Kurve von Vielfachen eines Quantums 2 δ.

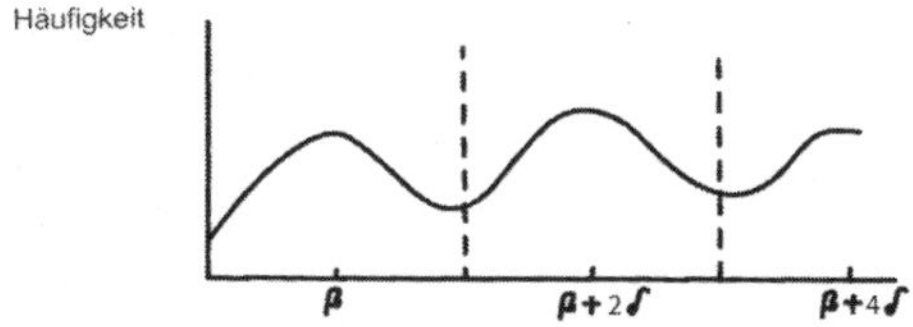

Für die Errechnung von Maßeinheiten aus einer Serie von Meßwerten kann man annehmen, der Abstand (β) vom Einsetzen der Meßwerte bis zum ersten Gipfel der Konstante δ entspricht; die zugrundeliegende Maßeinheit besitzt die individuelle Repräsentation 2 δ; errechnet werden soll der Schätzwert für die Maßeinheit 2 d aus den Repräsentationen jeder Gruppe (subdivision) mit 2 δ, 4 δ, 6 δ...2 m δ, wobei m die Anzahl der Abschnitte r bezeichnet.

Die Rechenformel für die Schätzung eines Quantums lautet[28]:

$$2d = \frac{n\sum_r X_r - \sum r n_r \sum X_r}{n\sum r^2 n_r - (\sum r n_r)^2} \qquad (10)$$

Dabei sind:

	x_1	die Beobachtungsdaten (Meßwerte) von i = 1...n_r innerhalb der Gruppe
	r	von 1...n
	X_r	die Summe der Beobachtungsdaten in der Gruppe r, also $\sum_{i=1}^{n_r} X_{ri}$

Anhand der Formel soll im folgenden versucht werden, aus einer Folge von Meßwerten an königlichen und privaten Grabanlagen aus Ober- und Unterägypten und aus der Zeit der 1. und 2. Dynastie einen Schätzwert für die bei der Planung dieser Gebäude verwendete Maßeinheit zu gewinnen.[29] Die Meßwerte liegen gerundet auf 0,1 m vor; diese sind verschiedentlich Umrechnungen aus inch in cm.[30] Alle Gräber sind aus luftgetrockneten Nilschlammziegeln erbaut, so daß mit einem hohen Meßfehler gerechnet werden muß, da der Erhaltungszustand der Anlagen entsprechend schlecht ist. Verwendet wurden für die Rechnung nur Meßwerte im Bereich 1...6 m (d. s. höchstens 15 ägyptische Ellen). Die Werte wurden ihrer Größe entsprechend geordnet und ein Histogramm der absoluten Häufigkeiten gezeichnet. Aus dem Histogramm wurde zuerst ein Häufigkeitspolygon konstruiert, in dem sich die Form der gesuchten Verteilungskurve ermitteln läßt (folgendes Diagramm).

Abbildung:
Häufigkeitsverteilung der Abmessungen königlicher Gräber des Typs 1 und I und privater Gräber des Typs IA aus der 1. und 2. Dynastie (Abmessungen nach Reisner, Tomb development, S. 13 ff.). Absolute Häufigkeiten (Histogramm) und Häufigkeitspolygon.

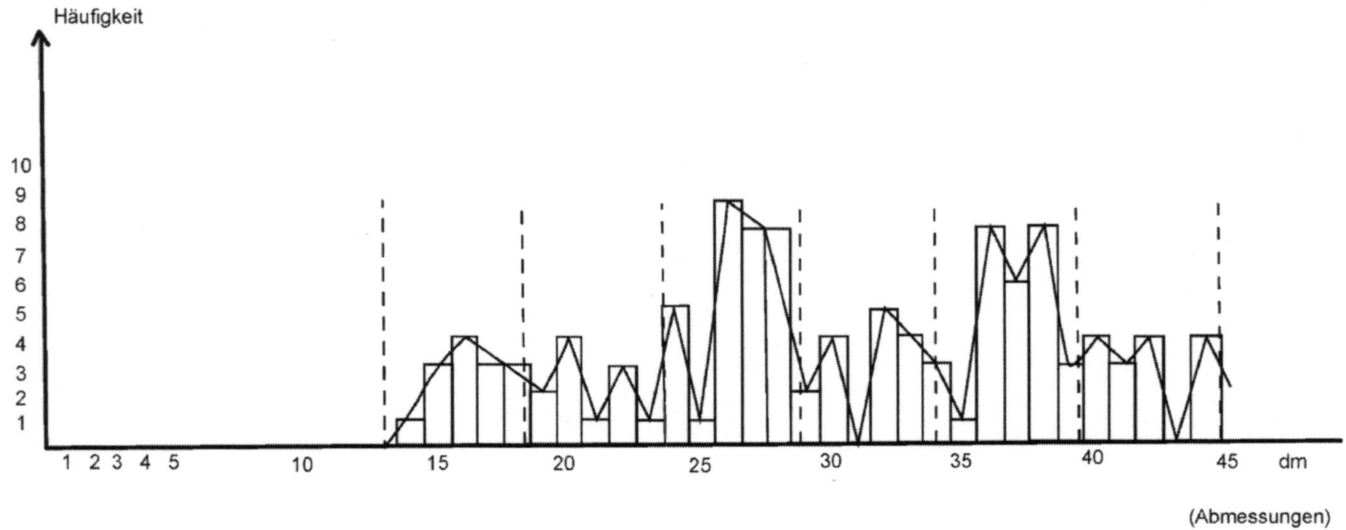

Fortsetzung nächste Seite

Fortsetzung von voriger Seite

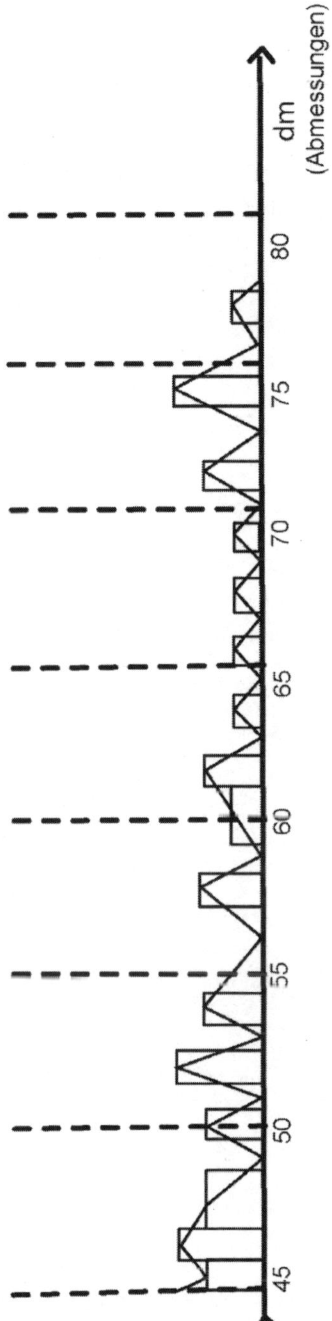

Das Häufigkeitspolygon ließ die Einteilung in Gruppen zu, wobei beobachtet werden mußte, daß die Gruppen alle dieselbe Größe (gemessen auf der Abszisse) zu enthalten hatten. Jede Gruppe umfaßt so 5...6 Histogrammbalken; jeder Balken des Historgamms wurde nur einer Gruppe zugeordnet.

Eine Betrachtung der Kurve und der Einteilung der Gruppen (Abschnitte) zeigt, daß die vorliegenden Meßwerte für den Bereich zwischen 6 m und 8 m wenig verwertbares Material liefern, mehr allerdings als die zugrundeliegenden Werte, die deshalb auch nicht für die Untersuchung berücksichtigt wurden. Die Meßwerte zwischen 6 m und 8 m wurden in die Berechnung einbezogen, um zu zeigen, daß auch Bereiche mit wenig guten Daten den Aussagewert der Broadbent'schen Formel nicht beeinträchtigen.
Tabelle: Gruppen r_1 .... r_{12} und Häufigkeiten der Meßwerte xi_n.

r	x_{in} und Häufigkeiten				
r_1	1 x 1,4	3 x 1,5	4 x 1,6	3 x 1,7	3 x 1,8
r_2	2 x 1,9	4 x 1,0	1 x 2,1	3 x 2,2	1 x 2,3
r_3	5 x 2,4	1 x 2,5	9 x 2,6	6 x 2,7	8 x 2,8
r_4	2 x 2,9	4 x 3,0	5 x 3,2	4 x 3,3	3 x 3,4
r_5	1 x 3,5	8 x 3,6	6 x 3,7	0 x 3,8	3 x 3,9
r_6	4 x 4,0	3 x 4,1	4 x 4,2	4 x 4,4	
r_7	2 x 4,5	3 x 4,6	2 x 4,7	2 x 4,8	2 x 5,0
r_8	3 x 5,2	2 x 5,4			
r_9	2 x 5,8	1 x 6,0			
r_{10}	1 x 6,1	2 x 6,2	1 x 6,4		
r_{11}	1 x 6,6	1 x 6,8	1 x 6,7		
r_{12}	2 x 7,2	3 x 7,5			

Für jede Gruppe lassen sich das arithmetische Mittel $\bar{x}_r$ und die mittlere Häufigkeit errechnen; die entsprechenden Werte sind zur Veranschaulichung in der folgende Tabelle den ebenfalls auf 0,1 m gerundeten Werten der Vielfachen einer königlichen Elle gegenübergestellt.

Tabelle: Mittelwerte $\bar{x}_r$, mittlere Häufigkeiten und Vielfache der königlichen Elle (alle Maße in m).

r	$\bar{x}_r$	mittlere Häufigkeiten	Vielfaches der Elle	
r_1	1,5 m	2,8	1,6	(3 Ellen)
r_2	2,1 m	2,2	2,1	(4 Ellen)
r_3	2,6 m	6,2	2,6	(5 Ellen)

r_4	3,2 m	3,6	3,2	(6 Ellen)
r_5	3,7 m	5,2	3,7	(7 Ellen)
r_6	4,2 m	3,0	4,2	(8 Ellen)
r_7	4,7 m	1,8	4,7	(9 Ellen)
r_8	5,3 m	1,2	5,3	(10 Ellen)
r_9	5,9 m	0,6	5,6	(11 Ellen)
r_{10}	6,3 m	0,8	6,3	(12 Ellen)
r_{11}	6,8 m	0,6	6,8	(13 Ellen)
r_{12}	7,4 m	1,0	7,4	(14 Ellen)

Die Mittelwerte der Gruppen zeigen eine so gute Übereinstimmung mit den gerundeten Werten Vielfacher der königlichen Elle, daß die rechnerische Bestimmung des Abstandes zweier Gipfel der (hier nicht ausgeführten) Häufigkeitskurve bzw. der Gruppenbreite (beide Werte sind identisch mit dem Quantum) gerechtfertigt erscheint. Das Ergebnis der oben angegebenen Formel (10) lautet[31]:

$$2\ d = 0{,}5259887\ m.$$

Aus den Meßwerten wurde so ein Schätzwert für die den Beobachtungsdaten zugrundeliegende Maßeinheit errechnet. Sie entspricht auffallend gut den aus anderen Quellen ermittelten Wert für die königliche Elle von

525 mm.

Das von Broadbent vorgeschlagene Verfahren besitzt zudem allen bisher diskutierten Methoden zur Quanten-Analyse gegenüber den Vorteil, daß der subjektive Faktor weitgehend ausgeschlossen ist. Den Benutzer dieses Verfahrens obliegt es lediglich, anhand der Häufigkeitsverteilung die Gruppierung des Materials vorzunehmen. Liegen ausreichend Beobachtungsdaten vor, dürfte die Einteilung der Kurve in gleichgroße Abschnitte, deren jeder einen Gipfel umfaßt, relativ exakt und ohne Schwierigkeiten möglich sein. Aus diesem Grunde besitzt der so ermittelte Schätzwert für die den Grabbauten der ersten beiden Dynastien zugrundeliegende Maßeinheit besonderes Gewicht. Die Hypothese, daß schon zu Beginn des 3. Jt. bzw. am Ende des 4. Jt. v. u. Z. das standardisierte Längenmaßsystem in Gebrauch war, das auf einer Elle um 525 mm Länge basiert, ist demzufolge nicht abzulehnen.

8.2 Statistische Tests zur Untersuchung der Wagestücke (Gewichte) der spätprädynastischen und Frühzeit

Bei verschiedenen Ausgrabungen prädynastischer und frühzeitlicher Grabanlagen kamen Wagestücke zutage, die W. M. Fl. Petrie in zwei Serien zusammengestellt hat:

- Wagestücke aus der 1. Dynastie, unmarkiert, im University College London befindlich (Masse in *grain* angegeben, Anzahl der Einheiten geschätzt)[32]
- Wagestücke aus prädynastischer Zeit und aus der Frühzeit, unmarkiert, mit Angabe des Fundortes (Anzahl der Einheiten geschätzt).[33]

Diese beiden Serien gelten hier als Stichprobe I und Stichprobe II.

Da bei beiden Stichproben keinerlei Hinweis auf die verwendete Einheit vorliegt, wurden als Stichprobe III alle AR-Wagesteine zur Berechnung verwendet, auf denen die Anzahl der Masseeinheiten vermerkt ist. Der größte Teil der Objekte befindet sich im University College London (Masseangaben in *grain*).[34] Die Berliner Stücke befinden sich heute in Berlin-West und sind im Katalog Ägyptisches Museum Berlin publiziert[35]; das Einzelexemplar aus der Sammlung Hilton Price wird nach Griffith gegeben.[36] Die Wagestücke im Metropolitan Museum of Arts sind von Hayes summarisch veröffentlicht.[37] Sie konnten deshalb nicht in diese Stichprobe aufgenommen werden.[38]

Als Stichprobe IV werden alle AR-Wagestücke ohne Angabe der Anzahl der Einheiten aus dem University College London gewertet. Die Masseangaben liegen in *grain* vor; die Anzahl der Einheiten ist geschätzt.[39] Stichprobe V sind Exemplare aus dem MR, die J. Vercoutter publiziert hat bzw. in seine Berechnungstabellen aufnahm.[40] Die meisten dieser Wagestücke sind Kupfer-*dbn* (1 Kupfer-*dbn* entspricht der Masse von = 2 Gold-*dbn*), die für die Berechnungen auf den Gold-Standard umgerechnet wurden. Einige von Vercoutters Schätzungen zur Anzahl der Einheiten sind wenig glücklich; der dadurch entstehende Fehler ist aber geringfügig; deshalb wurde für den ersten Teil der statistischen Tests das Material so verwendet, wie es Vercoutter veröffentlich hat.

Die Stichprobe VI umfaßt Wagestücke aus dem Ägyptischen Museum in Kairo.[41] Alle Stücke sind ohne Bezeichnung der Anzahl der Masseeinheiten; sie wurde – wie bei Stichprobe IV – geschätzt. Die verwendeten Stichproben wurden nach chronologischen Gesichtspunkten zusammengestellt. Lediglich das Material aus Kairo ist nicht näher datierbar als AR–MR; es umfaßt aber den sog. älteren Standard.

Die Stichproben sind also:

I Wagestücke der 1. Dynastie
II Wagestücke aus prädynastischer Zeit und aus der Frühzeit
III Markierte Wagestücke aus dem AR
IV Wagestücke aus dem AR, unmarkiert
V Wagestücke des MR
VI Wagestücke des „älteren Standards“ aus Kairo

Graphisch (Häufigkeitshistogramm, Häufigkeitspolygon) wurde für jede Stichprobe ermittelt, ob sie annähernd normalverteilt ist und ob die entsprechende Grundgesamtheit auch als normalverteilt gelten kann. Da das Ergebnis positiv ausfiel, konnten die Stichproben die Grundlage für entsprechende statistische Tests sein. Für jede von ihnen wurden folgende Parameter errechnet:

$\bar{x}$ arithmetisches Mittel
s Standardabweichung
$a_{\bar{x}}$ Stichprobenfehler mit einer statistischen Sicherheit = 0,05 (≙ 95 %)

(nach Formel 3) mit der Quantile t der t-Verteilung für n < 30 oder der Maßzahl n der Verteilungsfunktion der Normalverteilung als Genauigkeitsfaktor für n > 30
Vertrauensbereich, zweiseitig (nach Formel 5)

Stichprobe I

Tabelle: Wagestücke der 1. Dynastie, unmarkiert, im University College London, Anzahl der Einheiten geschätzt (nach Petrie, Weights and measures, Taf. XXVII ff.)

No.	UC-No.	Masse (in g)	Anzahl der Einheiten	Einheit (in g)
1	2660	8,59	2/3	12,89
2	3499	9,38	2/3	14,70
3	3541	56,56	4	14,14
4	3672 A	143,49	10	14,35
5	3687 A	479,26	30	15,97
6	4050	30,98	2	15,49
7	4352	63,51	5	12,70
8	4363	63,83	5	12,76
9	4384 A	323,03	25	12,92
10	4388 A	25,89	2	12,94

$\bar{x} = 13{,}886$

$s = 1.2180513$

$n = 10$

Stichprobenfehler (nach Formel 3)

$a_{\bar{x}} = 0{,}6978$

Konfidenzbereich (nach Formel 5)

$= 13{,}1885$ g...14,5831 g

Abbildung: absolute Häufigkeiten (Histogramme) und Häufigkeitspolygon der Wagestücke aus
Stichprobe I. A : 1-g-Schritt
B B : 2-g-Schritt (gröberes Maß).

A

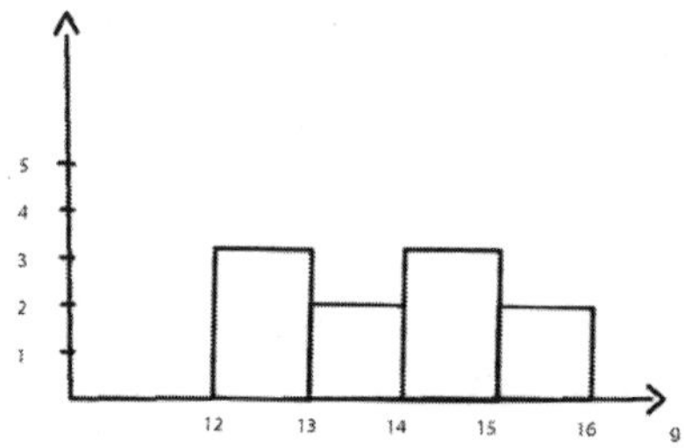

B

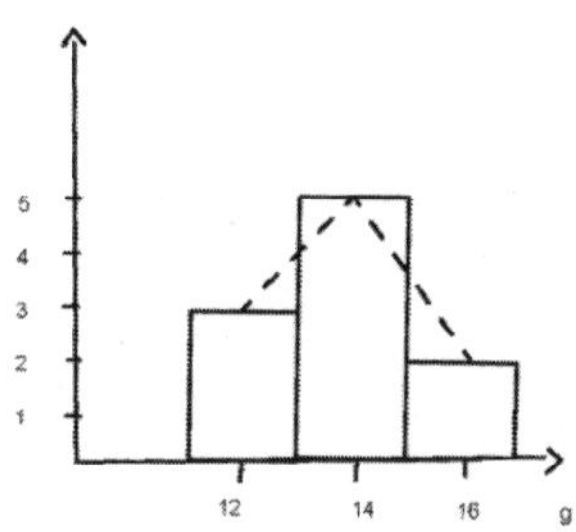

Stichprobe II

Tabelle: Wagestücke aus prädynastischer Zeit und aus der Frühzeit, unmarkiert, Anzahl der Einheiten geschätzt (nach Petrie, Prehistoric Egypt, S. 27–29)

No.	Grab-Nr.	Masse (in g)	Anzahl der Einheiten	Einheit (in g)
1	Gr. 461	190,49	15	12,69
2	B 107	388,24	30	12,94
3	Gr. 1773	526,27	40	13,16
4	Gr. 1873	40,34	3	13,45
5	Gr. 1866	232,33	15	15,49
6	Gr. 1593	288,96	20	14,45
7	Porph.turtle	54,04	4	13,51
8	Porph.cylind.	26,62	2	14,31
9	Gr.1548 cone	57,82	4	14,40
10	Gr. 717 cone	60,07	4	15,01
11	Gr. 728 cone	59,69	1	14,92
12	Gr. 728 cone	67,37	4	14,92
13	Gr.1892 cone	67,03	5	13,41

$n = 13$
$\bar{x} = 13{,}7323$
$s = 0{,}8621241$

Stichprobenfehler (nach Formel 3)
$a_{\bar{x}} = 0{,}0308$
Vertrauensbereich (nach Formel 5)
$p = 13{,}3091 \text{ g} \ldots 14{,}1555 \text{ g}$

Abbildung: absolute Häufigkeiten (Histogramm) und Häufigkeitspolygon der Wagestücke von Stichprobe II.

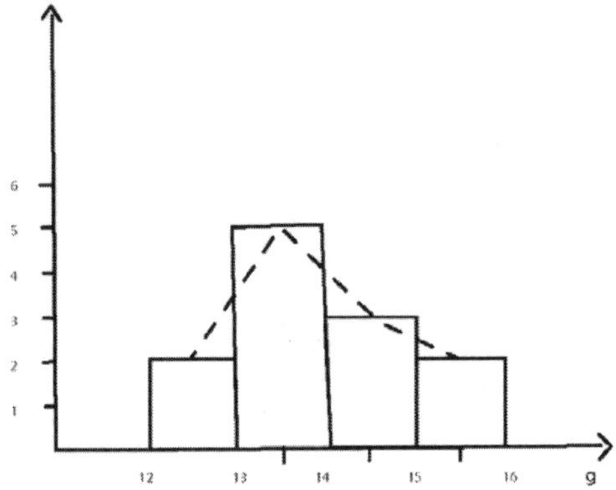

Stichprobe III

Tabelle: Markierte Wagestücke des AR im University College London (nach Petrie, Weights and measures, Taf. XXVII ff.)

No.	UC-Nr.	Dyn.	Einheit in g
1	2025	V	14,90
2	2028	VI	14,90
3	2042	VI	14,96
4	2066	VI	15,15 (R)
5	2235	IV	16,11
6	2803	V	17,41 (R)
7	3746	V	12,11 ( )
8	4149	VI	11,08 ( )
9	4354	VI	12,71 ( )
10	4372	VI	12,84
11	4399	V	12,96
12	4411	VI	13,02
13	4415	VI	13,04 ( )
14	4455	IV	13,52
15	4507	IV	13,52
16	4511	VI	13,54
17	4536	VI	13,64
18	4548	IV	13,83
19	4593	VI	13,91
20	4612	VI	14,01
21	4671	VI	14,32 ( )

22	Bln 15601	V	15,30
23	Bln 8032	IV	14,00
24	Bln 22535	V	12,80
25	Coll. Hilton Price	IV	13,34

(K) Kupferstand
1 Kupfer-*dbn* = 2 Gold-*dbn*

= 25
$\bar{x}$ = 13,8768
s = 1.3251376

Stichprobenfehler (nach Formel 3)
$a_{\bar{x}}$ = 0,4531
Vertrauensbereich (nach Formel 5)
p = 13,4237 g...14,3299 g

Abbildung: absolute Häufigkeiten (Histogramm) und Häufigkeitspolygon der Wagestücke von Stichprobe III.

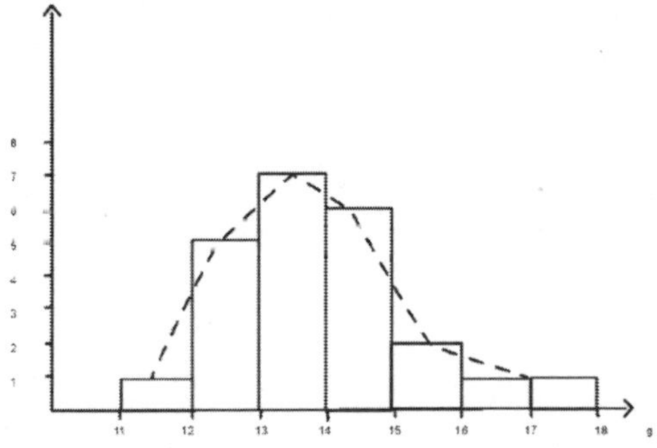

Stichprobe IV
Tabelle: Wagestücke des AR, unmarkiert, im University College, Anzahl der Einheiten geschätzt (nach Petrie, Weights and measures, Taf. XXVII.)

No.	UC-No.	Dyn.	Masse (in g)	Anzahl der Einheiten	Einheit (in g)
1	2042 A	VI	29,94	2	14,97
2	2055	IV	90,20	6	15,03
3	2061	IV	30,20	2	15,10
4	2068	V	151,69	10	15,17

5	2149	VI	156,82	10	15,68
6	2165	VI	39,44	3	13,14
7	2230	VI	40,23	3	13,41
8	2232	VI	80,51	6	13,43
9	2266	IV	161,14	10	16,11
10	2350	VI	33,02	2	16,51
11	2360	VI	41,31	3	13,77
12	2374	IV	82,75	6	13,79
13	2533	V	422,82	30	14,09
14	2616 A	VI	68,40	5	13,68
15	2624	VI	2,85	1/5	13,68
16	2681	VI	43,01	3	14,34
17	2924	VI	44,04	3	14,67
18	3276	V	4,57	1/3	13,71
19	3363	V	4,61	1/3	13,83
20	3440	V	1864,30	140	13,32
21	3511	V	93,90	6	15,65
22	3676	V	38,30	3	12,76
23	3686	V	95,87	6	12,97
24	3822	V	48,85	4	12,21
25	3868	VI	98,62	7	14,09
26	3912	VI	49,64	4	12,41
27	4095	V ?	21,11	2	10,56
28	4100	V	530,06	40	13,25
29	4103	IV	213,20	15	14,21
30	4250	VI	300,67	20	15,03
31	4272	VI	303,34	20	15,16
32	4284	VI	306,63	20	15,33
33	4334 A	III	1259,32	100	12,59
34	3464	III	1278,83	100	12,78
35	4386	VI	57,72	4	14,43
36	4410	VI	13,02	1	13,02
37	4420	VI	13,07	1	13,07
38	4423 A	III	1571,01	120	13,09
39	4483 A	III	1617,47	120	13,48
40	4531	III	2721,86	200	13,61
41	4535	VI	409,08	30	16,63
42	4553 A	III	4137,35	300	13,79
43	4613	IV	56,05	4	14,01
44	4710	VI	30,96	2	15,48
45	4740	IV	29,42	2	14,76

n = 45
$\bar{x}$ = 14,05336
s = 1,1751052

Stichprobenfehler (nach Formel 3)

$a_{\bar{x}}$ = 0,3661

Vertrauensbereich (nach Formel 5)

p = 13,6875 g ... 14,4197 g

Abbildung: absolute Häufigkeiten (Histogramm) und Häufigkeitspolygon der Wagestücke von Stichprobe IV.

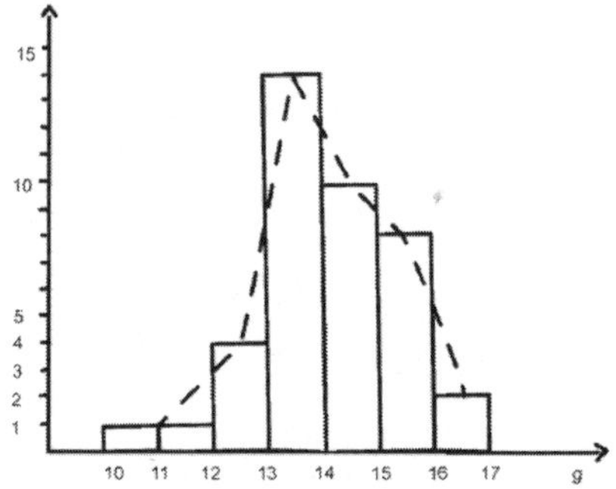

Stichprobe V

Tabelle: Wagestücke des MR, Anzahl der Einheiten in [ ] geschätzt (nach Vercoutter, FS Hintze)

No.	Fundort	Dyn.	Masse (in g)	Anzahl d. Einheiten	Einheit K (in g)	Einheit (G) (in g)
1	-		409,60	15	27,300	13,65
2	Kahun	XII/ XII	780,19	30	26,006	13,00
3	Kahun	"	246,15	9	27,350	13,67
4	Kahun	"	553,13	20	27,650	13,83
5	Kahun	"	566,00	20	28,300	14,15
6	Koptos	VII	54,55	2	27,270	13,64
7	Kahun	-	1642,68	[60]	27,370	13,68
8	-	XII	460,20	[17]	27,070	13,54
9	Sinai	-	1199,70	[44]	27,260	13,63
10	Sinai	-	617,90	[23]	26,680	13,34
11	Sinai	-	2021,76	[73]	27,600	13,80

12	-	XII	474,31	[17]	27,900	13,95
13	-	-	972,00	[35]	27,700	13,85
14	-	-	1045,30	[38]	27,500	13,75
15	Kahun	XII	2481,00	[90]	27,500	13,75
16	-	"	1244,10	[45]	27,600	13,80
17	Kahun	"	628,50	[23]	27,500	13,75
18	-	"	635,00	[23]	27,600	13,80
19	-	XII	1271,40	[46]	27,600	13,80
20	Kotos	"	550,80	[20]	27,500	13,75
21	Uronarti	MR	97,80	8	24,400	12,20
22	"	"	-	-	24,800	12,40
23	"	"	-	-	25,600	12,80
24	"	"	-	-	26,200	13,10
25	"	"	-	-	26,400	13,20
26	"	"	-	-	28,800	14,40
27	Mirgissa	XII	1650,00	60	27,500	13,75
28		"	550,00	20	27,500	13,75
29	Louvre PSBA 14,246	"	50,835	4	25,400	12,70

$n =$ 29
$\bar{x} =$ 27,064
G : 13,532
$s =$ 1,0031913

Stichprobenfehler (nach Formel 3)
$a_{\bar{x}} =$ 0,3167
Vertrauensbereich (nach Formel 5)
P = 13,22 g ... 13,85 g

Die von Vercoutter gewählten Anzahlen der *dbn*-Einheiten der Wagestücke No. 8–12, 14 und 17–19 sind offenbar vom Bestreben diktiert gewesen, möglichst genau ein Ideal-(Gold-)*dbn* von 13,8 g zu erzielen. Nach den archäologischen Befunden sind aber nur Wagestücke von 1 bis 9 *dbn*, Vielfache von 10 *dbn* und Zwischenwerte mit der Endzahl 5 belegt.
Die Überprüfung der von Vercoutter publizierten Werte ergab, daß bei einer Anzahl von Wagestücken Korrekturen notwendig sind. Sie sind aus der folgenden Tabelle ersichtlich:

Tabelle: Korrigierte Werte für die Masseeinheit (in g) an Wagestücken des MR

Nr.	Masse (in g)	Anzahl der Einheiten	Einheit (g) (in g)
8	460,2	15	15,34
9	1195,7	45	13,33
10	617,9	25	12,34
11	2021,76	75	14,48
12	474,31	15	15,80
14	1045,30	40	13,06
17	628,50	25	12,57
18	635,00	25	12,70
19	1271,40	45	14,13

Diese Korrekturen führen zu folgenden neuen Parametern der Stichprobe V:

$n =$ 29
$\bar{x} =$ 13,5451
$s =$ 0,834372

Stichprobenfehler (nach Formel 3)
$a_{\bar{x}} =$ 0,2633
Vertrauensbereich (nach Formel 5)
$p =$ 13,2817 g ... 13,8084 g

Abbildung: absolute Häufigkeiten (Histogramm) und Häufigkeitspolygon der Wagestücke von Stichprobe V.

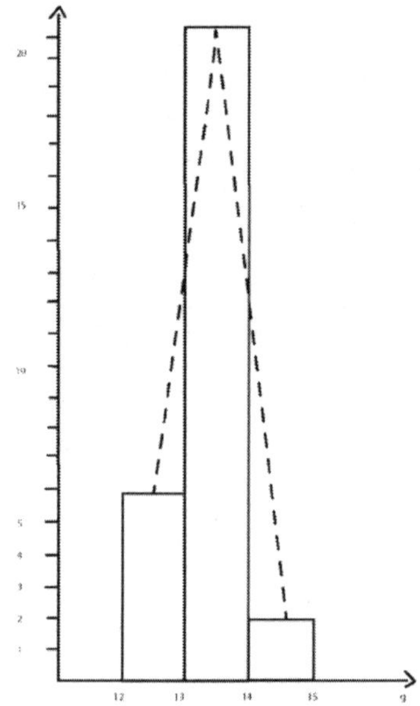

Abbildung: absolute Häufigkeiten (Histogramm) und Häufigkeitspolygon der Wagestücke von Stichprobe V nach Korrektur der Vercoutter'schen Schätzungen.

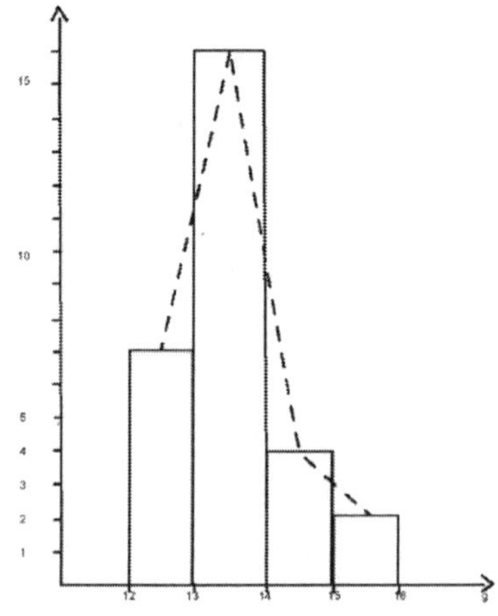

Stichprobe VI

Tabelle: Wagestücke, undatiert, unmarkiert, älterer Standard, im Museum Kairo (nach Weigall, CG und Petrie, Weights and measures, Taf. XLVII f.)

No.	CG-No.	Masse (in g)	Anzahl d. Einheiten	Einheit (in g)
1	31 655	23,1	2	11,55
2	499	806,0	60	13,43
3	444	40,3	3	13,43
4	252	51,7	4	12,93
5	311	437,7	30	14,59
6	381	44,0	3	14,60
7	350	88,39	6	14,70
8	601	3,48	1/3	13,95
9	284	138,35	10	13,83
10	475	1,34	1/10	13,40
11	320	526,95	40	13,17
12	332	208,35	15	13,89
13	306	25,87	2	12,93
14	464	3,45	1/3	13,80
15	415	6,02	1/2	12,04
16	452	23,30	2	11,65
17	408	11,55	1	11,55
18	494	5 750,00	400	14,30
19	407	14,36	1	14,36
20	282	14,04	1	14,04

$n =$ 20
$\bar{x} =$ 13,407
$s =$ 1,0215

Stichprobenfehler (nach Formel 3)

$a_{\bar{x}} =$ 0,3928

Vertrauensbereich (nach Formel 5)

$p =$ 13,0142 g ... 13,7998 g

Abbildung: absolute Häufigkeiten (Histogramm) und Häufigkeitspolygon der Wagestücke von Stichprobe VI.

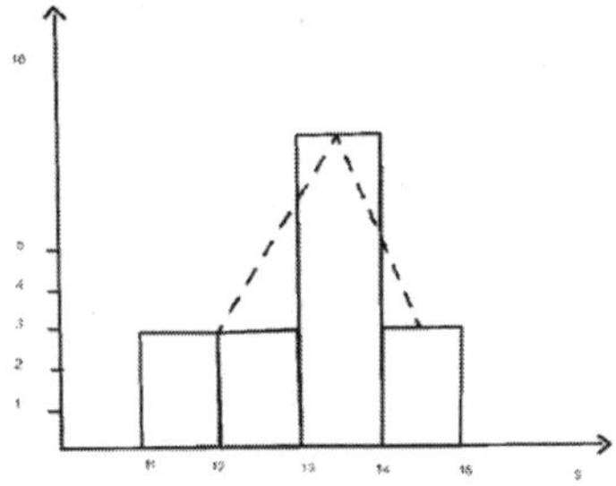

Die Berechnungen ergaben für die einzelnen Stichproben folgende Werte:

I	n	=	10
	$\bar{x}$	=	13,886
	s	=	1,2180513
	a_x	=	0,6978
	p	=	13,1888 g ... 14,6822 g
II	n	=	13
	$\bar{x}$	=	13,7323
	s	=	0,8621241
	$a_{\bar{x}}$	=	0,0308
	p	=	13,3091 g ... 14,1555 g
III	n	=	25
	$\bar{x}$	=	13,8768
	s	=	1,3251376
	$a_{\bar{x}}$	=	0,4531
	p	=	13,4237 g ... 14,3299 g
IV	n	=	45
	$\bar{x}$	=	14,0536
	s	=	1,1751052
	$a_{\bar{x}}$	=	0,3661
	p	=	13,6875 g ... 14,4197 g
V	n	=	29
	$\bar{x}$	=	13,532 (errechnet aus Kupfer-Standard)
	s	=	1,0031913
	$a_{\bar{x}}$	=	0,3167
	p	=	13,22 g ... 13,85 g

Nach Korrektur der geschätzten Anzahlen der Gewichtseinheiten

$\bar{x}$	=	13,5451
s	=	0,834372

	$a_{\bar{x}}$	=	0,2633
	p	=	13,2817 g ... 13,8084 g
VI	n	=	20
	$\bar{x}$	=	13,407
	s	=	1,0215422
	$a_{\bar{x}}$	=	0,3928
	p	=	13,0142 g ... 13,7998 g

Anhand dieser Werte wurde durch einen Fischer-Test jeweils zwischen zwei Stichproben (in der Formel x und y genannt) überprüft, ob 2 Grundgesamtheiten gleicher Streuung vorliegen können. Nach den Häufigkeitspolygonen (Abbildungen zu Stichproben I–VI) wurde vorausgesetzt, daß die Stichproben normalverteilt sind.

Die Hypothese H: $r_x^2 = r_y^2$ wird geprüft nach der Formel (7)

$$t = \frac{s_x^2}{s_y^2}$$

und dem Vergleich mit der Testgröße $F_{m_1}; m_2; q$, wobei

$$q = 1 - \frac{\alpha}{2}$$

$$m_1 = n_x - 1$$

$$m_2 = n_y - 2 \quad \text{ist.}$$

Die Hypothese wird abgelehnt, wenn

$$t > F_{m_1}; m_2; q \quad \text{ist.}$$

Folgende Stichproben wurden auf diese Weise miteinander verglichen:

I – II
III – IV
V – VI
II – VI
II – V
I – IV

Stichproben I – II

$t = 1{,}9961$

$F_{9;\,12;\,0{,}975} = 3{,}44$

$t_{I-II} = 1{,}9961 < F_{9;\,12;\,0{,}975} = 3{,}44$

Stichproben III – IV

$t = 1{,}2716$

$F_{24;44;0{,}975} = 1{,}97$

$t_{III-IV} = 1{,}2716 < F_{24;\,44;\,0{,}975} = 1{,}97$

Stichproben V – VI

$t = 0{,}9643$

$F_{28;19;0{,}975} = 2{,}41$

$t_{V-VI} = 0{,}9643 < F_{28;19;0{,}975} = 2{,}41$

nach Korrektur der geschätzten Anzahlen der Masseeinheiten

$t_{V-VI} = 0{,}6671 < F_{28;\ 19;\ 0{,}975 = 2{,}41}$

Stichproben III – VI

$t = 1{,}6827$

$F_{24;\ 19;\ 0{,}975} = 2{,}45$

$t_{III-VI} = 1{,}6827 < F_{24;\ 19;\ 0{,}975 = 2{,}45}$

Stichproben II – V

$t = 0{,}7385$

$F_{12;\ 28;\ 0{,}975} = 2{,}45$

$t_{II-V} = 0{,}7385 < F_{12;\ 28;\ 0{,}75 = 2{,}45}$

nach Korrektur der geschätzten Anzahlen der Masseeinheiten

$t = 1{,}0676$

$t_{II-V} = 1{,}0676 < F_{12;\ 28;\ 0{,}975 = 2{,}45}$

Stichproben I – VI

$t = 0{,}8449075$

$F_{9;\ 44;\ 0{,}975} = 2{,}42$

$t_{I-VI} = 0{,}8449 < F_{9;\ 24;\ 0{,}975 = 2{,}42}$

Der Vergleich der Streuungen durch den Fischer-Test ergibt, daß alle Stichproben aus Grundgesamtheiten mit gleicher Streuung stammen können.

Der graphische Nachweis der Normalverteilung aller 6 Stichproben und der rechnerische der Gleichheit der Streuungen bei den entsprechenden Grundgesamtheiten erlaubt die Prüfung, ob alle Stichproben aus einer Grundgesamtheit stammen können. Zu diesem Zweck wurde ein Vergleich zwischen den Stichproben I und III (Wagestücke ohne Angabe der Anzahl der Einheiten aus der 1. Dynastie und markierte Exemplare aus dem AR) vorgenommen. Als Test wurde der X-Test nach van der Waerden gewählt.

Die Stichproben I und III wurden vereinigt und nach der Größe geordnet. Entsprechend der dadurch ermittelten Rangzahlen konnten den Elementen jeder der beiden Stichproben reziproke Werte (ψ) der Verteilungsfunktion ψ zugeordnet werden:

$\psi = (\frac{r_{x_i}}{n_x+n_y+1})$ für Stichprobe I und

$\psi = (\frac{r_{y_i}}{n_x+n_y+1})$ für Stichprobe III. (9)

X-Test nach von der Waerden von Stichproben I – III

Stichprobe I (= $_x$)

r_x	(Nr.x_i)	$\psi(\frac{r_{xi}}{36})$
3	7	- 1,3830
5	8	- 1,0853
8	1	- 0,7647
9	9	- 0,6745
10	10	- 0,5895
26	3	0,5895
28	4	0,7647
29	2	0,8616
32	6	1,2206
33	5	1,3830
		+ 0,3224

Stichprobe III (y)

r_{yi}	(Nr.y_i)	$\psi(\frac{r_{yi}}{36})$
1	8	-1,9145
2	7	-1,5932
4	9	-1,2206
6	24	-0,9674
7	10	-0,8616
11	11	-0,5085
12	12	-0,4307
13	13	-0,3555
14	25	-0,2822
15	14	-0,2104
16	15	-0,1397
17	16	-0,0679
18	17	0
19	18	0,0679
20	1	0,1397
21	2	0,3104
22	19	0,2822

23	3	0,3555
24	23	0,4307
25	20	0,5085
27	21	0,6745
30	4	0,9674
31	22	1,0853
34	5	1,5932
35	6	1,9145
		Y - 0,3224

X = + 0,3224
Y = - 0,3224

$n_1 + n_2 = 35$
$|n_1 - n_2| = 15$
$\alpha = 0{,}01$

$X'_{25;\,10;\,0{,}01} \approx 6$
(für $|n_1 - n_2|$ 8 oder 9 = 6,68)
(für $|n_1 - n_2|$ 10 oder11 = 6,56)

Da X = + 0,3224 < X' ≈ 6,00, ist nichts gegen die Hypothese einzuwenden, daß Stichproben I und III aus derselben Grundgesamtheit stammen können.

Da durch den X-Test nach van der Waerden keine Einwände gegen die Annahme bestehen, daß beide Stichproben (I und III) aus derselben Grundgesamtheit stammen, d. h. ihnen derselbe Massestandard zugrunde liegt, erscheint es gerechtfertigt, alle Stichproben durch eine Varianzanalyse dahingehend zu prüfen, ob auch alle Mittelwerte ($\mu_I = \mu_{II} = \ldots \mu_{III}$) der Stichproben einander gleich sind. Eine Bestätigung dieser Hypothese erlaubte die Schlußfolgerung, daß alle 6 Stichproben zu derselben Grundgesamtheit gehören, d. h., daß vom Ende des 4. Jt. v. u. Z. bis zum Ende des MR derselbe Massestandard gegolten hat.[42]

Varianzanalyse der Stichproben I–VI zur Prüfung der Gleichheit der Mittelwerte

$$t = \frac{\frac{\sum_{i=1}^{k} n_i(\bar{x}_{i.} - \bar{x}_{i..})^2}{k-1}}{\frac{\sum_{i=1}^{k}\sum_{j=1}^{n_1}(x_{ij} - \bar{x}_{i.})^2}{N-k}} \quad (8)$$

Dabei sind: k die Anzahl der Stichproben

N die Anzahl aller Meßwerte

$\bar{x}_{i.}$ das arithmetische Mittel der

i-ten Stichprobe

$\bar{x}_{i.} = \frac{1}{11_i} \sum_{j=1}^{n_i} x_{ij}$

$\bar{x}_{i..}$ das Gesamtmittel

$\bar{x}_{i..} = \frac{1}{N} \sum_{i=1}^{k} \sum_{j=1}^{n_i} xij$

Die so gewonnene Testgröße t ist zu vergleichen mit

$F_{m_1}; m_2; 1 - \alpha$

Dabei ist m_1 die um 1 verringerte Anzahl der Stichproben

$m_1 = k - 1$

m_2 die um k verringerte Anzahl der Meßwerte

$m_2 = N - 1$

Als Signifikanzniveau wurde $\alpha = 0{,}01$ (≙ 99 %) gewählt.

Für die 6 Stichproben ergeben sich folgende Werte:

k	=	6			
N	=	142			
$\bar{x}_{i.}$	=	für Stichprobe	I	=	13,886 g
			II	=	13,7324 g
			III	=	13,8768 g
			IV	=	14,0536 g
			V	=	13,532 g
			VI	=	13,407 g
$\bar{x}_{i..}$	=	13,7983 g			

Aus diesen Werten errechnet sich die Testgröße t zu

$t = 0{,}04767$

$F_{5;\,136;\,0,99} \approx 3{,}15$

$t_{I;\,II;\,III;\,IV;\,V;\,VI} = 0{,}0476692 < F_{s;\,136;\,0,99}$ 3,15

Gegen die Hypothese H :$\mu_I = \mu_{II} = \mu_{III} = \ldots \mu_{VI}$ ist nichts einzuwenden; die Mittelwerte aller Stichproben gleichen einander.

Die Varianzanalyse zeigt, daß sich bei allen 6 Stichproben die Mittelwerte gleichen. Da alle Stichproben dieselbe Streuung besitzen und für die Stichproben I und III überdies ermittelt wurde, daß sie aus derselben Grundgesamtheit stammen können, ist der Schluß erlaubt, daß hier wirklich nur ein Massestandard vorliegt.

Aus den bisher analysierten Stichproben läßt sich demnach keine eindeutige Aussage über die genaue Masse des Standards treffen. Einerseits muß man mit erheblichen technischen Schwierigkeiten bei der Fertigung von Wagestücken nach einem Standard rechnen – daher die deutliche Streuung – andererseits sind viele Wagesteine der Stichproben unbeschriftet, d. h, man muß die Anzahl der Masseeinheiten (*dbn*) des jeweiligen Steins schätzen. Dadurch ist die relativ hohe Zahl von 142 geprüften Wagestücken nur bedingt geeignet, den Standard sichtbar zu machen. Aus diesem Grunde wird im folgenden das gesamte beschriftete Material der AR- und MR-Wagesteine nochmals untersucht. Durch Zufügung der zahlreichen beschrifteten Stücke aus dem MR der Sammlung des University College London können nun 56 Wagestücke ausgewertet werden, deren „Nennwert" durch die Aufschriften bekannt ist. Die Prüfung dieser Serie dürfte dazu beitragen, die genaue Masse des sog. „älteren Standards" wiederzugewinnen.

Die in der folgenden Tabelle gegebenen Wagesteine umfassen solche des Kupfer- und des Gold-Standards. Für die statistische Auswertung wurden nur die Gold-Standards verwendet; die mit (K) gekennzeichneten Kupfer-Standards wurden in Gold-Standards (2 Gold-*dbn* = 1 Kupfer-*dbn*) umgerechnet.

Tabelle: Markierte Wagestücke des „älteren Standards" (AR und MR)

No.	Sto; No.	Dyn.	Masse (in g)	Anzahl der Einheiten	Einheit (in g)
1	UC 2055	V	89,38	6	14,90
2	2028	VI	14,90	1	14,90
3	2042	VI	14,96	1	14,96
4	2066	VI	121,19	4(K)	15,15
5	2235	IV	16,11	1	16,11
6	2803	V	174,14	5(K)	17,41
7	3746	V	96,86	8(K)	12,11
8	4149	VI	110,81	5(K)	11,08
9	4354	VI	76,29	6(K)	12,71
10	4372	VI	64,21	5	12,84
11	4399	V	907,20	70	12,96
12	4411	VI	65,12	5	13,02
13	4415	VI	52,16	2(K)	13,04
14	4455	IV	676,06	50 ?	13,52
15	4507	IV	676,06	50	13,52
16	4511	VI	27,08	2	13,54
17	4536	VI	68,21	5	13,64
18	4548	IV	415,04	10	13,83

19	4593	VI	27,83	2	13,91
20	4612	VI	28,02	2	14,01
21	4671	VI	143,22	500	14,32
22	Bln 15601	V	765,00	50	15,30
23	8032	IV	140,00	10	14,00
24	Bln 22635	V	128,00	10	12,80
25	Coll. H.Price	IV	133,40	10	13,34
26	MMA	V	68,20	5	13,64
27	MMA	XII	954,00	70	13,60
28	-	-	409,60	1500	13,65
29	Kahun	XII/XIII	780,19	3000	13,00
30	"	"	246,15	900	13,67
31	"	"	553,13	20(K)	13,83
32	"	"	566,00	20(K)	14,15
33	Koptos	XII	54,55	2(K)	13,64
34	Uronarti	MR	97,80	800	12,20
35	"	"	61,00	5	12,20
36	Mirgissa	XII		6o(K)	13,75
37		XII	550,00	20(K)	13,75
38	BlnZÄS 2790	MR	11,00	1500	13,70
39	Louvre, PSBA 14,246	XII	50,835	400	12,70
40	UC 2037	XII	89,57	300	14,93
41	2132	XII	31,17	2	15,58
42	2910	XII	879,08	50	17,58
43	4230	XII	23,50	2	11,75
44	4254	IX	119,88	9	13,32
45	4299	XII	36,88	2 1/2 ?	14,70
46	4302	XII	246,34	900	13,68
47	4330	XII	6,29	1/2	12,58
48	4336	XII	12,60	1	12,60
49	4392	XII	777,28	30(K)	12,95
50	4416	XII	130,36	10	13,03
51	UC 4466	IX	119,88	9	13,32
52	4506	XII	27,02	2	13,51
53	4542	XII	246,30	900	13,68
54	4547	XII	82,70	6	13,78

55	4551	XII	417,77	30	13,93
56	4590	XII	555,33	20(K)	13,88

UC nach Petrie, Weights and measures, Taf. XXVII ff.
Bln nach Katalog „Ägyptisches Museum Berlin“ (1967)
MMA nach Hayes, Scepter of Egypt I, S. 70 und S. 195
MR-Wagestücke (Kahun, Koptos, Uronarti, Mirgissa)
nach Vercoutter, ÄG. und Kusch, S. 437 ff.

K : Kupfer-Standard;
2 Kupfer-*dbn* = 1 Gold-*dbn*

$n = 56$
$\overline{x} = 13{,}7357$
$s = 1{,}1900053$

Stichprobenfehler (nach Formel 3)

$a_{\overline{x}} = 0{,}5108$

Vertrauensbereich (nach Formel 5)

$p = 13{,}2248 \text{ g} \ldots 14{,}2465 \text{ g}$

Abbildung: absolute Häufigkeiten (Histogramm) und Häufigkeitspolygon markierter Wagestücke des älteren Standards (AR und MR).

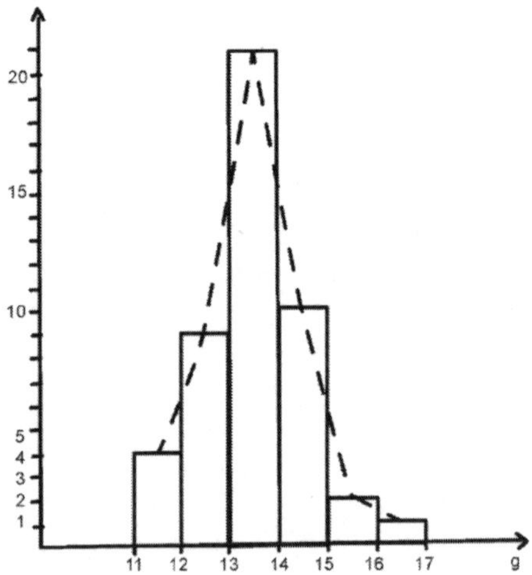

Nach den markierten Wagestücken aus dem AR und dem MR lag der Standard im Bereich zwischen

13,2248 g und 14,2465 g; als Mittelwert wurde

13,7357 g bestimmt; im Vergleich dazu sei das Gesamtmittel $\bar{x}_{i..}$ der Stichproben I–VI mit

13,7983 g angeführt. Die relativ hohe Streuung bei allen Stichproben, auch bei der Auswertung aller markierter Stücke des älteren Standards, läßt die Errechnung des *dbn*-Standards schwierig erscheinen. In der Literatur wird von Werten um 13,6 g (Hayes nach den Wagesteinen im Metropolitan Museum), 12,0 g bis 14,2 g (bei Weigall nach den Stücken in Kairo) und 13,65 g (Vercoutter in „Ägypten und Kusch“) geschrieben. Weder 13,6 g als Einzelwert noch die große Spanne zwischen 12,0 g und 14,2 g sind akzeptabel. Durch Auswertung aller Stichproben – einschließlich der zuletzt behandelten markierten Wagestücke des älteren Standards und der so verursachten doppelten Wertung einiger Exemplare – kann man vielleicht den Streubereich anhand einer graphischen Darstellung verdeutlichen:

Abbildung: Vertrauensbereiche der Stichproben I–VI und Liste der markierten Wagestücke des älteren Standards.

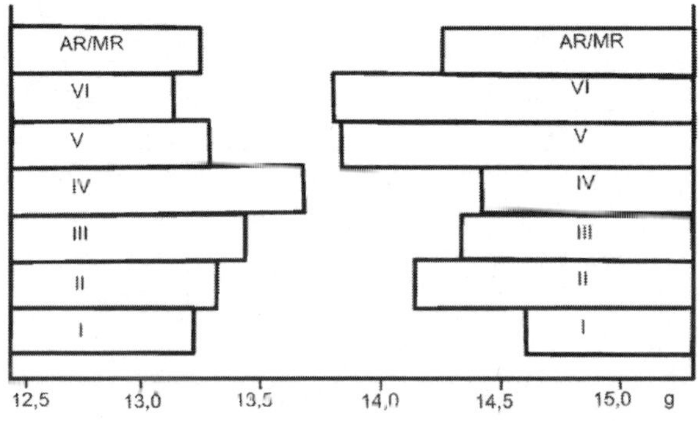

Der einzige Freiraum, der bei dieser graphischen Darstellung der Vertrauensbereiche aller 7 Serien von keiner Probe besetzt wird, liegt zwischen 13,7 g und 13,8 g. In diesen Bereich fällt auch der Mittelwert aller 6 verwendeten Stichproben unter Hinzunahme der Serie markierter Wagestücke des älteren Standards als 7. Der rechnerische Mittelwert aller 7 Serien beträgt 13,748 g.

Abbildung: Mittelwertlinie aller 7 Stichproben mit Markierung der Flächen zwischen dem Gesamtmittel und den Mittelwerten der einzelnen Stichproben.

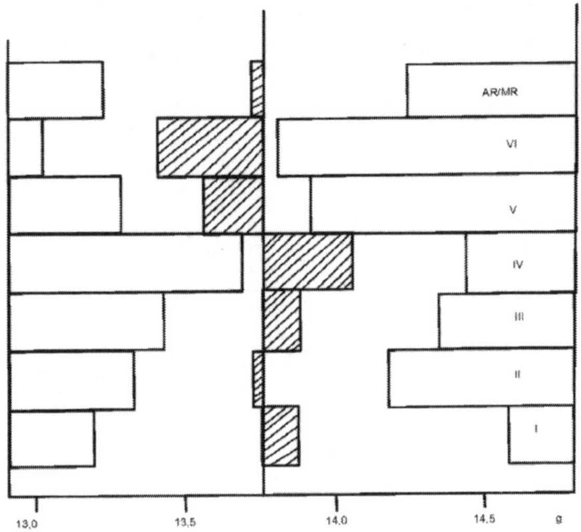

Aus den graphischen Darstellungen und den errechneten Werten wird deutlich, daß die Masse des gesuchten *dbn*-Standards zwischen 13,7 g und 13,8 g liegt und nach den für die vorliegende Untersuchung benutzten Meßwerten 13,748 g beträgt.[43] Weiteres Material dürfte dieses Ergebnis kaum wesentlich verändern.

Für die praktische Arbeit sollte deshalb, wie schon Vercoutter vorschlug, mit einem Goldstandard von 13,75 g Masse gerechnet werden. Der Kupferstandard wäre entsprechend dem Umrechnungsverhältnis 1 Goldstandard = 2 Kupferstandards mit einer Masse von 27 g versehen.

Diese Werte sind in hohem Maße wahrscheinlich und rechnerisch – zumindest bei Verwendung des dezimalen Systems – gut handhabbar.[44]

Anmerkungen

1. W. M. Flinders Petrie, Inductive Metrology, London 1877 (= Inductive Metrology).
2. Inductive Metrology, S. 16 "Long lengths are of little value for obtaining the unit. I confess to having thought just opposite at first (bei den Pyramidenmessungen); but after extracting some hundreds of units, from all sorts of material, accurate and rough, I am forced to this conclusion."
3. Bei diesem Verfahren gibt es allerdings einen weiten Spielraum für die Subjektivität, denn es bleibt dem Metrologen überlassen, welche Anzahl von Einheiten bei welcher (möglichst niedrigen) Verhältniszahl er annimmt. Außerdem erscheint diese Methode nur sinnvoll, wenn man als Einheit nicht zu kleine Werte betrachtet. Es ist wenig ergiebig, aus Meßwerten in Metern und Dezimetern z. B. Fingerbreiten oder Handbreiten (18,75 bzw. 75 mm) als Standard berechnen zu wollen. Petrie begnügte sich im wesentlichen darauf, die größeren Maßeinheiten mit der induktiven Methode zu gewinnen. Dabei half ihm die Kenntnis der aktuellen vorhandenen Maßstäbe, da sie ein Korrektiv zur Berechnung aus Abmessungen von Bauwerken bieten. Er selbst hat auch einen derartigen Ellenstab einer genauen Analyse unterzogen und – auch durch Schätzung der geplanten Standardlänge aus den Einzelmaßen der Unterteilung mit den entsprechenden Streuwerten – die Produktionsgenauigkeit des antiken Maßes festgestellt, die völlig den heutigen Forderungen entspräche. Dabei wendete er sich auch gegen Scheingenauigkeiten (Angabe der Ellenlänge auf Millionstel mm bei Vázques Queipo, Essay sur les systèmes mètriques, Paris 1859, die auf Umrechnungen von englischen Fuß und Zoll in mm resultieren): W. M. Flinders Petrie, The Harris cubit of Karnak, in: Nature, 22. Juni 1876, S. 168–169.
   Als Hinweis auf die Problematik des subjektiven Faktors bei der Auswahl der Vielfachen eines Standards unter den Verhältniszahlen der induktiven Methode sei hier ein Beispiel angefügt: Berechnet wird die Maßeinheit aus der weiter unten angegebenen Stichprobe A (Abmessungen von Gräbern der 1. Dynastie, nach Reisner, Tomb development, S. 13 ff.).

   Tabelle: Abmessungen von Gräbern der 1. Dynastie, wahrscheinlichste Zahlenverhältnisse der Meßwertpaare und mögliche Anzahl von Längenmaßeinheiten.

Meßwerte (in Paaren)	wahrscheinlichste Zahlenverhältnisse	mögliche Anzahlen der Einheiten gr. Elle	kl. Elle	Fuß
18,3	12 24 22 44 35 35	35	47,3	61
17,0	11 22 20,5 41			
	32,5 32	32	44	56,5
17,0	34 17 32 35			
10,5	33 16,5 31 34	31	42,5	55
16,5	33 17			
13,9	28 14	27	36	48,5
13,9	14 33			
11,7	12 28	22	26	39,5
11,7	12 24 25			
11,6	12 24 24,5	22	25,5	39
11,6	45 44 43			
11,3	44 43 42	21,5	25	38
11,3	43 44 45			
11,0	42 43 44	21	24,5	37
11,0	21 42			
10,8	20 41	20	24	36,5
10,8	20 19 5			
9,4	18 9 4,5	18	21	32
9,4				
9,4		18	21	32
9,4	19 9 18			
8,4	17 8 16	16	19	28,5
8,4	28 14 17			
6,6	22 11 13	12,5	15	22,5
6,6	11 12			
5,8	10 11	11	13,5	19,75
5,8	11 27 29			
5,2	10 24 26	10	12	17,75
5,2	10			

4,4	8,5	5	8,5	10	15

Aus den Verhältniszahlen der Meßwerte wurden als wahrscheinlich folgende Schlüsse gezogen:

10,8 m sind 20 oder 24 Einheiten (das entspricht großer und kleiner Elle)
5,2 m sind 10 oder 12 Einheiten (ungefähr die Hälfte des obigen Wertes)
4,4 m sind 8,5 oder 10 oder 15 Einheiten (das entspricht ungefähr der großen und kleinen Elle und einem nicht in Ägypten nachweisbaren Fuß). Durch Division aller Meßwerte durch die in den letzten 3 Spalten der Tabelle enthaltenen Zahlen ergibt sich der Individualwert der jeweiligen Längenmaßeinheit für den entsprechenden Meßwert. Diese Werte wurden sowohl für die große Elle als auch für den Fuß berechnet. Der Konfidenzbereich für die beiden Standards, errechnet nach der Formel

$$p = \bar{x} \pm \frac{t \times r}{\sqrt{n}} \qquad t = 1{,}75\ (95\%)$$

beträgt: große Elle: 522,55 ... 528,3 mm
Fuß: 293,80 ... 297,6 mm

Mit Hilfe der induktiven Methode lassen sich also ziemlich genau Standards aus Meßwerten ermitteln, doch ist die Wahl des Standards vom Metrologen willkürlich wählbar. Erst der archäologische bzw. schriftliche Nachweis für Existenz und Größe einer Maßeinheit bringen in Kombination mit den induktiv mit hoher Präzision gewonnenen Werten ein vertretbares Ergebnis. So liegt z. B. der oben errechnete „ägyptische Fuß" gut im Streubereich der international gebräuchlichen Fuß-Maßeinheiten, hat aber in Ägypten nie existiert, obwohl die wahrscheinlichsten Zahlenverhältnisse der Tabelle einen Fuß-Standard nahelegen. Gleiches gilt für die kleine Elle, die Teilmaß, nicht selbständige Maßeinheit war. Auf dieselbe Weise wurden die Abmessungen unterirdischer Grabkammer von Reisners Gruppe 2-XI zur Grundlage einer Ellenberechnung genutzt. Der errechnete Konfidenzbereich ist hier 516,0 mm ... 527,1 mm.

4. Inductive metrology S. 27; probable error = $\frac{\sqrt[2]{\text{sum of squares of differences}}}{\text{number of observations}} \times 0{,}674$
5. Ebenda; probable error = $\frac{\text{mean of differences}}{\text{number of observations}} \times \frac{7}{10}$
6. Inductive metrology S. 27–30.
7. Inductive metrology S. 29–30; die Wichtungszahlen sind keine Rangzahlen, sondern sind offenbar willkürlich gewählte Entsprechungen für die Wertigkeit der Genauigkeit bzw. Verläßlichkeit eines Meßwertes.
8. So schreibt Petrie (Inductive metrology S. 30), daß z. B. die Länge eines Säulenschaftes und des Kapitells wesentlich weniger Gewicht besäße als andere, da die Messung großer „vertikaler Entfernungen" immer problematisch sei. Das trifft für heutige Messungen mit Hilfe optischer Geräte zwar nicht mehr zu, besaß im vorigen Jh. aber Bedeutung. Die Feststellungen Petries zur Notwendigkeit von Wichtungen bei ungleich stark gerundeten Meßwerten bleiben jedoch gültig.
9. Inductive metrology S. 49–50, 59. Für die 14 Standards benutzte Petrie jeweils Serien von 6–10 Objekten mit entsprechender Anzahl einzelner Meßwerte. Vorzugsweise bediente er sich der Objekte des British Museums, die er selbst vermaß, aber auch eigener Messungen im Pyramidengebiet von Gize, so z. B. in der Königskammer der Cheopspyramide (Verhältnis 1 : 2 von Länge : Breite; 10 × 20 Ellen). Die Ergebnisse der Messungen in Gize sind ausführlich behandelt in: W. M. Flinders Petrie, The pyramids and temples of Gizeh, London 1883. Nach Überprüfung Hunderter Messungen stand sowohl die große königliche Elle als auch die persische als Standards in Ägypten für Petrie außer Frage. Beide seien seit der 4. Dynastie in Gebrauch gewesen. 1889 revidierte er diese Meinung und konstatierte, daß die persische Elle erst seit etwa 1400 v. u. Z. in Ägypten sicher nachweisbar sei (in: Encyclopaedia Britannica ^{9}1888/89 s. v. weights and measures).
10. Inductive metrology S. 12–14.
11. Zur Verdeutlichung der Differenz-Methode sei folgendes Beispiel gegeben: Verwendet werden aus den weiter unten genannten Stichproben A–D Meßwerte unter 20 m Länge, für die durch andere Überlegungen wahrscheinlich gemacht werden kann, daß es sich um ganzzahlige Vielfache der ägyptischen Elle handelt.

Liste:	Meßwerte	Differenzen	Meßwerte	Differenzen
	18,3	1,3	9,4	1,0
	17,0	0,5	8,4	1,2
	16,5	0,4	6,6	1,4
	16,1	0,4	5,8	0

15,7	0,5	5,8	0,6
15,2	0,3		0,8
14,9	1,0	4,4	0,2
13,9	1,2	4,2	0
12,7	1,0	4,2	0,2
11,7	0,1	4,0	0,8
11,6	0,3	3,2	0,6
11,3	6,3	2,6	0
11,0	0,1	2,6	
10,9	0,1	1,6	1,0
10,8	1,2		
9,4	0		
9,4	1,0		
8,4	1,2		
6,6	1,2		
5,8	0		
5,8	0,6		
5,2			

Für die Differenzen ergibt sich folgendes Histogramm der absoluten Häufigkeiten; in die Koordinaten ist das zugehörige Häufigkeitspolygon gezeichnet.

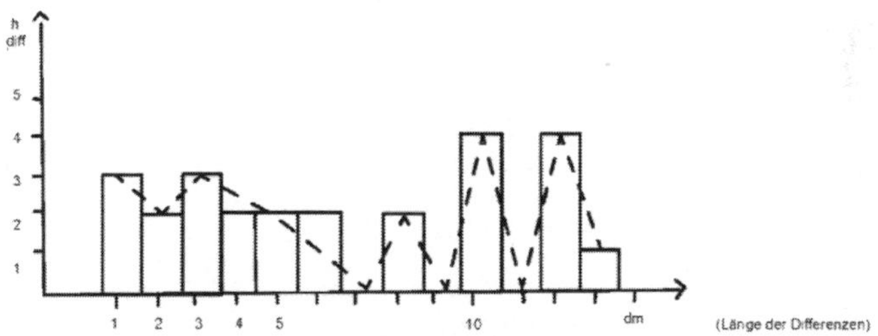

Der hier graphisch dargestellte Sachverhalt läßt erkennen, daß sich bei 0,1 m, 0,3 m, 1,0 m und 1,2 m Werte befinden, die Maxima der Häufigkeiten darstellen. Da das Ausgangsmaterial (das sich nicht auf Meßgenauigkeit nachprüfen läßt) nur ganzzahlige Vielfache der Elle enthielt (deren Länge zu 525 mm berechnet ist), dürften nur die Maxima zwischen 1,0 und 1,2 m sowie der Wert 0,4 bis 0,6 m – wenn auch mit hoher Streuung – akzeptiert werden. Die übrigen Maxime müssen als Ergebnis von Meßfehlersummierungen beim Errechnen der Differenzen angesehen werden. So tritt die Differenz 0,3 m z. B. zwischen

15,2 m und 14,9 m
11,6 m und 11,3 m
11,3 m und 11,0 m auf.

Das entspricht einem Meßfehler von 1,9 bis 2,7 %.
Man sollte dieses Verfahren deshalb nur bei kleineren Vielfachen eines Standards, d. h. gut meßbaren Distanzen, und größeren Stichproben verwenden. Die Liste der Meßwerte und Differenzen macht das ebenfalls deutlich: Im Bereich der niedrigen Meßwerte häufen sich die als einfache, ganzzahlige Vielfache des Standards akzeptablen Differenzen.

12. R. Mond–O. H. Myers, Cemeteries of Armant I, London 1967, S. 16 ff.
13. Diese Feststellung beruht auf der Annahme, daß man in Ägypten für Gebäude die axialen Hauptabmessungen geplant und größere Haupträume oberirdischer Bauten sekundär durch dünne Trennwände in Kammern geteilt hat. Die Lichträume dieser Kammern einschließlich der durch das Ziegelformat und die Bauweise diktierten Mauerstärken der Trennwände ergeben das (geplante) Lichtmaß des größeren Raumes.
14. Aus diesen Ziegelformaten kann kaum auf eine nach dem Ellenmaß bestimmte Ziegelgröße geschlossen werden, es sei denn, man nimmt an, die Ägypter der Frühzeit hätten die Fugenstärken nicht mitgerechnet; nur in diesem Falle ergäben zwei Ziegel zu 260 mm ungefähr eine königliche Elle. Zwei Ziegel zu 230 mm sind für eine königliche Elle zu kurz, für die kleine zu lang. Um mit Ziegellängen von 230 mm eine 1 Elle starke Mauer zu bauen, hätte man eine Fuge von über 60 mm lassen müssen. Die von Myers angegebenen Ziegelformate für Grab 1207 entsprechen, in Handbreiten ausgedrückt, folgendem Schema:

3 1/2 Handbreiten × 1 1/2 Handbreiten × 3 Fingerbreiten,

3 1/2 Handbreiten × 1 3/4 Handbreiten × 3 Fingerbreiten u.
3 Handbreiten × 1 1/2 Handbreiten × 1 Handbreite

Die Übereinstimmung mit dem Längenmaß ist offensichtlich weniger wichtig gewesen als die Handhabbarkeit der Ziegel. In den Tabellen von A. J. Spencer (Brick architecture in ancient Egypt, Warminster 1979, S. 24 f.; 33 ff.; 48 f. und 52 f.) sind die Ziegelformate für die verschiedenen Perioden der ägyptischen Geschichte zusammengestellt. Die Ziegelgrößen differieren sehr stark und zeigen vielfach keine gute Übereinstimmung mit den Längenmaßen. Auch das Bestreben, durch 2 Ziegel + Fuge eine Mauer von 1 Elle Stärke zu erhalten, ist nicht sichtbar. Die Handhabbarkeit und ortsübliche Traditionen waren offenbar entscheidend. Da die Ziegelformate von ungefähr 100 mm Länge bis über 400 mm Länge differieren, wird man auch zwischen Ein- und Zweihandziegeln unterscheiden müssen.

15. Nach G. A. Reisner, Tomb development.
    Stichprobe A: Gräber der 1. Dynastie, Menes bis Djet; Reisner, Tomb development, S. 13 ff.
    Stichprobe B: Gräber der 1. Dynastie mit Nischenarchitektur; Reisner, Tomb development, S. 27 ff.
    Stichprobe C: Kammerabmessungen (substructure) von Gräbern der 2. Dynastie in Nag[c] ed-Deir; Reisner, Tomb development, S. 131.
    Stichprobe D: Beigräber der Djer-Anlage; Reisner, Tomb development, S. 81 ff.

    Für die Untersuchung wurden nur die Maßangaben von Reisner verwendet. Einige Werte differieren geringfügig von anderenorts angegebenen, so z. B. auch von denen bei A. J. Spencer, Brick architecture in ancient Egypt, Warminster 1979, S. 149 f. (Metrology of Egyptian brickwork).
16. Die Werte sind schon von Reisner zumeist auf Dezimeter auf- bzw. abgerundet worden. Bei kürzeren Distanzen kann dadurch der ohnehin bei Messungen an Ziegelmauerwerk entstehende Meßfehler vergrößert worden sein; beide Fehler können einander aber auch kompensiert haben.
17. Meßfehler sind sicher auch der Grund für die in der Literatur häufig anzutreffende Differenzen zwischen den für ein und dieselbe Distanz angegebenen Längen.
18. Angegeben werden die Nummern der Reisner'schen Ordnung, nicht die der Ausgräber.
19. J. M. Hammersley–K. W. Morton, Journ. of the Royal Statistic Soc. B 16 [1954], S. 26–27: Testing a quantum hypothesis (anhand der Messungen von Prof. Thom).
20. 27 von den 33 Meßwerten lassen sich als 11,1 (n ± 1/4) erklären.
21. Hammersley und Morton schlossen hierbei die untere Grenze x (n - 1) aus. Diese Unterlassung wurde in der Entgegnung zum Beitrag zur Quantum-Hypothese durch H. R. van der Vaart (Journ. of the Royal Statistic Soc. B 16 [1954], S. 70–71) kritisiert. Van der Vaart schlug außerdem vor, für die Zufallszahlenreihen nur Werte von 7 an zu verwenden, da die Einheit x in der Praxis nicht den Wert 0 annehmen könne; wenn man als niedrigsten Wert für die angenommene Einheit (nahe 11) 8 nähme, wäre x (n - 1) 6. Der Bereich von 0 ... 6 wäre deshalb für die Simulation unnütz und auszusondern (wie es Hammersley und Morton für Werte über 100 gemacht hätten).
22. Die entsprechenden Werte im Tafelwerk von Müller–Neumann–Storm liegen niedriger.
23. Maxima der Häufigkeiten für alle Zufallszahlen im Bereich von 1...100, die der Bedingung x ... x(n + 1) gehorchen, liegen bei 10 und 12 (jeweils 25 von 33 Zahlen).
24. S. R. Broadbent , Biometrica 42 [1955], S. 45 ff. und 43 [1956], S. 32 ff. Die Verfahren wurden in der Insektenkunde, der Polymerchemie und der Kernphysik entwickelt und getestet.
25. Ebenda [1955], S. 46 unter Wiedergabe eines entsprechenden Zitats von E. S. Pearson und C. Chandrasekhar, Biometrica 28 [1936], S. 308.
26. Gipfel können theoretisch auch bei häufig benutzten, nicht ganzzahligen Vielfachen auftreten, wenn diese in der Praxis beliebt waren, z. B. 2 1/2 oder 7 1/2 Ellen, 2 1/3 Fuß o. ä.
27. Liegen bei einer solchen Kurve genügend Meßwerte vor, so lassen sich auch Zwischengipfel entsprechend der in Anm. 26 genannten Werte gut erkennen und aus der weiteren Berechnung des Quantums ausschließen.
28. Bei Broadbent (a. a. O. S. 47) ist die Formel folgendermaßen angegeben: $2d = \frac{n \sum_r Y_r - \sum_r n_r \sum Y_r}{\Delta}$ wobei Y_r die Summe der Beobachtungswerte innerhalb der Gruppe r (1, 2 ... m, ganzzahlig) und $\Delta = m \sum r^2 n_r - (\sum r n_r)^2$ ist.
29. Die Abmessungen wurden den Listen von Reisner, Tomb development, S. 13 ff. entnommen; sie entsprechen z. T. denjenigen, die schon in den Stichproben A–D enthalten sind. Die Gräber, von denen die Abmessungen verwendet wurden, sind die Königsgräber der Typen 1 und I und die Privatgräber der Typen IA.

30. Nimmt man an, daß beim Bau der Grabanlagen die königliche Elle von 525 mm Länge verwendet wurde (was als Hypothese geprüft werden soll), bedeutet die Rundung der Meßwerte auf 0,1 m eine mögliche Fehlerquote von ≈ ± 1/5 Elle. Daher verbietet sich auch die Berechnung von Handbreiten oder gar Fingerbreiten aus den vorliegenden Beobachtungsdaten.
31. Die zur Berechnung nach der Broadbent'schen Formel erforderlichen Werte sind

r	n_r	$r\,x_r$	$r\,x_r$	$r\,n_r$	$x^2 n_r$
r_1	14	22,8	22,8	14	14
r_2	11	22,8	45,6	22	44
r_3	31	81,9	245,7	93	271
r_4	18	57,2	228,8	72	288
r_5	26	96,6	483,0	130	650
r_6	15	62,7	376,2	90	540
r_7	11	51,8	362,6	77	539
r_8	5	26,4	211,2	40	320
r_9	3	17,6	158,4	27	343
r_{10}	4	24,9	249,0	40	400
r_{11}	3	20,4	224,4	33	363
r_{12}	5	36,9	442,8	60	720
m	n	$\sum X_r$	$\sum rX_r$	$\sum rn_r$	$\sum r^2 n_r$
12	146	522	3050,5	698	4392

Die Beobachtungswerte und ihre Häufigkeiten sind weiter oben mitgeteilt.
32. Petrie, Weights and measures, Taf. XXVII ff.; die Massenangaben in *grain* wurden überall in g umgerechnet und gerundet.
33. Petrie, Prehistoric Egypt, S. 27–29.
34. Petrie, Weights and measures, Taf. XXVII ff.
35. Katalog „Ägyptisches Museum Berlin", Berlin 1967, S. 28.
36. P. Ll.Griffith, PSBA 14 [1982], S. 442.
37. W. C. Hayes, The scepter of Egypt I, Cambridge 1953, S.71. f., 195 und 297.
38. Die Arbeit von B. H.Carthaud über Gewichte und Wagen (PSBA 12 [1917]), in der diese Wagestücke wahrscheinlich detailliert vorgestellt wurden, war nicht zugänglich.
39. Vgl. Anm. 32
40. J. Vercoutter, Les poids de Mirgissa et le «Standard – cuivre» an Moyen Empire, in: Ägypten und Kusch, Berlin 1977, S. 437 ff. Die Existenz unterschiedlicher Masse-Standards für die verschiedenen Edelmetalle ist seit langem auch für Vorderasien bezeugt; s. F. Hultsch, Die Gewichte des Altertums, Leipzig 1898, S. 16; J. Brandis, Münz-, Maß- und Gewichtswesen in Vorderasien, Berlin 1866, S. 100; vgl. auch F. H. Weißbach, ZDMG 65 [1911], S. 659 ff.
41. Nach A. E. P. Weigall, CG N°s 31271 – 31670, Kairo 1908 und nach Petrie, Weights and Measures, Taf. XXVII ff.
42. Die Varianzanalyse wird mit den ursprünglichen, unkorrigierten Werten der Stichprobe V durchgeführt (Vercoutter'sche Schätzungen), da bei allen bisherigen Tests die Korrektur einzelner Werte dieser Stichprobe das Testergebnis nicht beeinflußt hat.
43. Eine Berechnung der genauen Masse des Standards nach der von Broadbent beschriebenen Methode (vgl. Anm. 24) wurde unterlassen, da es wenig wahrscheinlich ist, daß der mit dieser Formel berechnete Wert von dem graphisch ermittelten signifikant abweicht.
44. 1983 hat A. Eran (The Old-Egyptian weightunit „deben"; Vortrag auf dem 3. Internationalen Kongress für historische Metrologie in Linz, Oktober 1983) den Deben-Standard neu berechnet. Er benutzte dazu insbesondere das auch der Berechnung in dieser Arbeit zugrunde liegende Material. Allerdings hat er offensichtlich nur das Gesamtmittel aller von ihm ausgewerteten Wagesteine verwendet. Sein Mittelwert beträgt 13,65 g, liegt also niedriger als der weiter oben angegebene. Der Wert der Arbeit von A. Eran liegt darin, daß er auch Wagestücke in seine Untersuchungen einbezieht, die außerhalb Ägyptens gefunden worden sind, aber durchaus als Zeugnis für die Handelsaktivität der Ägypter gewertet werden können.

9 Verzeichnis der Abkürzungen und Kurztitel

Abh.	Abhandlung
Acts 1st ICE	Acts of the first International Congress of Egyptology, Berlin 1979 (Schr. Or. 14)
AdW	Akademie der Wissenschaft(en)
AfO	Archiv für Orientforschung, Graz
Äg. Abh.	Ägyptologische Abhandlungen, Wiesbaden
Äg. Fo.	Ägyptologische Forschungen, Glückstadt – Hamburg – New York
AJSL	American Journal of Semitic Languages, Chicago
Alberti, Maß und Gewicht	v. Alberti H.-J., Maß und Gewicht, Berlin 1957
Anc. Eg.	Ancient Egypt, London – New York
AoF	Altorientalische Forschungen, Berlin
AR	Altes Reich
Arch. Or.	Archiv Orientálni, Prag
Arch. Veröff.	Archäologische Veröffentlichungen
ASAE	Annales du Service des Antiquités Egyptiennes, Kairo
Badawy, Architectural design	Badawy, A., Ancient Egyptain Architectural design, Berkeley – Los Angeles 1965 (Univ. of Carlifornia Publ. Near Eastern Studies 4)
Badawy, History	Badawy, A., A history of Egyptain architecture, Bd. I – from the earliest times to the end of the Old Kingdom, Kairo 1954
BdE	Bibliothèque d´Etude, Kairo
BdF	Bulletin des Fouilles
Bibl. Math.	Bibliotheca Mathematica
BIE	Bulletin de l´Institut d´Egypte; Bulletin de l´Institut Egyptien, Kairo
BIFAO	Bulletin de l´Institut Francais d´Archéologie Orientale, Kairo
Bi. Or.	Bibliotheca Orientalis, Leiden
Brugsch, Thesaurus	Brugsch, H., Thesaurus inscriptionum Aegyptiacarum, Bd. I – VI, Leipzig 1883 – 1891
Brunton, Mostagedda	Brunton, G., Mostagedda and the Tasien culture, London 1937 (British Museum expedition to Middle Egypt, 1st and 2nd years, 1928, 1929)
BSAG	Bulletin de la Societé d´Archéologie Copte, Kairo
CA	Current Anthropology, Chicago
Cantor, Vorlesung	Cantor, M., Vorlesung über Geschichte der Mathematik, Bd. I. Von den ältesten Zeiten bis zum Jahre 1200 n. Chr., Leipzig [3]1907
CdE	Chronique d´Egypte, Brüssel
CG	Catalogue Général des Antiquités Egyptiennes du Musée du Caire, Leipzig – Kairo

Chace, Pap. Rhind	Chace, A. B. – Bull, L. B. – Manning, H. P. – Archibald, R. G., The Rhind Matematical Papyrus, Bd. I – II, Oberlin, Ohio 1927 – 1929
DAI	Deutsches Archäologisches Institut
Djakonov, Jazyki	Djakonov, J. M., Semito-chamitskije jazyki, Moskau 1965
DMG	Deutsche Morgenländische Gesellschaft
DOG	Deutsche Orient-Gesellschaft
EAZ	Ethnographisch-Archäologische Zeitschrift, Berlin
Edel, AÄG	Edel, E., Altägyptische Grammatik, Rom 1955 ff. (Analecta Orientalia 34)
Eisenlohr, Math. Handbuch	Eisenlohr, A., Ein mathematisches Handbuch der alten Ägypter, Bd. I – II, Leipzig 1877
Fettweis, Rechnen	Fettweis, E., Das Rechnen der Naturvölker, Leipzig – Berlin 1927
Gardiner, EG	Gardiner, A. H., Egyptian Grammar – being an introduction to the study of hieroglyphs, Oxford ²1950
GM	Göttinger Miszellen, Göttingen
Grapow, Grundriß	v. Deines, H., – Grapow. H., – Westendorf, W., Grundriß der Medizin der Alten Ägypter, Bd. I – IX, Berlin
Helck – Otto, Kl. Wb.	Helck, W. – Otto, E., Kleines Wörterbuch der Ägyptologie, Wiesbaden ²1970
HO	Handbuch der Orientalistik, Leiden
Iversen, Canon	Iversen, E., Canon and proportions in Egyptian art, London 1955
JA	Journal Asiatique, Paris
JEA	Journal of Egyptian Archaeology, London
JNES	Journal of Near Eastern Studies, Chicago
Junker, Merimde	Junker, H., Vorläufiger Bericht über die Grabung der AdW in Wien auf der neolithischen Siedlung von Merimde-Benisalame (Westdelta) (Anzeiger der AdW in Wien, Phil. hist. Klasse)
	I 1929, S. 156–248
	II 1930, S. 21–83
	III 1932, s. 36–100
	IV 1933, S. 54–97
	V -1934, S. 118–132
	VI -1940, S. 3–25
Kaplony, IÄF	Kaplony, P., Die Inschriften der ägyptologischen Frühzeit, Bd. I – III, Wiesbaden 1963 (Äg. Abh. 8)
Kaplony, IÄFS	Kaplony, P., Die Inschriften der ägyptologischen Frühzeit, Supplement' Wiesbaden 1963 (Äg. Abh. 9)
Klix, Erwachendes Denken	Klix, F., Erwachendes Denken – eine Entwicklungsgeschichte der menschlichen Intelligenz, Berlin 1980
LÄ	Lexikon der Ägyptologie, Wiesbaden 1955 ff.
Lane, Manners and customs	Lane, E. W., An account of the manners and customs of the modern Egyptians written in Egypt during the years 1833 – 1835,

	Den Haag – London – Kairo 1895 (1978)
LD	Lepsius, K. R., Denkmäler aus Ägypten und Äthiopien, Abt I–VI, Berlin 1849 – 1859
LD Erg.	Ergänzungsband zu LD, Berlin 1913
LDT	Textbände I – V zu LD, Berlin 1897 – 1913
MÄS	Münchener Ägyptologische Studien, Berlin – Mainz
Math. phys. Bibl.	Mathematische-physikalische Bibliothek, Leipzig - Berlin
MDAIK	Mitteilungen des Deutschen Archäologischen Instituts, Abt, Kairo, Wiesbaden – Mainz
MDIK	Mitteilungen des Deutschen Instituts für ägyptische Altertumskunde in Kairo, Berlin
Mem.	Memoire(s)
Menninger, Zahlschrift	Menninger, K., Zahlschrift und Rechnen, Göttingen 1958
Menninger, Zahlwort	Menninger, K., Zahlwort und Ziffer, Göttingen 1958
Mercer, PT	Mercer, S. A. B., The pyramid texts in translation and commentary, New York – London – Toronto 1952
MEW	Marx. K. – Engels, F., Werke, Berlin 1966 ff.
MIFAO	Mémoires publiés par les membres de l´Institut Francais d´Archéologie Orientale du Chaire, Kairo
MIO	Mitteilungen des Instituts für Orientforschung, Berlin
Möller, Hierat. Pal.	Möller, G., Hieratische Paläographie, Bd. I – III, Ergänzungen zu Bd. I – II, Leipzig ²1927 – 1956
MR	Mittleres Reich
Neugebauer, Vorlesung	Neugebauer, O., Vorlesung über die Geschichte der antiken mathematischen Wissenschaften, Bd. I – Vorgriechische Mathematik, Berlin – Heidelberg – New York ²1959 (Grundlehren der mathematischen Wissenschaften 43)
NR	Neues Reich
Peet, Pap. Rhind	Peet, E. T., The Rhind mathematical papyrus BM 10 057 and 10 058, London 1923
Petrie, Corpus	Petrie, W. M. Fl., Prehistoric Egypt corpus, London 1921 (British School of Archaeology in Egypt and Egyptian research account, 23rd years, 1917)
Petrie, Inductive Metrology	Petrie, W. M. Fl., Inductive metrology, London 1877
Petrie, Naqada	Petrie, W. M. Fl.,– Quibell, J. E., Naqada and Ballas 1895, London 1896, (British School of Archaeology in Egypt and Egyptian research account, Publ. 1)
Petrie, Prehistoric Egypt	Petrie, W. M. Fl., Prehistoric Egypt, London 1920 (British School of Archaeology in Egypt and Egyptian research account, 23rd years, 1917)
Petrie, Royal tombs	Petrie, W. M. Fl. – Griffith, F. Ll., The royal tombs of the first dynasty, Bd. I – II, London 1900 – 1901 (Egypt Exploration Fund,

	18th and 21st Mem.)
Petrie, Weights and measures	Petrie, W.M.Fl., Ancient Egyptian weights and measures, London 1926 (British School of Archaeology in Egypt and Egyptian research account, Publ. 39)
Pieper, Brettspiel	Pieper, M., Das Brettspiel der Alten Ägypter, Berlin 1909 (Wiss. Beiträge zum Jahresbericht des Königsstädter Realgymnasiums)
PSBA	Proccedings of the Society of Biblical Archaeology, London
Pusch, Senet-Brettspiel	Pusch, E. B., Das Senet-Brettspiel im Alten Ägypten, Teil 1.1 und 1.2, München 1979 (MÄS 38)
Quibell, Hierakonpolis	Quibell, J. E. – Green, F. W. – Petrie, W. M. Fl., Hierakonpolis, Bd. I – II, London 1900 – 1902 (Egyptian research account, 4th and 5th Mem.)
QuSt	Quellen und Studien zur Geschichte der Mathematik, Astronomie und Physik, Leipzig – Berlin
Ranke, Schlangenspiel	Ranke, H., Das altägyptische Schlangenspiel, in: SB der Heidelberger AdW, Phil. hist. Kl., Abh. 4, Heidelberg 1920
RdE	Revue d´Egyptologie, Kairo – Paris
Reisner, Tomb development	Reisner, G. A., The development of the Egyptian tomb down to the accession of Cheops, Cambridge 1936
Rec. Trav.	Recueil des Travaux relatives à la philologie et à la archéologie Egyptiennes et Assyriennes, Paris
Rev. Eg.	Revue Egyptologique, Paris
SAK	Studien zur altägyptischen Kultur, Hamburg
SB	Sitzungsberichte
Sethe, PT	Sethe, K., Die altägyptischen Pyramidentexte nach den Papierabdrücken und Photographien des Berliner Museums, Bd. I – II, Leipzig 1908 – 1910
Sethe, Übersetzung PT	Sethe, K., Übersetzung und Kommentar zu den altägyptischen Pyramidentexten, Bd. I – VI, Hamburg – Glückstadt 1935 – 1962
Smith, History	Smith, D. E., History of mathematics, Bd. I – II, New York 1958
SNR	Sudan Notes and Records, Khartum
Schmidl, Zahl und Zählen	Schmidl, M., Zahl und Zählen in Afrika, In: Mitteilungen der anthropologischen Gesellschaft Wien 45 [1915], S. 165–209
Schr. Or.	Schriften zur Geschichte und Kultur des Alten Orients, Berlin
Urk.	Urkunden des ägyptischen Altertums, begründet von K. Sethe, Abt. I ff., Bd. I ff., Leipzig – Berlin 1903 ff.
Vandier, Manuel	Vandier, J., Manuel d´archéologie Egyptienne, Bd. I ff., Paris 1952 ff.
VDI	Vestnik drevnej istorii, Moskau
Veröff. ZIAGA	Veröffentlichung des Zentralinstituts für Alte Geschichte und Archäologie, Berlin
VIO	Veröffentlichungen des Instituts für Orientforschung, Berlin

Vogel, Vorgriechische Mathematik	Vogel, K., Vorgriechische Mathematik, Bd. I – Vorgeschichte und Ägypten, Hannover – Paderborn 1958
Wb	Erman, A. – Grapow, H., Wörterbuch der ägyptischen Sprache, Bd. I – VII, Belegstellen Bd. I – V, Leipzig – Berlin 1927 – 1963
Weigall, Weights	Weigall, A.F.P., Weights and balances, Kairo 1908 (CG)
Wiedemann, Brettspiel	Wiedemann, A., Das Brettspiel bei den alten Ägyptern, in: Actes du 10e Congrès International des Orientalists, Sect. 4, S. 37 – 61, Genf 1894
Wiedemann, Spiel	Wiedemann, A., Das Spiel im alten Ägypten, in: Zeitschrift des Vereins für rheinische und westfälische Volkskunde 3 1912, S. 161–187.
Wilkinson, Manners and customs	Wilkinson, J. G., Manners and customs of the ancient Egyptians, Bd. I – III (ed. by S. Birch), London 1878
WZKM	Wiener Zeitschrift für die Kunde des Morgenlandes, Wien
ZÄS	Zeitschrift für Ägyptische Sprache und Altertumskunde, Leipzig – Berlin
ZDMG	Zeitschrift der Deutschen Morgenländischen Gesellschaft, Leipzig – Wiesbaden
ZfE	Zeitschrift für Eingeborenensprachen, Hamburg
ZES	Zeitschriften für Ethnologie, Berlin – Braunschweig
ZfPh	Zeitschrift für Phonetik, Berlin

10 Verzeichnis der wichtigsten benutzten und zitierten Literatur[1]

1 Dieses Literaturverzeichnis enthält vorwiegend monographische Literatur, Aufsätze nur dann, wenn sie für das behandelte Thema von besonderer Bedeutung sind. Die im vorstehenden Abkürzungsverzeichnis schon als Kurztitel aufgeführten Werke werden nicht noch einmal angegeben.

Albright, W. F. — Notes on Egypto-semitic etymology, in: AJSL 34 [1918], S. 81–98, 215–255

Amélinau, B. — Les novelles fouilles d`Abydos. Comte rendu in extenso des fouilles, description des monuments et objects decouverts, Bd. I – III, Paris 1899–1905

Ayrton, E. R - Loat, .W. L. S. — The predynastic cemetery at el Mahasna, London 1911 (Egypt Exploration Fund, 31st Mem.)

Baer, K. — A note on Egyptian units of area in the Old Kingdom, in: JNES 15 [1956], S. 113–117

Balcz, H. — Die Gefäßdarstellung des Alten Reichs, in: MDIK 5 [1934], S. 45–94; 4 [1933], S.18–36; 3 [1932], S. 50–114

Barta, W. — Das Selbstzeugnis eines ägyptischen Künstlers (Stele Louvre C 14), Berlin 1970 [MÄS 22]

Baumgartel, E. J. — Cultures of prehistoric Egypt, Bd. I–II, Oxford 1955, 1960

Becker, O. — Die Grundlagen der Mathematik in geschichtlicher Entwicklung, München – Freiburg 1954

Becker, O. – Hofman, J. E. — Geschichte der Mathematik, Bonn 1951

Bernal, J.D. — Die Wissenschaft in der Geschichte, Berlin ³1967

Berriman, A. E. — Some marked weights in the Petrie collection, in: JEA 41 [1955], S.48–50

Historical metrology – a new analysis of the archaeological and historical evidence to weights and measures, London – New York 1953

Birket-Smith, K. — Geschichte der Kultur – eine allgemeine Ethnologie, Zürich ²1948

Böckh, A. — Metrologische Untersuchungen über Gewichte, Münzfüße und Maße des Altertums in ihrem Zusammenhang, Berlin 1831

Bohring, G. – Mocek, R. — Marxistisch- leninistische Produktivkrafttheorie und Wissenschaft, in: Wissenschaft als Produktivkraft, Berlin 1974, S. 147–198

Bonnet, H. — Ein frühgeschichtliches Gräberfeld bei Abusir, Leipzig 1928 (Veröff. der Ernst von Sieglin-Expedition IV)

Borchardt, L. — Das Grab des Menes, in ZÄS 36 [1898], S. 87–105

Nilmesser und Nilstandsmarken, Berlin 1906 (Abh. Der kngl. Preußischen AdW, 1906, Anhang)

Das Grabdenkmal des Ne-User-Re^{c}, Leipzig 1907 (7. Wiss. Veröff. der DOG)

Das Grabdenkmal des Königs Nefer-Ir-Ke^{3}-Re^{c}, Leipzig 1907 (11. Wiss. Veröff. der DOG)

Das Grabdenkmal des Saḥw-Re^{c}, Bd.I – Der Bau, Leipzig 1910 (14. Wiss. Veröff. der DOG)

Die Annalen und die zeitliche Festlegung des Alten Reichs, Berlin 1917

Die altägyptische Zeitmessung, Berlin – Leipzig 1920

Gegen die Zahlenmystik in der großen Pyramide bei Gise, Berlin 1922

Längen und Richtungen der vier Grundkanten der großen Pyramide bei Gise, Berlin 1926

Nachträge zu "Nilmesser und Nilstandsmarken", Berlin 1934 (SB der kngl. Preußischen AdW, Phil. hist. Kl. 1934, XI)

Boreux, M. CH. — Etudes de nautique égyptienne. L'art de la navigation en Egypte jusqu'à la fin de l'Ancien Empire, Kairo 1925 (MIFAO 50)

Braulik, A. — Altägyptische Gewebe, Stuttgart 1900

Broadbent, S. R. — Quantum hypotheses, in: Biometrica 42 [1955] S. 45–57

Examination of a quantum hypothesis based on a single set of date, in: Biometrica 43 [1956] S. 32–44

Brockelmann, C. — Kurzgefasste vergleichende Grammatik der semitischen Sprachen, Berlin 1908

Grundriss der vergleichenden Grammatik der semitischen Sprachen, Bd. I – II, Berlin 1909, 1911

Bronstein, J. N. – Semendjajew, K. A. — Taschenbuch der Mathematik, Moskau – Leipzig 1981

Brugnatelli, V. — Questioni di morfologia e sintassi die numerali cardinali semitici, Florenz 1982

Brugsch, H. — Die Lösung der altägyptischen Münzfrage, in: ZÄS 27 [1889], S. 4–28

Die Ägyptologie, Abriss der Entzifferung und Forschungen auf dem Gebiete der ägyptischen Schrift, Sprache und Alterthumskunde, Leipzig 1891

Brunton, G. – Caton-Thompson, G. — The Badarian civilzation and predynastic remains near Badari, London 1928 (British School of Archaeology in Egypt and Egyptian research account, 3th year, 1924)

Brunton, G. – Gardiner, A. H. – Petrie, W. M. Fl. — Qau and Badari, Bd. I – III, London 1927 – 1930 (British School of Archaeology in Egypt and Egyptian research account 44, 45 and 50)

Bunt, L. N. H. — Van Ahmes tot Euclides – Hoofdstukken uit de geschiedenis van de wiskunde, Groningen ³1960

Bykov, V. V. — Der konkret-historische Charakter der Verbindung der Wissenschaft mit der Produktion, in: Wissenschaft als Produktivkraft, Berlin 1974, S. 78–118

Calice, F. — Grundlagen der ägyptisch-semitischen Wortvergleichung, Wien 1936 (Beihefte zur WZKM, Heft 1)

Capart, J. — Primitive art in Egypt, London 1905

Caton-Thompson, G. – Gardener, E.W. — The desert Fayum, London 1934 (Publ. of the Royal Anthropological Institute)

de Cenival, J.-L. — Bespr. zu: T. G. H. James, The Hekanakhte papers and other early Middle Kingdom documents, New York 1962, in: RdE 15 [1963], S. 138–143

Černy, J. — Coptic etymological dictionary, Cambridge 1970

Chabas, F. — Détermination métrique de deux measures Egyptiennes, Paris 1867

Chabas, F. — Recherches sur les poids, méasures et monnaies des anciens Egyptiens, Paris 1876

Childe, V. G. — Der Mensch schafft sich selbst, Dresden 1959 (Fundus-Bücherei 2)

Choicy, A. — Histoire de l'architecture, Bd. I – II, Paris 1943

Clère, J. J. — La lecture de la fraction 2 „deux tiers" en égyptian, in: Arch. Or. 20 [1952], S.629–641

Cohen, M. — Langues chamito-sémitiques, in: Les langues du monde, Paris ²1952, S. 8–181

Conant, L. L. — The number concept – its origin and development, New York – London 1923

Daressy, G. — Ostraca, Kairo 1901 (CG)

Daumas, F. — Les mammisis des temples Egyptiens, Paris 1958

Dennert, E.	Das geistige Erwachen des Urmenschen – eine vergleichend experimentelle Untersuchung über die Entstehung von Technik und Kunst, Weimar 1929
Dobrov, G.M.	Wissenschaftswissenschaft, Berlin 1970
Drioton, E.	Un ancien jeu copte, in: BSAG 6 [1940], S. 177–206
Ebers, G.	Papyrus Ebers. Die Maasse und das Kapitel über die Augenkrankheiten, Leipzig 1889
Edel, E.	Die Felsengräber der Qubbet el Hawa bei Assuan, II. Abt. Die althieratischen Topfaufschriften, Bd. 1 und 2, Wiesbaden 1967–1970
Edel, E. – unter Mitwirkung von E. Pusch und M.-L. Vieregge	Die Felsengräbernekropole der Qubbet el Hawa II. Abt. Die althieratischen Topfaufschriften, Paläographie der althieratischen Topfaufschriften aus den Grabungsjahren 1960–1973, Opladen 1980 (Abh. der Rheinisch-westfälischen AdW, Bd. 66)
Edwards, J. E. S.	The pyramids of Egypt, Harmondsworth/Middlessex ²1961
Emery, W. B. – Saad, Z. Y.	Ḥor-Aḥa, Kairo 1939 (Excavations at Saqqara 1937–1938)
	The Tomb of Hemaka, Kairo 1936 (Excavations at Saqqara 1935)
Emery, W. B. – James, G. H. – Klasens, A. – Anderson, B. – Burney, C. A.	Great tombs of the first dynasty, Bd. I – III, Kairo 1949, London 1954, 1958 (Service des Antiquités de l'Egypte-Excavations at Saqqara)
Endesfelder, E.	Beobachtung zur Entstehung des altägyptischen Staates, Diss. B, Phil. Fak., Humboldt-Universität Berlin, Berlin 1980
Eran, A.	The Old-Egyptian weightunit „deben" – its reality, its dispersion and its late echo, paper read at the 3rd Intern. Congress on historical metrology, Linz, Oktober 1983
Erman, A. – Ranke, H.	Ägypten und ägyptisches Leben im Altertum, Tübingen 1923
Fakhry, A.	The pyramids, Chicago – London ²1969
Falkener, E.	Games ancient and oriental and how to play them, Reprint New York 1961
Fettweis, E.	Wie man einstens rechnete, Leipzig – Berlin 1923 (Math. Phys. Bibl.)
Fischer, P. – Göttner, R. – Krieg, R.	Was ist – was kann Statistik, Leipzig – Jena –

Berlin, 1975

Fořtrová-Sámalová, P. The Egyptian ornament, in: Arch. Or. 20 [1952], S. 231–249

Gardiner, A. H. Hymn to Amon from a Leiden papyrus, in: ZÄS 42 [1905], S. 12–42

Egyptian hieratic texts – Papyrus Anastasi I and Papyrus Koller, Leipzig 1911

Garstang, J. Mahasna and Bet Khallaf, London 1903 (Egyptian research account, 7th year, 1901)

Ghyka, M.C. Le nombre d'or – rites et rhytmes pythagoriciens dans le développement de la civilisation occidentale, Bd. I – II, Paris (?) 1959

Gillain, O. Le science Egyptienne – l'arithmétique au Moyen Empire, Brüssel 1927

Gillings, R.J. Mathematics in the time of the Pharaohs, Cambridge/Mass. – London 1972

Girard, P. Mémoire sur le nilomètre de l'ile d'Elephantine et les mésures égyptiennes, Paris 1809

Gödecken, K. Eine Betrachtung der Inschriften des Meten im Rahmen der sozialen und rechtlichen Stellung von Privatleuten im ägyptischen Alten Reich, Wiesbaden 1976 (Äg. Abh. 29)

Goedicke, H. Die Laufbahn des *Mṯn*, in: MDIAK 21 [1956], S.1–71,

Die privaten Rechtsinschriften aus dem Alten Reich, Wien 1970

Goyon, G. Die Cheopspyramide, Bergisch Gladbach 1970

Greenberg, J. Studies in African linguistic classification, New Haven 1955

Griffith, F. Ll. The inscriptions of Siût and Der Rîfêh, London 1889,

The metrology of the medical Papyrus Ebers, in: PSBA 13 [1892], S.392–406,526–538

Notes on Egyptain weights and measures, in: PSBA 14 [1892], S. 403–450; 15 [1893], S.301–316,

The Petrie papyri – hieratic papyri from Kahun and Gurob, Bd. I – II, London 1898

Hampe, R. Die Stele aus Pharsalos im Louvre, Berlin 1951 (Winkelmannprogramm der archäologischen Gesellschaft zu Berlin 107)

Hankel, E. Zur Geschichte der Mathematik im Altertum und im

Mittelalter, Hildesheim ²1965

Haselberger, H. — Method of studying ethnological art, in: CA 2 [1961], S. 341–384

Hayes, W. C. — Ostraka and name stones from the tomb of Senmut (no 71) at Thebes, New York 1942 (Publ. of the Metropolitan Museum of Art, Egyptian Expedition, Bd. XV)

The scepter of Egypt, Bd. I – II, Cambridge 1953 und 1959

Helck, W. — Altägyptische Aktenkunde des 3. und 2. Jahrtausends v. Chr., Berlin 1974 (MÄS 31)

Wirtschaftsgeschichte des Alten Ägypten, Leiden – Köln 1975 (HO, 1. Abt., 1. Bd., 5. Abschnitt)

Hemmy, A. S. — An analysis of the Petrie Collection of Egyptian weights, in: JEA 23 [1937], S. 39–56

Hengartner, W. – Thedorescu, R. — Einführung in die Monte-Carlo-Methode, Berlin 1978

Hickmann, H. — La chironomie dans l'Egypte pharaonique, in: ZÄS 83 [1958], S. 96–127

Ägypten, Musikgeschichte in Bildern, hrsg. von H. Besseler und M. Schneider, Bd. II, Lfrg. 1, Leipzig 1961

Hieratische Papyrus aus den königlichen Museen zu Berlin, hrsg. von der Generalverwaltung, Bd. III, Leipzig 1911

Hintze, F. — Zur hamito-semitischen Wortvergleich, in: ZfPh 5 [1951], S. 65–87

Hodge, C. T. — Afroasiatic – an overview, in: Current trends in Linguistics, Bd. 6 – Linguistics in Southwest Asia and North Africa, hrsg. Von T. A. Sebeok et alii, Den Haag – Paris 1970

Hogben, L. — Die Entdeckung der Mathematik – Zahlen formen ein Weltbild, Stuttgart 1963

Hoernes, M. — Urgeschichte der bildenden Kunst in Europa, Wien ³1925 (durchges. und ergänzt von O. Menghin)

Hsu, F. L. K. — Rethinking the concept „primitive", in: CA 5 [1964], S. 169–178

Hultsch, F. — Griechisch-römische Metrologie, Berlin 1862, Die Elemente der ägyptischen Teilungsrechnung, Leipzig 1887 (Abh. Der Kngl. Sächsischen Gesellschaft der Wissenschaften, Phil. hist. Kl. 17.1)

Neue Beiträge zur ägyptischen Teilungsrechnung,

in: Bibl. Math. 2.3 [1901], S. 177–184

James, T. G. H. – Apted, M. R. — The mastaba of Khentika called Ikhekhi, London 1953 (Archaeological Survey of Egypt, 30th Mem.)

James, T. G. H. — The Hekanakhte papers and other early Middle Kingdom documents, New York 1962 (Publ. of the Metropolitan Museum of Art, Egyptian Expedition, Bd. XIX)

Janovskaja, S. A. — K teorii egipetskich drobej, in: Trudy Instituta Istorii Estestvoznanija 1 [1947], S. 269–282

Jéquier, G. — Les Frizes des objects des sarcophages du Moyen Empire, Kairo 1921 (MIFAO 47)

La système numérique en égyptien, in: Recueil d'études égyptologiques dediées á la mémoire de J.-F. Champollion, Paris 1922, S. 467–482

Tombeaux de particuliers contemporains de Pepi II, Kairo 1929 (Service des Antiquités de l'Egypte, Fouilles à Saqqarah)

Johl, C. H. — Die altägyptischen Webstühle und Brettchenweberei in Altägypten, Leipzig 1924 (Untersuchung zur Geschichte und Altertumskunde Ägyptens, Bd. VIII)

Jomard, E. — Exposition du système métrique des anciens Egyptiens, Paris 1822 (Description de l'Egypte)

Junker, H. — Bericht über die Grabung der AdW in Wien auf den Friedhöfen von El-Kubanieh-Süd, Winter 1910/11, Wien 1919 (AdW in Wien, Denkschriften Phil. hist. Kl. Bd. 62, Abh. 3)

Jürß, F. (Hrsg.) — Geschichte des wissenschaftlichen Denkens im Altertum, Berlin 1982 (Veröff. ZIAGA)

Kabo, V. R. — Die Struktur des urwüchsigen gesellschaftlichen Bewusstseins, in: EAZ 23 [1982], S. 385–408

Kaiser, W.(Hrsg.) — Ägyptisches Museum Berlin Staatliche Museen Preußischer Kulturbesitzt, Berlin 1967

Kaplony, P. — Kleine Beiträge zu den Inschriften der ägyptischen Frühzeit, Wiesbaden 1966 (Äg. Abh. 15)

Steingefäße mit Inschriften der Frühzeit und des Alten Reiches, Brüssel 1968 (Monumenta Aegyptiaca I)

Das Papyrusarchiv von Abusir, in: Orientalia 41 [1972], S. 11–79, 180–248

Kielland, E. Chr. — Geometry in Egyptian art, London 1955

Klaus, G. — Kybernetik und Erkenntnistheorie, Berlin ²1966

Klebs, L. — Die Reliefs des Alten Reichs (2980 – 2475 v. Chr.) – Materialien zur ägyptischen Kulturgeschichte, Heidelberg 1915 (Abh. Der Heidelberger AdW, Phil. hist. Kl., Abh. 3)

Kluge, T. — Die Zahlenbegriffe der Sudansprachen – Die Zahlenbegriffe der Papua, Australier und Bantuneger – Die Zahlenbegriffe der Völker Amerikas, Nordeurasiens, der Munda und Palaioafrikaner – Die Zahlenbegriffe der Dravida, der Hamiten, der Semiten und der Kaukasier – Die Zahlenbegriffe der Sprachen Central- und Südasiens, Indonesiens, Mikronesiens, Polynesiens und Melanesiens, Bd. I – V, Berlin 1937 – 1942

Köhler, O. — Geschichte und Probleme der Gliederung der Sprachen Afrikas, in: H. Baumann (Hrsg.), Die Völker Afrikas und ihre traditionellen Kulturen, Bd. I, Wiesbaden 1975, S. 137–373 (Studien zur Kulturkunde, Bd. 34)

Korostovcev, M.A. — Vvedenije v egipetskuju filologiju, Moskau 1963

Kuczynski, J. — Studien zu einer Geschichte der Gesellschaftswissenschaften, Bd. I, Berlin 1975

Laitko, H. — Wissenschaft als allgemeine Arbeit, Berlin 1979 (Wissenschaft und Gesellschaft, Bd. 17)

Lauer, J.-Ph. — La pyramide à degrès, Bd. I – V, Kairo 1936 – 1965 (Service des Antiquités de l'Egypte – Fouilles à Saqqarah)

La problème des pyramides d'Egypte, Paris 1948

Le triangle sacré dans les plans des monuments de l'Ancien Empire, in: BIFAO 77 [1977], S. 56–78

Le développement des complexes funéraires royaux en Egypte depuis les temps predynastiques jusqu'a la fin de l'Ancien Empire, in: BIFAO 79 [1979], S. 355–394

Lehmann, J. — Systematik und geographische Verbreitung der Geflechtarten, Dresden 1907 (Abh. und Berichte des Kngl. Zoologischen und Anthropologischen Museums in Dresden, Bd. XI)

Lepsius, C. R. — Die altägyptische Elle und ihre Einteilung, Berlin 1866 (Abh. der kngl. AdW Berlin, Phil. hist. Kl.)

Die Längenmaße der Alten, Berlin 1884

Lèvy-Bruhl, L. — Die Seele der Primitiven, Wien – Leipzig 1930

Die geistige Welt der Primitiven, Düsseldorf – Köln 1959

Lexa, F. — Comment se revèlent les rapports entre les langues hamitiques, sémitiques et la langue égyptienne dans la grammaire des pronoms personels, des verbes et dans les numéraux ordinaux 1–9, in: Philologica 1 [1921/22], S. 151–177

Développement de la langue ancienne égyptien, in: Arch. Or. 10 [1938], S. 215–272

Lietzmann, W. — Mathematik und bildende Kunst, Breslau 1931

Frühgeschichte der Geometrie auf germanischem Boden, Breslau 1940

Loeffler, E. — Ziffern und Ziffernsysteme, Bd. I – Die Zahlzeichen der alten Kulturvölker, Leipzig^{3} 1928 (Math. phys. Bibl. Bd. 1)

Lucas, A. – Rowe, A. — Ancient Egyptian measures of capacity, in: ASAE 40 [1940], S. 69–92

Lucas, A. – Harris, J. R. — Ancient Egyptian materials and industries, London ^{4}1962

Macramallah, R. — Un cimetière archaique de la classe moyenne du people à Saqqarah, Kairo 1940 (Service des Antiquités de l'Egypte, Fouilles à Saqqarah)

Maibaum, G. — Wahrscheinlichkeitsrechnung, Berlin 1971

Mahmud Bey — Le système métrique actuel d'Egypte, in: JA 1, Ser. 7 [1873], S. 67–100

Maier, R. A. — Neolithische Tierknochenidole und Tierknochenanhänger Europas, in: Römisch-Germanische Kommission des DAI, 42. Bericht 1961, Berlin 1962, S. 171–305, Taf. 36–54

Marx, K. — Grundrisse der Kritik der politischen Ökonomie (Rohentwurf 1857–1858, Anhang 1850–1859), Berlin 1974

Mason, S. F. — Geschichte der Naturwissenschaft in der Entwicklung ihrer Denkweise, Stuttgart 1961

Meeks, D. — Le grand texte des donations au temple d'Edfou Kairo 1972 (BdE 59)

Menghin, O. — Weltgeschichte der Steinzeit, Wien ^{2}1940

Meyer, K.-H. — Kanon, Komposition und „Metrik" der Narmerpalette, in: SAK 1 [1974], S. 187–200

Mirimanov, W. B. — Kunst der Urgesellschaft und traditionelle Kunst Afrikas und Oreaniens, Dresden – Moskau 1973

	(Kleine Geschichte der Kunst)
Mocek, R.	Gedanken über die Wissenschaft, Berlin 1980
Moessel, E.	Die Proportion in Antike und Mittelalter, München 1926
Mond, R. – Myers, O. H.	Cemeteries of Armant, Bd. I, Cambridge 1937
Morenz, S.	Die Begegnung Europas mit Ägypten, Berlin 1968
Moussa, A. M. – Altenmüller, H.	Das Grab des Nianchchnum und Chnumhotep, Mainz 1977 (Archäologische Veröff. des DAI)
Müller, H.	Darstellung von Gebärden auf Darstellungen des Alten Reichs, in: MDIK 7 [1937], S.57–118
Müller, H. W.	Der Kanon in der ägyptischen Kunst, in: Der „vermessene" Mensch, München 1973, S. 9–13
Müller, P. H. – Neumann, P. – Storm, R.	Tafeln der mathematischen Statistik, Leipzig 1973
Munro, P.	Untersuchung zur altägyptischen Bildmetrik, in: Städel Jahrbuch, NF 3 [1971], S. 7–42
Myers, O. H.	Some applications of statistics to archaeology, Kairo 1950
Neugebauer, O.	Die Grundlagen der ägyptischen Bruchrechnung, Berlin 1926
	Arithmetik und Rechentechnik der Ägypter, in: QuSt Reihe B, 1 [1931], S. 301 ff.
	Die Geometrie der ägyptischen mathematischen Texte, in: QuSt. Reihe B, 1 [1931], S. 413–451
	The exact sciences in antiquity, New York 1962
O'Mara, P.F.	The Palermo Stone and the archaic kings of Egypt, La Canada/Calif 1979 (Studies in the structural archaeology of ancient Egypt)
Petrie, W. M. Fl.	The pyramids and temples of Giseh, London 1883
	Amulets, illustrated by the Egyptian Collection of the University College, London, London 1914
	New portions of the annals, in: Anc. Eg. 3 [1916], S. 114–120, Objects of daily use, London 1927 (British School of Archaeology in Egypt and Egyptian research account, Publ. 42)
Petrie, W. M. Fl. – Ayrton, E. R. – Curelly, C. T. – Weigall, A. E. P.	Abydos, Bd. I – III, London 1902–1904 (Egypt Exploration Fund, Mem. 22, 24, 25)
Petrie, W. M. Fl. – Wainwright, G. A. – Mackay, E.	The Labyrinth, Gerzeh and Mazguneh, London 1912 (British School of Archaeology in Egypt and Egyptian research account, 18th year, 1912)
Petrie, W. M. Fl. – Wainwright, G. A. – Gardiner, A. H.	Tarkhan I and Memphis V, London 1913 (British School of Archaeology in Egypt and Egyptian research account, 18th year, 1912)

Piankoff, A.	The wandering of the soul, completed and prepared for publication by H. Jacquet-Gordon, Princeton 1974 (Bollingen Series XI.6)
Pieper, M.	Ein Text über das altägyptische Brettspiel, in: ZÄS 66 [1931], S. 16–35
Plazikowski-Brauner, H.	Zahlen und Zahlensysteme in den sogenannten kuschitischen Sprachen, in: MIO 8 [1963], S. 466–483
Pochan, A.	Contribution à l'étude de la métrologie des anciens Egyptiens, in: BIE 15 [1932/33], S. 286–291
Posener-Krieger, P.	Les archives du temple funeraire de Néferirkarê-Kakai – Traduction et commentaire, Bd. I – II, Kairo 1976 (Bibl. d'Etude 65.1/2)
	Les mésures des étoffes á l'Ancien Empire, in: RdE 29 [1977], S. 86–96
Posener-Krieger, P.–de Cenival, J. L.	The Abusir Papyri – Hieratic papyri in the British Museum, 5th series, London 1968
Pott, A. F.	Die quinäre und vigesimale Zählmethode bei Völkern aller Weltteile, Halle 1847,
Preliminary report	on the Czechoslovak excavations in the mastaba of Ptahshepses at Abusir, Prag 1976
Price, D. J. de Solla	Science since Babylon, New Haven – London 1975
Quibell, J. E.	The tomb of Hesy, Kairo 1913 (Excavations at Saqqara, 1912–1914)
Randall, D. – Mc Iver, M. A .– Mace, A. C.	El Amrah and Abydos, London 1902 (Egypt Exploration Fund, Extra publication)
Reineke, W. F.	Der Zusammenhang der altägyptischen Hohl-und Längenmaße, in: MIO 9 [1963], S. 145–163
	Gedanken zum vermutlichen Alter der mathematischen Kenntnisse im Alten Ägypten, in: ZÄS 105 [1978]
	S. 67–75, Wissenschaft und Wissenschaftler im Alten Ägypten, in: AoF 9 [1982], S. 13–31
	Die mathematischen Texte der Alten Ägypter, Berlin, Humboldt-Universität, Phil. Diss., Berlin 1965
Reisner, G. A.	Mykerinos, Cambridge/Mass. 1931
Revillout, E.	Mélanges sur la métrologie, l'économie et l'histoire de l'ancienne Egypte, Paris 1895
Rey, A.	La science dans l'antiquité, Bd. I – III, Paris 1930 – 1939
Richter, W.	Die Spiele der Griechen und Römer, Leipzig 1887

(Culturbilder aus dem classischen Alterthume, Bd. II)

Rottländer, R. C. A. — Antike Längenmaße, Braunschweig – Wiesbaden 1979

Ruska, J. — Arabische Texte über das Fingerrechnen, in: Islam 10 [1920], S. 87–119

Saad, Zaki Y. — Royal excavations at Saqqara and Helwan (1941–1945), Kairo 1947 (Supplement ASAE, Cahier 3)

Royal excavations at Helwan (1945–1947), Kairo 1951 (Supplement ASAE, Cahier 14)

Ceiling stelae in second dynasty tombs from the excavations at Helwan, Kairo 1957, (Supplement ASAE, Cahier 21)

Santillana, G. — The origin of scientific thought, Chicago – London ²1970

Sarton, G. — A history of science – Ancient science through the golden age of Greece, Cambridge 1952

Das Studium der Geschichte der Naturwissenschaften, Frankfurt/M. 1965

Scamuzzi, E. — Historical comments about some cubits preserved in the Egyptian Museum of Turin, in: Rivista RIV 11 [May 1961], S. 18–22

Sellnow, I. (Hrsg.) — Das Verhältnis von Bodenbauern und Viehzüchtern in historischer Sicht, Berlin 1968 (VIO 69)

Senigalliesi, D. — Metrological explanation of some cubits preserved in the Egyptian Museum of Turin, in: Rivista RIV 11 [Mai 1961], S. 23–52

Sethe, K. — Die Einrichtung des Steines von Palermo, Leipzig 1905 (Untersuchung zur Geschichte und Altertumskunde Ägyptens, Bd. III.3)

Von Zahlen und Zahlworten bei den alten Ägyptern und was für andere Völker daraus zu lernen ist, Straßburg 1916 (Schriften der Wiss. Gesellschaft Straßburg, Bd. 25)

Ein altägyptischer Zählreim, in: ZÄS 54 [1918], S. 16–39

Seyffarth, G. — Beiträge zur Kenntnis der Literatur, Kunst, Mythologie und Geschichte des alten Ägypten, Heft I–II, Leipzig 1835

Simon, M. — Methodik der elementaren Mathematik in Verbindung mit algebraischer Analysis, Leipzig – Berlin 1906

Geschichte der Mathematik im Altertum, Berlin 1909 (Reprint Amsterdam 1973)

Simpson, W. K. — The Papyrus Reisner I – The records of a building project in the reign of Sesostris I, Boston 1963

The Papyrus Reisner II – Accounts of the dockyard workshop at This in the reign of Sesostris I, Boston 1965

The Papyrus Reisner III – The records of a building project in the early twelfth dynasty, Boston 1969

Skinner, F. G. — European weights and measures derived from ancient standards of the Middle East, in: Actes du 4e Congrès International d'Histoire des Scienes (Amsterdam 1950), Bd. I, Paris 1951, S. 230–248 (Collection des travaux de l'Academie Internationale d'Histoire des Sciences, Bd. 6)

Smith, W. S. — The Old Kingdom linen list, in: ZÄS 71 [1935], S. 134–149

Smolla, G. — Die Vorgeschichte Afrikas, in: H. Baumann (Hrsg.), Die Völker Afrikas und ihre traditionellen Kulturen, Bd. I, Wiesbaden 1975 (Studien zur Kulturkunde, Bd. 34)

Sölken, H. — Seetzens Affadéh – ein Beitrag zur Kotoko-Sprachdokumentation, Berlin 1967 (VIO 64)

Speizer, A. — Theorie der Gruppen von endlicher Ordnung, Berlin ²1927

Spencer, A. J. — Brick architecture in ancient Egypt, Warminster 1979

Schäfer, H. — Ein Bruchstück altägyptischer Annalen, Berlin 1902 (Abh. der kngl. AdW zu Berlin 1902, Phil. hist. Kl.)

Von ägyptischer Kunst, Leipzig ²1922

Scharf, A. — Grundzüge der ägyptischen Vorgeschichte, Leipzig 1927 (Morgenland – Darstellung aus Geschichte und Kultur des Alten Orients, Bd. 12)

Scharf, A. – Möller, G. — Das vorgeschichtliche Gräberfeld von Abusir-el-Meleq – Die archäologischer Ergebnisse nach den Aufzeichnungen Georg Möllers, Leipzig 1926 (Wiss. Veröff. der DOG, Bd. 49)

Schenkel, W. — Die Bewässerungsrevolution im Alten Ägypten, Mainz 1978

Schlott-Schwab, A. — Die Ausmaße Ägyptens nach altägyptischen Texten, Wiesbaden 1981 (Ägypten und Altes Testament, Bd. 3)

Schneider, H. Kultur und Denken der Alten Ägypter, Leipzig 1909 (Entwicklungsgeschichte der Menschheit, Bd. I)

Schott, H. Hieroglyphen – Untersuchungen zum Ursprung der Schrift, Wiesbaden 1951 (AdW und Literatur Mainz, Geistes-und sozialwiss. Kl., Jahrgang 1950, Nr. 24)

Voraussetzung und Gegenstand altägyptischer Wissenschaft, in: Jahrbuch 1951 der AdW und Literatur Mainz, Mainz 1951, S. 277–295

Schuchardt, G. Das technische Ornament in den Anfängen der Kunst, in: Prähistorische Zeitschrift 1 [1909], S. 37–54. Taf. VI–XIV

Schurtz, H. Urgeschichte der Kultur, Leipzig – Wien 1900

Steindorf, G. Das Grab des Ti, Leipzig 1913 (Veröff. Der Ernst von Sieglin-Expedition, Bd. 2)

Die Blütezeit des Pharaonenreiches, Bielefeld – Leipzig 1926

Steindorf, G. – Seele, K. G. When Egypt ruled the East, Chicago ³1963

Struik, D.J. Abriss der Geschichte der Mathematik, Berlin ⁵1972 (Studienbücherei – Mathematik)

Struve, V.V. Mathematischer Papyrus der Staatlichen Museen der Schönen Künste in Moskau, Berlin 1930 (QuSt, Reihe A, Bd. 1)

Tröpfke, J. Geschichte der Elementarmathematik, Bd. I – IV Berlin ³1930–1940

Tucker, A. N. – Bryon, M. A. Linguistik analyses – The non-Bantu languages of north-eastern Africa, London 1966

Vazquez Queipo, V. Essay sur les systèmes métriques, Paris 1859

Vercoutter, J. Les poids de Mirgissa et le „standard-cuivre" au Moyen Empire, in: Ägypten und Kusch, Berlin 1977 (Schr. Or. 13), S. 437–445

Vergote, J. Egyptian, in: Current trends in Linguistics, Bd. 6 – Linguistics in South West Asia and North Africa, ed. by T. A. Sebeok et alii, Den Haag – Paris 1970, S. 531–557

Verner, M. Inscriptions and marks on masonry blocks in the mastaba of Ptahshepses at Abusir, in: Preliminary report on Czechoslovak excavations in the mastaba of Ptahshepses at Abusir, Prag 1976, S. 75–84

Ṯbt – ein bisher unbekanntes altägyptisches Maß?, in: Festschrift Labib Habachi, Mainz 1981 (MDAIK

37), S. 479–481

Vogel, K. — Die Grundlagen der ägyptischen Arithmetik, München 1929

Vogt, G. E. — Geflechte und Gewebe der Steinzeit, Basel 1937 (Monographien zur Ur- und Frühgeschichte der Schweiz, Bd. I)

Van der Waerden, B. L. — Die Entstehungsgeschichte der ägyptischen Bruchrechnung, in: QuSt, Reihe B 4 [1938], S. 359–382

Weißbach, F. H. — Zur keilschriftlichen Gewichtskunde, in: ZDMG 65 [1911], S. 625–696

Wieleitner, H. — Der Begriff der Zahl in seiner logischen und historischen Entwicklung, Leipzig – Berlin ²1918 (Math. phys. Bibl., Bd. 2)

Geschichte der Mathematik, Bd. I, Berlin 1939

Wildung, D. — Die Rolle ägyptischer Könige im Bewusstsein der Nachwelt, Bd. I, Berlin 1969 (MÄS 17)

Willers, F. A. — Zahlzeichen und Rechnen im Wandel der Zeit, Berlin – Leipzig 1949

Woermann, K. — Geschichte der Kunst, Bd.I, Leipzig 1900

Wolf, W. — Die Kunst Ägyptens, Stuttgart 1957

Wreszinski, W. — Atlas zur altägyptischen Kulturgeschichte, Teil III, Gräber des Alten Reiches (unter Mitwirkung von H. Grapow und H. Schäfer), Leipzig 1936

Wußing, H. — Mathematik in der Antike – Mathematik in der Periode der Sklavenhaltergesellschaft, Leipzig 1962

Vorlesung zur Geschichte der Mathematik, Berlin 1979 (Studienbücherei – Mathematik für Lehrer, Bd. 13)

Zaki Nour, M. – Mohammed Salah Osman – Zaki Iskander – Ahmad Youssif Moustafa — The Cheops boats, Bd. I, Kairo 1960

Zyhlarz, E. — Konkordanz ägyptischer und libyscher Verbalstammtypen, in: ZÄS 70 [1934], S. 107–122

Ursprung und Sprachcharakter des Altägyptischen, in: ZES 23 [1932], S. 25–45, 81–110, 161–194